普通高等教育“十二五”规划教材（高职高专教育）

新编AutoCAD模块化基础操作教程

主　编　杨　霞
编　写　宋艳杰
主　审　及秀琴

中国电力出版社
CHINA ELECTRIC POWER PRESS

内 容 提 要

本书为普通高等教育“十二五”规划教材（高职高专教育）。本书共6个模块，主要内容包括初识AutoCAD、AutoCAD基本命令、典型平面图形绘制、常见机械零件绘制、三维实体建模基础、典型零件的三维实体建模。

本书可作为高职高专院校机械、化工、建筑及其他相关专业AutoCAD绘图课程的教材，也可供相关专业工程技术人员参考。

图书在版编目（CIP）数据

新编AutoCAD模块化基础操作教程/杨霞主编．—北京：中国电力出版社，2011.4

普通高等教育“十二五”规划教材．高职高专教育

ISBN 978-7-5123-1569-3

Ⅰ.①新… Ⅱ.①杨… Ⅲ.①AutoCAD软件-高等职业教育-教材 Ⅳ.①TP391.72

中国版本图书馆CIP数据核字（2011）第059872号

中国电力出版社出版、发行

（北京市东城区北京站西街19号 100005 http：//www.cepp.sgcc.com.cn）

汇鑫印务有限公司印刷

各地新华书店经售

*

2011年6月第一版 2011年6月北京第一次印刷

787毫米×1092毫米 16开本 11印张 265千字

定价 **19.00**元

前　言

AutoCAD不仅在机械、电子、建筑、化工等工程设计领域得到了大规模的应用，而且在其他领域内也起着重要的作用，目前已成为CAD系统中应用最为广泛的图形软件。

本书编者都是在高等职业院校从事多年计算机图形学教学研究的机械设计制造类专业的一线教师，具有丰富的教学实践与教材编写经验，能够准确地把握学生的学习状态与实际需求。希望本书能为读者学习并掌握AutoCAD绘图这项实用技能提供快捷有效的途径。

本书以AutoCAD2008软件为操作平台，以模块化实例的方式全面、系统地介绍了AutoCAD2008在实际设计中的应用。本书共6个模块，主要内容包括初识AutoCAD、AutoCAD基本命令、典型平面图形绘制、常见机械零件绘制、三维实体建模基础、典型零件的三维实体建模。本书最大的特点是：在对知识点进行讲解的同时，与工程图学紧密结合，列举了大量的工程实例，精选了多个设计实例，全方位、多角度地展示了AutoCAD在实际设计中的应用与技巧。学习该课程可以培养学生较强的理论知识和实践能力，以及适应一线生产工作的能力。

本书由内蒙古化工职业学院杨霞任主编，宋艳杰参加编写。其中，模块一中第三、四节，模块五、模块六由杨霞编写；模块一中第一、二节，模块三、模块四由宋艳杰编写；模块二由杨霞和宋艳杰共同编写。在本书的编写过程中，受到内蒙古化工职业学院张剑峰、殷刚老师的大力帮助，在此，谨向他们表示衷心的感谢。

本书由连云港职业技术学院及秀琴主审。主审老师提出了很多宝贵的意见和建议，在此表示衷心的感谢。

由于编者水平所限，书中难免有不妥或错漏之处，恳请广大读者批评指正。

编　者

2011年3月

目　录

模块一　初识 AutoCAD

第一节　AutoCAD 的启动和退出

一、本节任务

掌握 AutoCAD 的启动和退出方法。

二、本节重点

AutoCAD 的启动和退出。

三、任务实施

（一）AutoCAD 的启动

启动 AutoCAD 的方法有以下三种。

（1）从 Windows"开始"菜单中选择"程序"中的 AutoCAD 选项，如图 1-1 所示。

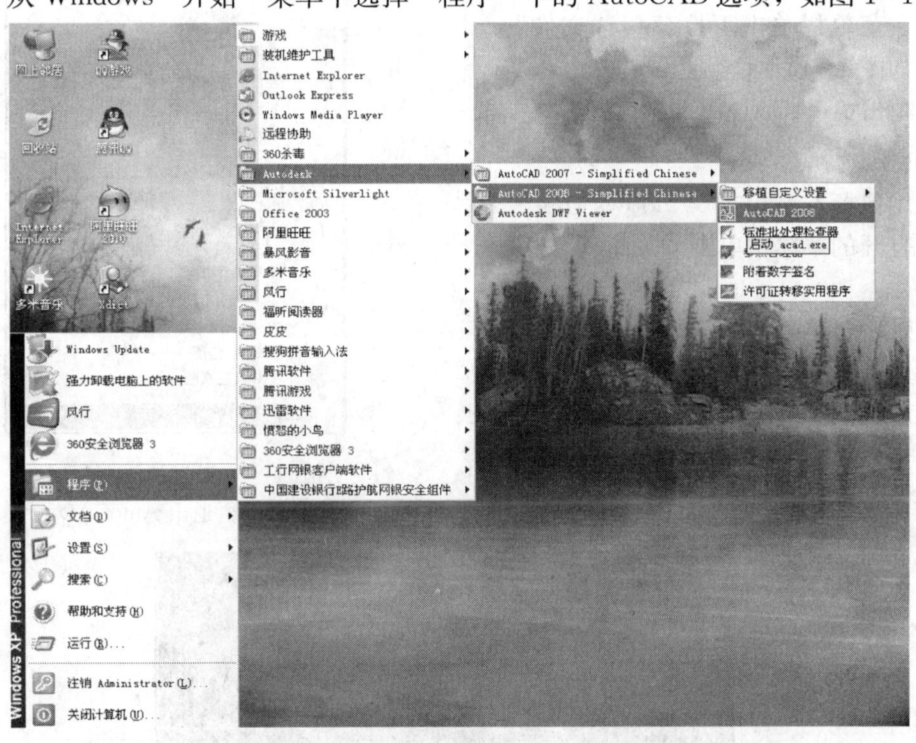

图 1-1　通过"开始"菜单启动 AutoCAD

（2）在桌面建立 AutoCAD 的快捷图标，双击该图标，如图 1-2 所示。

图 1-2　AutoCAD 的快捷图标

（3）在 Windows 资源管理器中找到要打开的 AutoCAD 文档，双击该文档图标，如图1-3所示。

（二）AutoCAD 的退出

AutoCAD 的退出方法有很多种，常用的有以下三种。

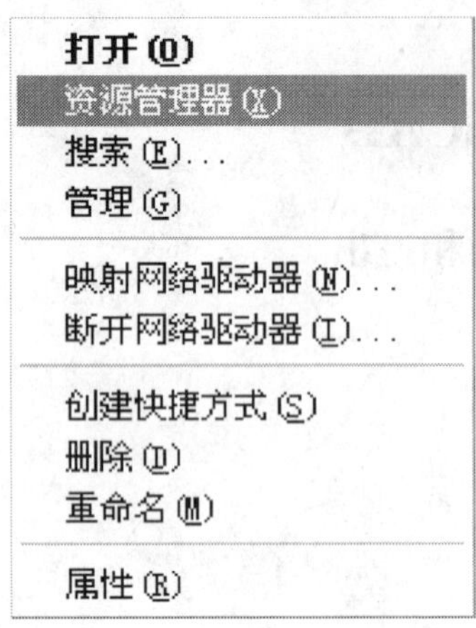

图 1-3 通过“资源管理器”启动 AutoCAD

(1) 在菜单栏单击下拉菜单“文件”→“退出”，如图 1-4 所示。

(2) 单击 AutoCAD 界面标题栏右边的关闭按钮。

(3) 用鼠标右键单击 Windows 任务栏的图标，在打开的菜单中单击“关闭”，如图 1-5 所示。

采用以上的任意一种方式都可以关闭当前文件，若文件没有存盘，AutoCAD 会弹出是否保存的对话框。单击“是（Y）”，存盘后关闭；单击“否（N）”，不保存直接关闭；单击“取消”，将取消退出操作，如图 1-6 所示。

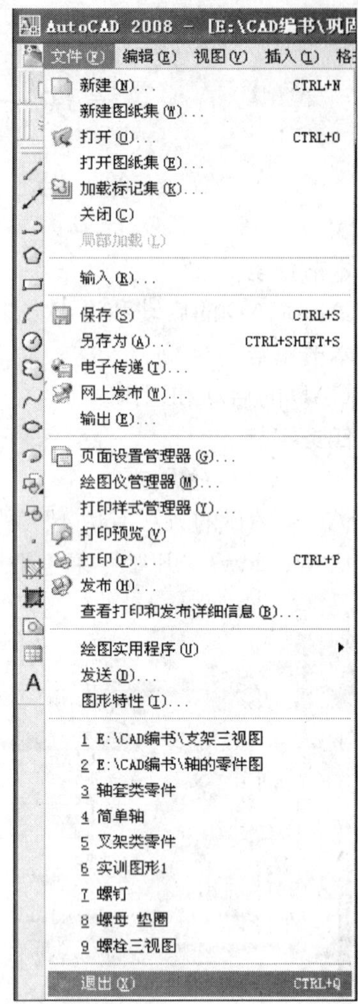

图 1-4 通过 AutoCAD 的菜单栏退出 AutoCAD

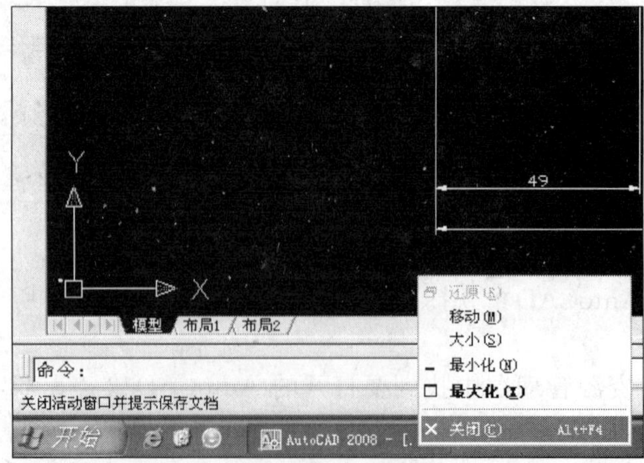

图 1-5 通过 Windows 任务栏的图标退出 AutoCAD

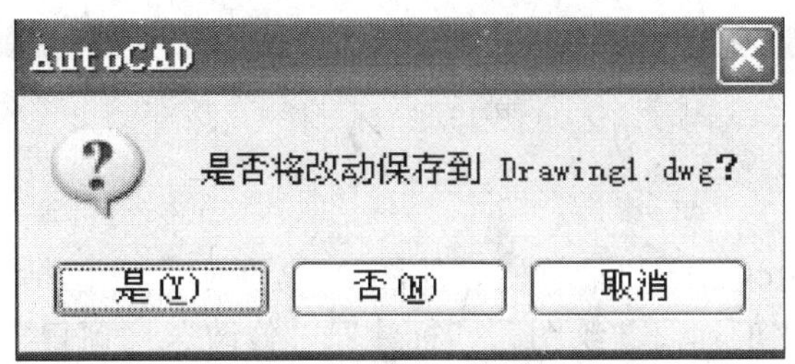

图 1-6　AutoCAD 是否保存对话框

第二节　AutoCAD 的工作界面

一、本节任务

了解并熟悉 AutoCAD 的工作界面。

二、本节重点

AutoCAD 的工作界面。

三、任务实施

AutoCAD 的工作界面如图 1-7 所示。

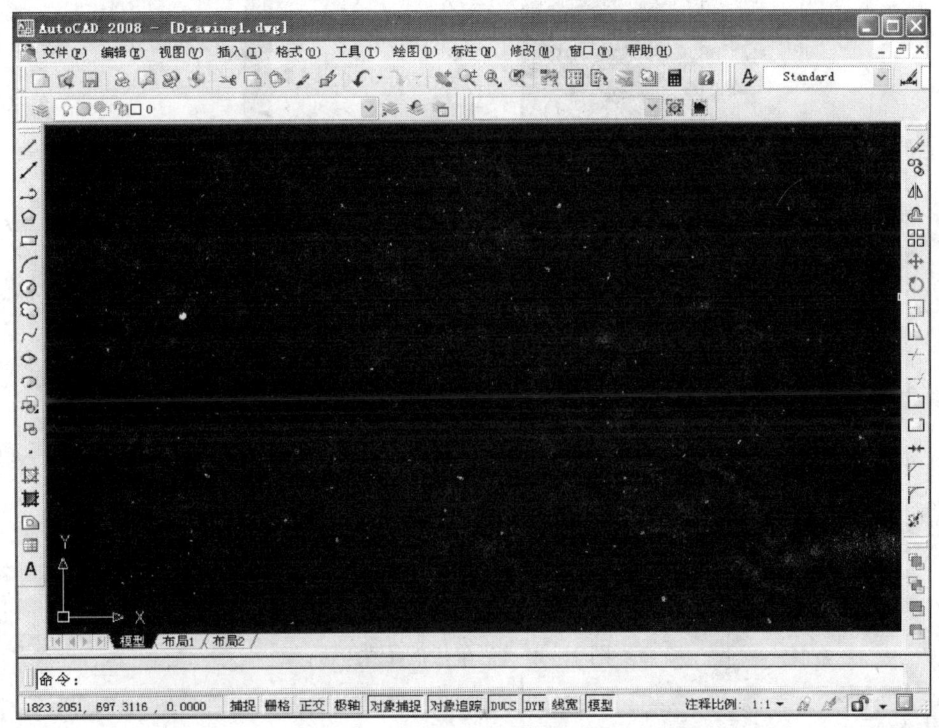

图 1-7　工作界面

1. 标题栏

标题栏中显示的是软件的图标和名称，方括号中是当前打开的正在编辑的文件名称。标题栏右边有三个窗口的控制按钮，可以实现 AutoCAD 窗口的最小化、最大化和关闭的操作，如图 1-8 所示。

图 1-8 标题栏

2. 菜单栏

标题栏的下面是 AutoCAD 的菜单栏，如图 1-9 所示。它包括“文件”、“编辑”、“视图”、“插入”、“格式”、“工具”、“绘图”、“标注”、“修改”、“窗口”、“帮助”菜单项。只要打开其中任意一个选项，便可以得到相应的子菜单，如图 1-10 所示。

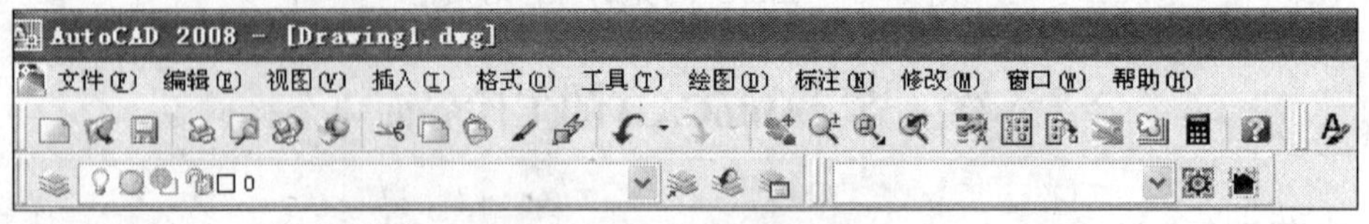

图 1-9 菜单栏

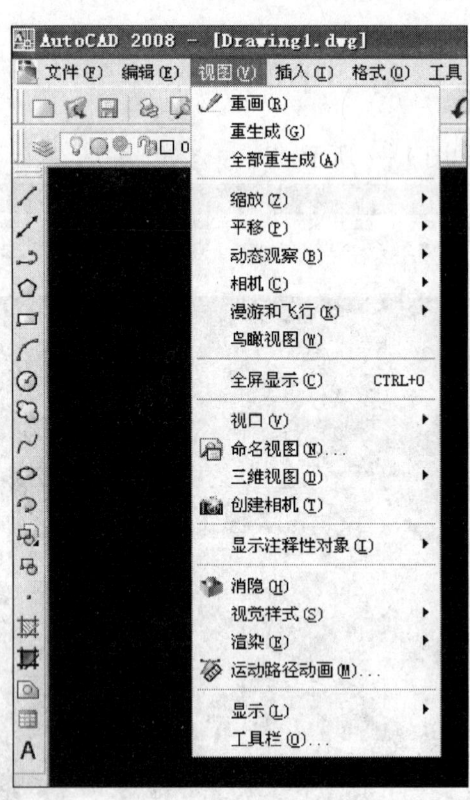

图 1-10 菜单栏的子菜单

3. 工具栏

工具栏是应用程序调用命令的另一种方式，它包含许多由图标表示的命令按钮。在AutoCAD系统中提供了二十多个已经命名的工具栏，如图 1-11 所示的“布局”工具栏及图 1-12 所示的“视图”工具栏。在默认情况下，“标准”、“特征”、“绘图”、“修改”等工具栏处于打开状态，如图 1-13 所示。如果要显示当前隐藏的工具栏，可以在

图 1-11 “布局”工具栏

任意工具栏上的空白处右击，此时弹出一个快捷菜单，通过选择命令可以显示或关闭相应的工具栏，如图 1 - 14 所示。

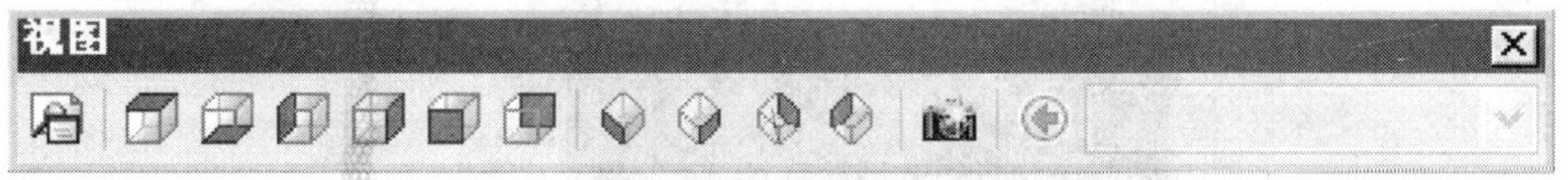

图 1 - 12　“视图”工具栏

图 1 - 13　“标准”、“特征”、“绘图”、“修改”等工具栏

4. 绘图区

绘图区是用户绘图的工作区域，所有的绘图结果都会反映在这个区域内。可以根据需要关闭其周围和里面的各个工具栏，增大绘图空间。如果图纸比较大，需要显示未显示的部位时，可以单击窗口右边与下边滚动条上的箭头，或者通过拖动滚动条上的滑块来移动图纸。在绘图窗口中，除了显示当前的绘图结果外，还显示当前使用的坐标系类型及坐标原点、*X* 轴、*Y* 轴、*Z* 轴的方向等。通常默认坐标系为世界坐标系（world coordinate system，WCS）。绘图窗口的下方有“模型”、“布局”选项卡，单击选项卡可以在模型空间或图纸空间之间切换。

5. 命令行

命令行位于绘图窗口的底部，用于接收用户输入的命令，也是进行人机交互的窗口，并显示在 AutoCAD 提示信息里，如图 1 - 15 所示。在 AutoCAD 中，“命令行”窗口可以拖为浮动窗口。

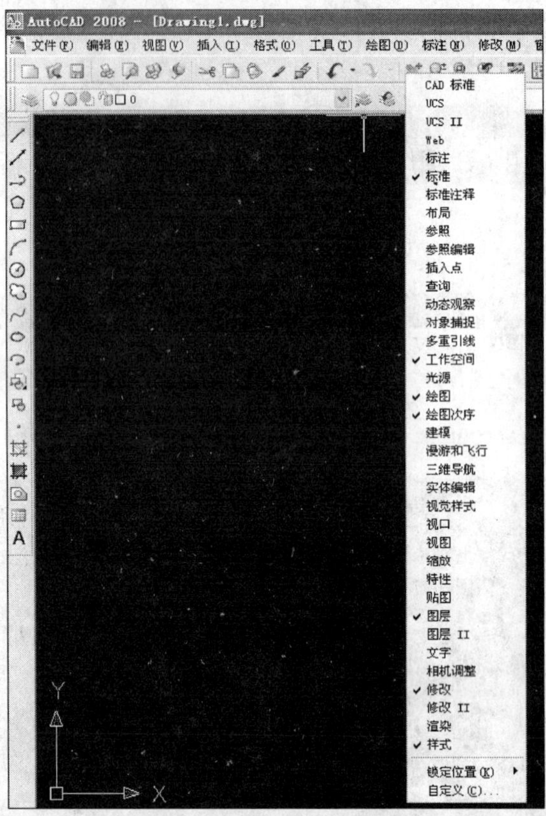

图 1-14　显示或隐藏工具栏

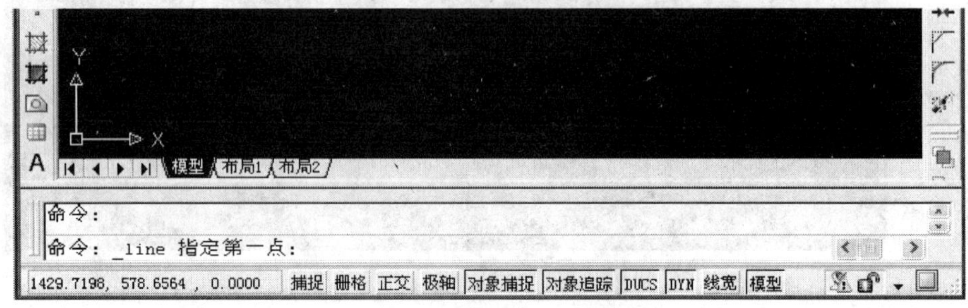

图 1-15　命令行

6. 状态栏

状态栏用来显示 AutoCAD 当前的状态，如当前光标的坐标、命令、按钮的说明等。在绘图窗口移动光标时，状态栏的“坐标”区将动态地显示当前坐标值。坐标显示取决于所选择的模式和程序中运行的命令，共有“相对”、“绝对”和“关”三种模式。状态栏还有“捕捉”、“栅格”、“正交”、“极轴”、“对象捕捉”、“对象追踪”、“DUCS”、“DYN”、“线宽”和“模型”十个功能按钮，如图 1-16 所示。关于这些功能按钮的具体作用将在后续内容中介绍。

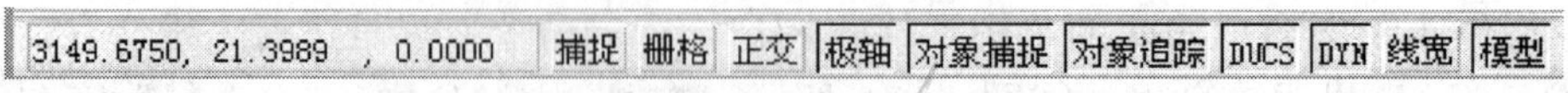

3149.6750, 21.3989 , 0.0000 捕捉 栅格 正交 极轴 对象捕捉 对象追踪 DUCS DYN 线宽 模型

图 1-16　状态栏

第三节　AutoCAD 的数据输入

AutoCAD 系统操作时，都是通过输入不同的命令实现的。而执行一个命令时，通常需要输入坐标点、数值、角度等。

一、本节任务

掌握数据的输入。

二、本节重点

点坐标中相对坐标的输入。

三、任务实施

完成如图 1-17 所示的标有尺寸的图形。

步骤 1

分析：图 1-17 所示几何图形是由直线构成的，每条直线可由两点确定。因此，只要能确定直线上两点的坐标，便可完成绘图。

步骤 2

所需知识点：点坐标的输入。

当在点击“直线”命令后出现提示“指定第一点”时，需要输入某个点的坐标。可用不同的方式输入点坐标。

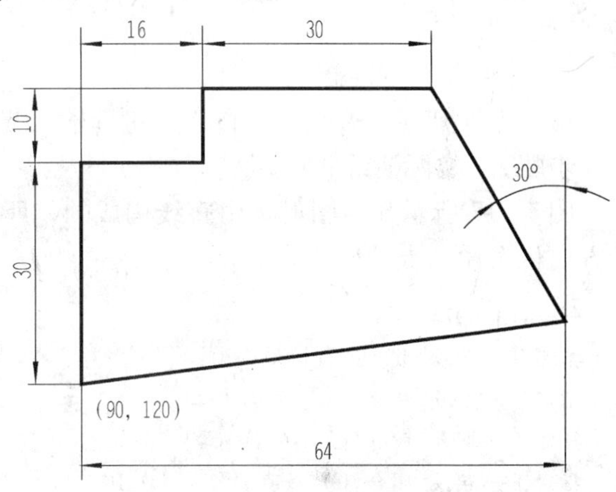

图 1-17　几何图形（一）

（一）绝对坐标输入

绝对坐标是指从当前坐标系原点出发的坐标。当前坐标系为世界坐标系，它是恒定不变的，可以是系统默认的。当以绝对坐标输入某一个点时，可以采用直角坐标、极坐标的方式实现。一般情况下，因为若使用绝对坐标就必须知道该点距坐标系原点的距离，而这个距离在大多数题目中是未知的，所以绝对坐标在作图中应用较少。

1. 绝对直角坐标

用直角坐标系中的 *X*、*Y*、*Z* 坐标值，即（*X*，*Y*，*Z*）表示一个点。在键盘上按顺序直接输入数据，各数之间用英文逗号（,）隔开。例如，某点的 *X* 轴坐标为 10，*Y* 轴坐标为 8，*Z* 轴坐标为 15，则该点的直角坐标的输入格式为“10，8，15”。二维点可直接输入（*X*，*Y*）的数值。

2. 绝对极坐标

极坐标是通过输入某点距当前坐标系原点的距离及其在 *XOY* 平面中该点正向的夹角来确定点的位置，其形式为“距离<角度”。其中在输入角度时，*X* 轴的正向为 0°方向，规定逆时针方向为正值，顺时针方向为负值。例如，某点与原点的距离为 25，与 *X* 轴的正向夹角为 30°，则该点的极坐标输入格式为“25<30”。

（二）相对坐标输入

相对坐标是指给定点相对于前一个已知点的坐标增量。当以相对坐标输入某一个点时，也可以采用直角坐标、极坐标的方式实现，输入格式与绝对坐标相同，但要在相对坐标的前面加上符号“@”。一般情况下，相对坐标在使用时无需知道坐标系原点位置及该点距离坐标原点的位置，只需知道该点相对于前一点的距离即可，因此，相对坐标在实际作图中应用较为广泛。

1. 相对直角坐标

相对直角坐标的表示：@X，Y，Z。即在绝对直角坐标（X，Y，Z）的数值前加上“@”。例如，已知前一点的绝对坐标为（12，16，5），如果在点输入提示时，输入“@2，−6，7”，则等于输入该点的绝对坐标为（14，10，12）。

2. 相对极坐标

相对极坐标的表示：@距离＜角度。即在绝对极坐标的数值前加上“@”。例如，某点与前点的距离为 25，与 X 轴的正向夹角为 30°，则该点相对于前一点的极坐标输入格式为“@25＜30”。

（三）用光标直接输入

移动光标到某一位置后，按下左键即输入光标所处位置点的坐标。

步骤 3 实际演练

图 1-17 所示几何图形是由直线构成的，所以用直线命令。以左下角为第一点，按顺时针方向依次输入点的坐标。

```
命令:LINE↵
指定第一点或[放弃(U)]:90,120↵
指定下一点或[放弃(U)]:@0,30↵
指定下一点或[放弃(U)]:@16,0↵
指定下一点或[闭合(C)/放弃(U)]:@0,10↵
指定下一点或[闭合(C)/放弃(U)]:@30,0↵
指定下一点或[闭合(C)/放弃(U)]:@36<-60↵
指定下一点或[闭合(C)/放弃(U)]:c↵
指定下一点或[闭合(C)/放弃(U)]:↵
```

其中倒数第二步，因为该点直接和起点连接即可，在这里只要输入 C（闭合）。

四、巩固练习

完成如图 1-18 所示的各几何图形。

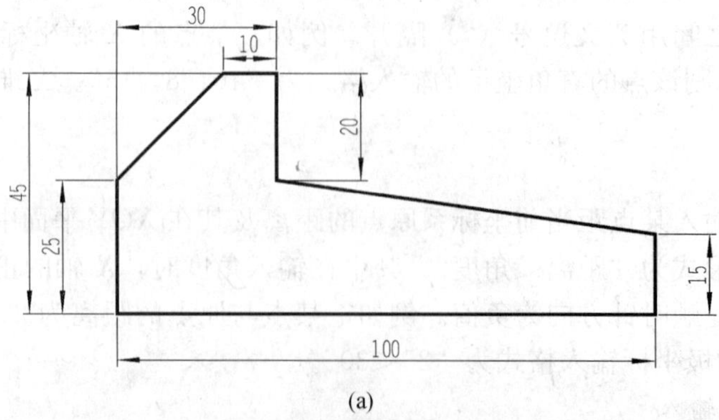

(a)

图 1-18 几何图形（二）

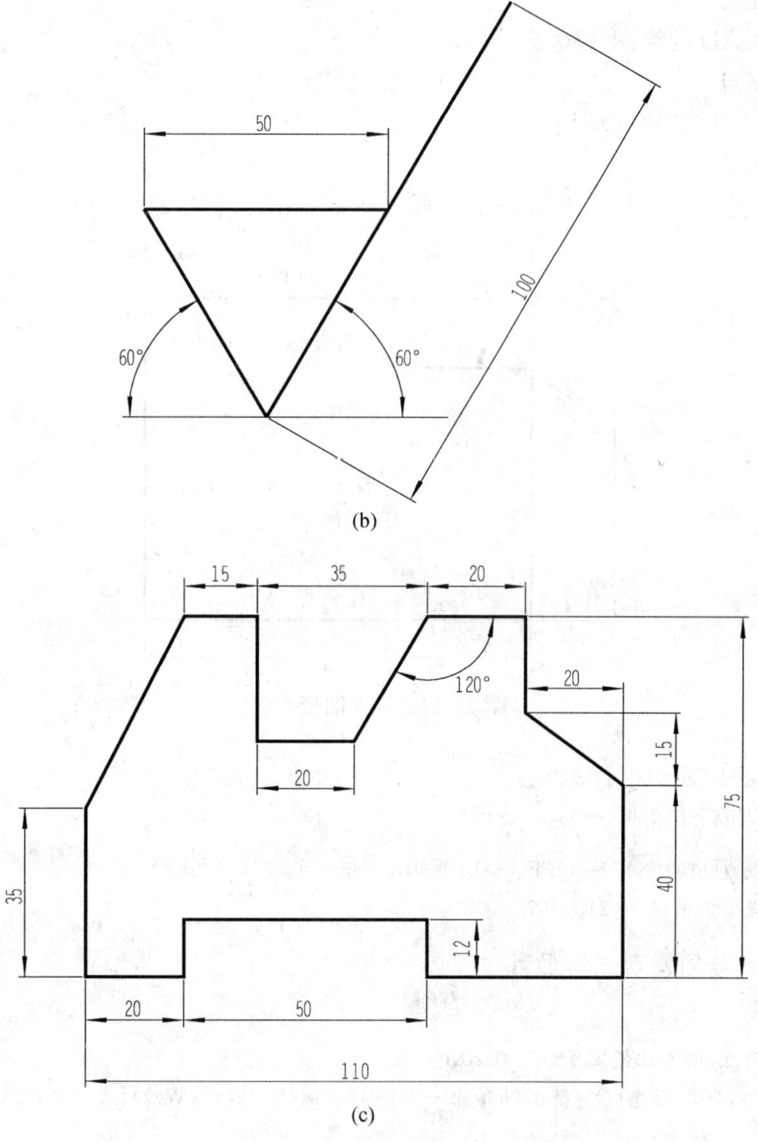

图 1-18　几何图形（二）

五、本节自我心得

(1) ______

(2) ______

(3) ______

第四节　AutoCAD 的绘图环境设置

每一张图样都具有一定的规范格式，在使用 AutoCAD 绘制图形时，首先需要做一些准备工作，例如 AutoCAD 启动、用户界面、文件管理、绘图环境设置等步骤。

一、本节任务

掌握 AutoCAD 的绘图环境设置。

二、本节重点

设置 AutoCAD 的绘图环境。

三、任务实施

按要求完成图 1-19 所示几何图形，要求图幅规格尺寸为 210×297。（单位：mm）

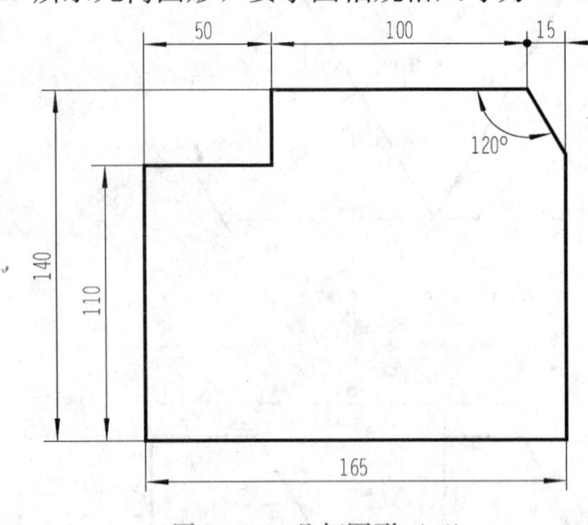

图 1-19 几何图形（三）

1. 设置绘图幅面 210×297

命令:limits↵(或下拉菜单→格式→图形界限)

指定左下角点或[开(ON)/关(OFF)]<0.0000,0.0000>:↵

指定右上角点<当前值>:210,297↵

2. 使设置的绘图幅面充满屏幕

命令:zoom

指定窗口的角点,输入比例因子(nX 或 nXP),或者

[全部(A)/中心(C)/动态(D)/范围(E)/上一个(P)/比例(S)/窗口(W)/对象(O)]<实时>:a↵

3. 绘制图形

命令:line↵

指定第一点或[放弃(U)]:(用光标确定,移动光标到屏幕合适位置并单击鼠标左键,完成起始点的确定)

指定下一点或[放弃(U)]:@0,110↵

指定下一点或[放弃(U)]:@50,0↵

指定下一点或[闭合(C)/放弃(U)]:@0,30↵

指定下一点或[闭合(C)/放弃(U)]:@100,0↵

指定下一点或[闭合(C)/放弃(U)]:@30<-60↵

从该点向下，利用辅助工具按钮（对象捕捉、对象追踪）从起始点引出辅助线，两条辅助线交于右下角点，此时用光标确定右下角点。

指定下一点或[闭合(C)/放弃(U)]:c↵

四、巩固练习

（1）画出如图 1－20 所示的几何图形，设置绘图界限为 120×80。（单位：mm）

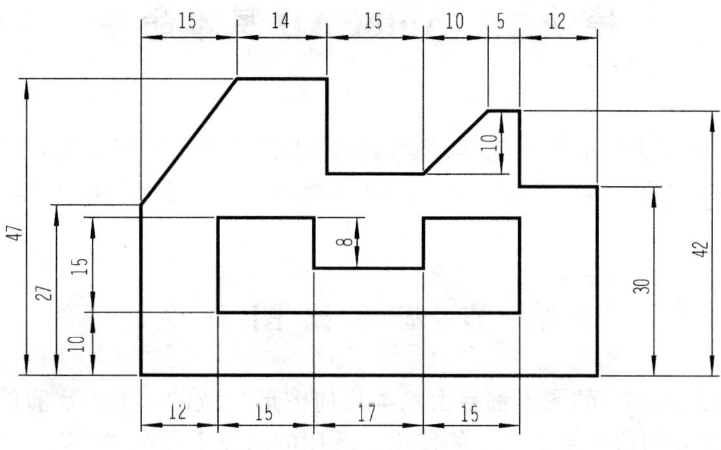

图 1－20　几何图形（四）

（2）画出图 1－21 所示的几何图形，设置绘图界限为 80×80。（单位：mm）

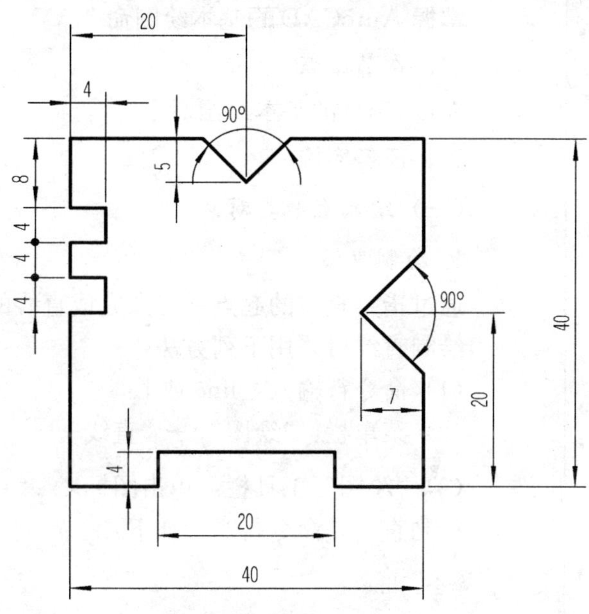

图 1－21　几何图形（五）

五、本节自我心得

（1）____________________

（2）____________________

（3）____________________

模块二　AutoCAD 基本命令

AutoCAD 提供了大量的绘图工具、绘图辅助工具及图形编辑工具，可以帮助用户完成二维图形及三维图形的绘制。本章主要介绍基本绘图工具、绘图辅助工具及图形编辑工具的使用。

第一节　基 本 绘 图 命 令

AutoCAD 中绝大部分的图形都是由基本几何图形构成的，如点、直线、圆、矩形、多边形等。本节主要介绍这些基本命令的使用，所用的命令主要在"绘图"菜单和"绘图"工具栏中，如图 2-1 和图 2-2 所示。

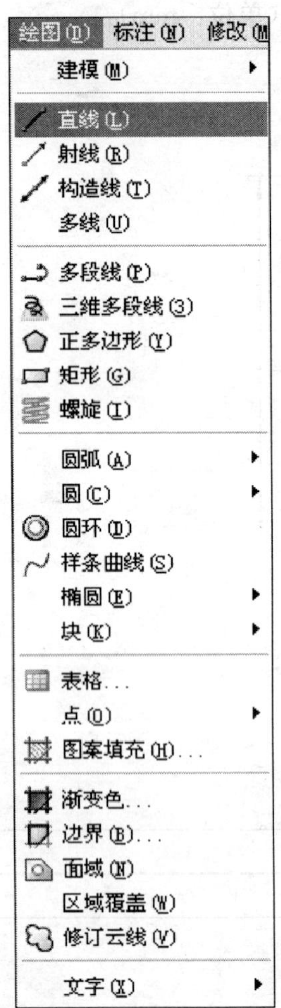

图 2-1　"绘图"菜单

一、本节任务

掌握 AutoCAD 的基本绘图命令。

二、本节重点

AutoCAD 的基本绘图命令。

三、任务实施

（一）绘制直线类对象

1. 绘制直线

通过指定直线的起点和终点完成直线的绘制。

绘制直线可采用下列方法：

（1）命令行输入：line 或 l。

（2）菜单栏："绘图" → "直线"。

（3）"绘图"工具栏：单击图标 。

绘制直线，命令行提示如下：

```
命令:_line
指定第一点:(指定起点)
指定下一点或[放弃(U)]:(指定终点)
指定下一点或[放弃(U)]:↵
```

2. 绘制射线

射线是由起点开始的无限长直线。

绘制射线可采用下列方法：

（1）命令行输入：ray 或 r。

（2）菜单栏："绘图" → "射线"。

绘制射线，命令行提示如下：

图 2-2 “绘图”工具栏

命令：_ray
指定起点：(指定射线的起点)
指定通过点：
指定通过点：↵

3. 绘制构造线

构造线是过两点的无限长直线，可以通过指定两个通过点来确定。

绘制构造线可采用下列方法：

(1) 命令行输入：xline 或 xl。

(2) 菜单栏：“绘图”→“构造线”。

(3)“绘图”工具栏：单击图标。

绘制构造线，命令行提示如下：

命令：_xline
指定点或[水平(H)/垂直(V)/角度(A)/二等分(B)/偏移(O)]：(指定一个通过点)
指定通过点：(指定另一个通过点)
指定通过点：↵

说明

命令行选项中有水平、垂直、角度、二等分、偏移等多种方式可以用来绘制构造线。

构造线可以作为绘图的辅助线，用以保证三视图之间“长对正、高平齐、宽相等”的对应关系。

4. 多线

多线是由多条平行线组成的对象。

使用多线命令可采用下列方法：

(1) 命令行输入：mlstyle 或 ml。

(2) 菜单栏：“绘图”→“多线”。

绘制如图 2-3 所示多线，命令行提示如下：

命令：_mline
当前设置：对正＝上，比例＝20.00，样式＝STANDARD
指定起点或[对正(J)/比例(S)/样式(ST)]： s↵
输入多线比例<20.00>： 6↵
当前设置：对正＝上，比例＝6.00，样式＝STANDARD
指定起点或[对正(J)/比例(S)/样式(ST)]：(选择 A 点)

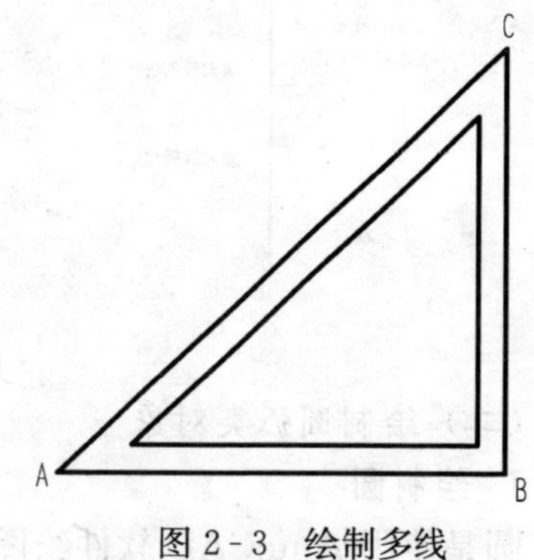

图 2-3 绘制多线

指定下一点：(选择 B 点)
指定下一点或[放弃(U)]：(选择 C 点)
指定下一点或[闭合(C)/放弃(U)]： c↵

说明

选择“格式”下拉菜单中的“多线样式”命令，弹出“多线样式”对话框，如图 2-4 所示。单击“新建”按钮可以创建多线样式，如图 2-5 所示。

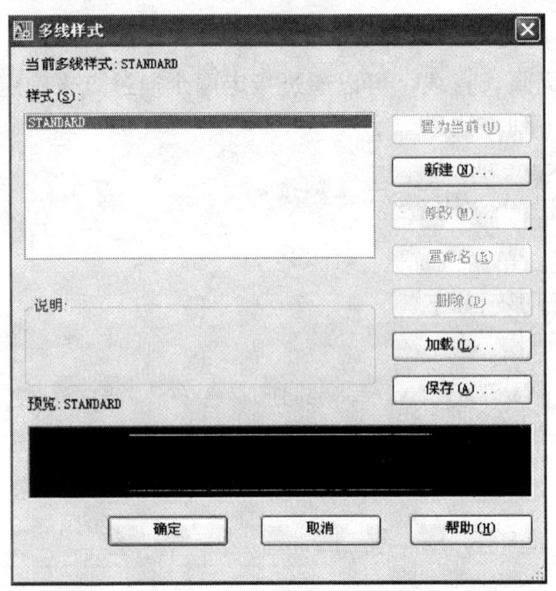

图 2-4 “多线样式”对话框

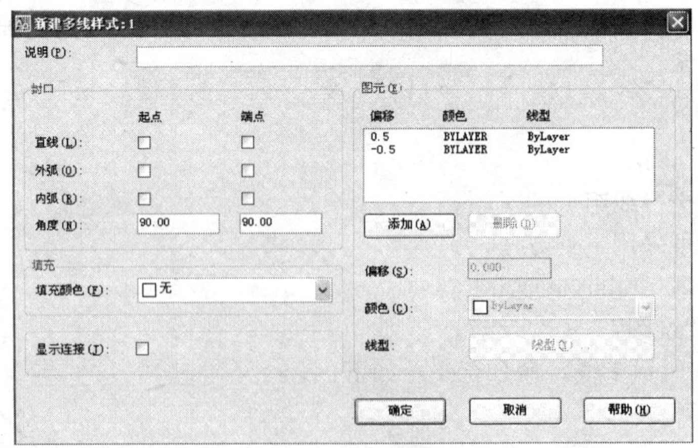

图 2-5 多线元素特征对话框

(二) 绘制圆弧类对象

1. 绘制圆

圆是使用 AutoCAD 软件绘图过程中最常见的基本组成之一。

绘制圆可采用下列方法：

（1）命令行输入：circle 或 c。

（2）菜单栏："绘图"→"圆"。

（3）"绘图"工具栏：单击图标。

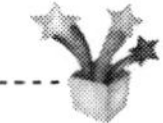

说 明

AutoCAD 软件中提供了多种绘制圆的方式。

- 圆心、半径法或圆心、直径法。采用此方法绘制圆时，命令行提示如下：

```
命令:_circle
指定圆的圆心或[三点(3P)/两点(2P)/相切、相切、半径(T)]:(指定圆的圆心)
指定圆的半径或[直径(D)]:(输入圆的半径,或输入 D 再输入圆的直径)
```

- 两点法。采用此方法绘制圆时，命令行提示如下：

```
命令:_circle
指定圆的圆心或[三点(3P)/两点(2P)/相切、相切、半径(T)]:2p↵
指定圆直径的第一个端点:
指定圆直径的第二个端点:
```

- 三点法。采用此方法绘制圆时，命令行提示如下：

```
命令:_circle
指定圆的圆心或[三点(3P)/两点(2P)/相切、相切、半径(T)]:3p↵
指定圆上的第一个点:
指定圆上的第二个点:
指定圆上的第三个点:
```

- 相切、相切、半径法。采用此方法绘制如图 2-6 所示的圆时，命令行提示如下：

```
命令:_circle
指定圆的圆心或[三点(3P)/两点(2P)/相切、相切、半径(T)]:t↵
指定对象与圆的第一个切点:(将鼠标移动到已知直线上,出现切点符号时,单击鼠标左键)
指定对象与圆的第二个切点:(将鼠标移动到另一条已知直线上,出现切点符号时,单击鼠标右键)
指定圆的半径<10.7599>:(输入圆的半径)
```

- 相切、相切、相切法。执行"绘图"→"圆"→"相切、相切、相切"命令。采用此方法绘制如图 2-7 所示的圆，命令行提示如下：

```
命令:_circle
指定圆的圆心或[三点(3P)/两点(2P)/相切、相切、半径(T)]:_3p↵
指定圆上的第一个点:_tan 到(将鼠标移动到第一条已知直线上,出现切点符号时,单击鼠标左键)
指定圆上的第二个点:_tan 到(将鼠标移动到第二条已知直线上,出现切点符号时,单击鼠标左键)
指定圆上的第三个点:_tan 到(将鼠标移动到第三条已知直线上,出现切点符号时,单击鼠标左键)
```

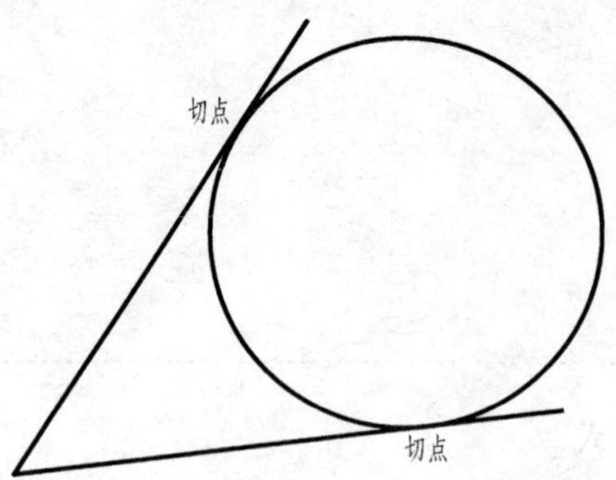

图 2-6 相切、相切、半径法绘制圆

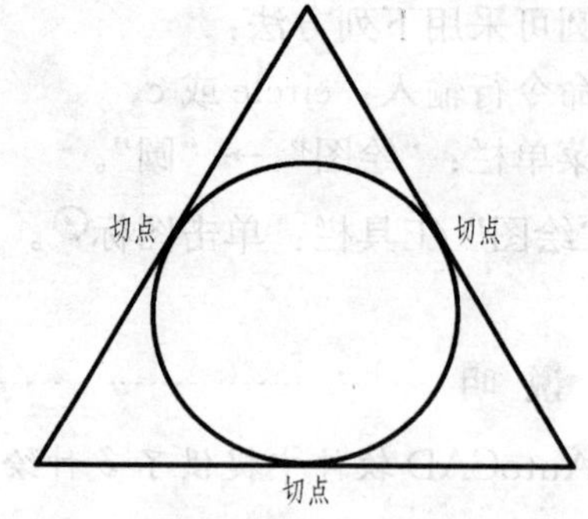

图 2-7 相切、相切、相切法绘制圆

2. 绘制圆弧

绘制圆弧可采用下列方法：

(1) 命令行输入：arc 或 a。

(2) 菜单栏："绘图"→"圆弧"。

(3) "绘图"工具栏：单击图标。

说 明

圆弧是圆的一部分，AutoCAD 提供了 11 种绘制圆弧的方法，全部列在"绘图"→"圆弧"的子菜单下。这里只介绍常用的三点法和圆心法两种绘制圆弧的方法。

• 三点法。采用三点法绘制如图 2-8 所示的圆弧，命令行提示如下：

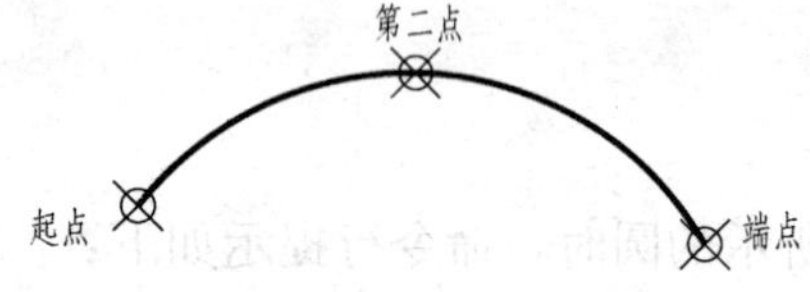

图 2-8 三点法绘制圆弧

命令：_arc

指定圆弧的起点或[圆心(C)]：(单击鼠标左键选择起点)

指定圆弧的第二个点或[圆心(C)/端点(E)]：(单击鼠标左键选择第二点)

指定圆弧的端点：(单击鼠标选择端点)

• 圆心法。采用圆心法绘制如图 2-9 所示的圆弧，命令行提示如下：

命令：_arc

指定圆弧的起点或[圆心(C)]：c↵

指定圆弧的圆心：(单击圆心)

指定圆弧的起点：(单击起点)

指定圆弧的端点或[角度(A)/弦长(L)]：(单击端点)

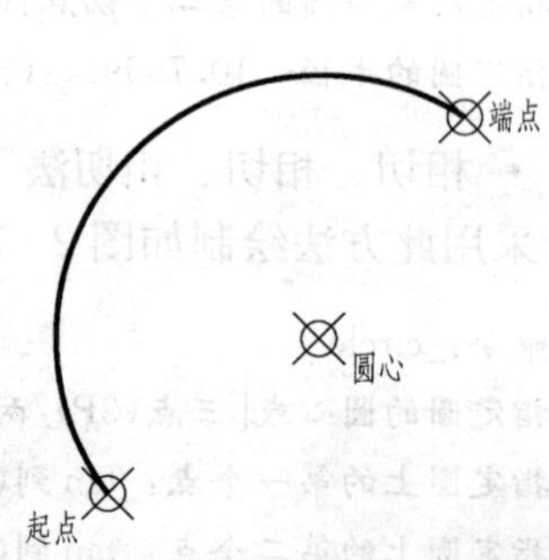

图 2-9 圆心法绘制圆弧

3. 绘制椭圆和椭圆弧

绘制椭圆和椭圆弧可采用下列方法：

(1) 命令行输入：ellipse。

(2) 菜单栏："绘图"→"椭圆"。

(3) "绘图"工具栏：单击图标。

说 明

AutoCAD 提供了两种绘制椭圆的方法和一种绘制椭圆弧的方法，下面将作具体介绍。

- 通过两轴绘制椭圆。采用此方法绘制如图 2-10 所示的椭圆，命令行提示如下：

命令：_ellipse
指定椭圆的轴端点或[圆弧(A)/中心点(C)]：(单击 A 点)
指定轴的另一个端点：(单击 B 点)
指定另一条半轴长度或[旋转(R)]：(单击 C 点)

- 通过中心点绘制圆弧。采用此方法绘制如图 2-11 所示的椭圆，命令行提示如下：

命令：_ellipse
指定椭圆的轴端点或[圆弧(A)/中心点(C)]：c↵
指定椭圆的中心点：(单击 O 点)
指定轴的端点：(单击 A 点)
指定另一条半轴长度或[旋转(R)]：(单击 B 点)

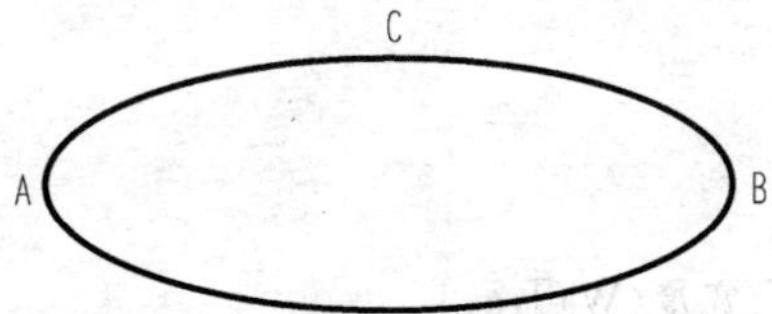

图 2-10　通过两轴绘制椭圆

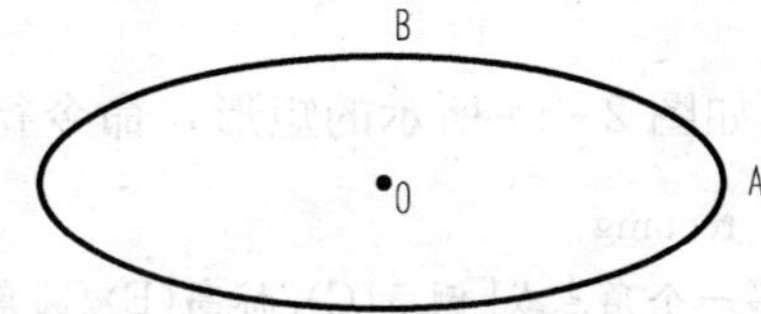

图 2-11　通过中心点绘制椭圆

- 绘制椭圆弧。采用此方法绘制如图 2-12 所示的椭圆弧，命令行提示如下：

命令：_ellipse
指定椭圆的轴端点或[圆弧(A)/中心点(C)]：a↵
指定椭圆弧的轴端点或[中心点(C)]：(单击 A 点)
指定轴的另一个端点：(单击 B 点)
指定另一条半轴长度或[旋转(R)]：(单击 C 点)
指定起始角度或[参数(P)]：(单击鼠标左键确定起始角度)
指定终止角度或[参数(P)/包含角度(I)]：(单击鼠标左键确定终止角度)

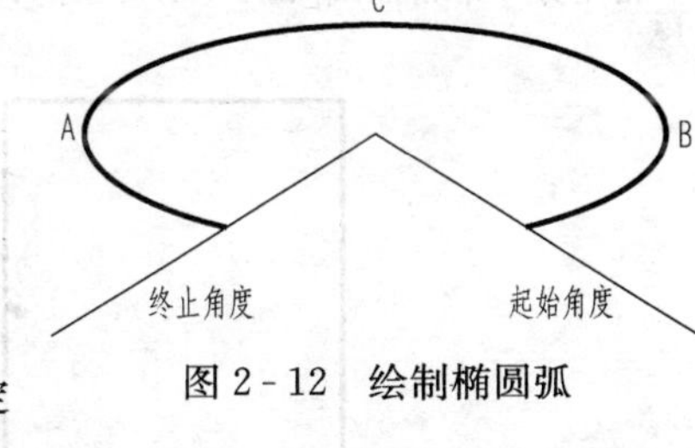

图 2-12　绘制椭圆弧

4. 绘制圆环

绘制圆环可采用下列方法：

(1) 命令行输入：donut。

(2) 菜单栏："绘图" → "圆环"。

绘制圆环，命令行提示如下：

命令：_donut
指定圆环的内径：(指定圆弧内径)
指定圆环的外径：(指定圆弧外径)

```
指定圆环的中心点或<退出>:(指定圆环的中心点)
指定圆环的中心点或<退出>:↵
```

（三）绘制矩形、多边形和点

1. 绘制矩形

绘制矩形可采用下列方法：

（1）命令行输入：rectang。

（2）菜单栏："绘图"→"矩形"。

（3）"绘图"工具栏：单击图标□。

绘制如图 2-13 所示的矩形，命令行提示如下：

```
命令:_rectang
指定第一个角点或[倒角(C)/标高(E)/圆角(F)/厚度(T)/宽度(W)]:50,50↵
指定另一个角点或 [面积(A)/尺寸(D)/旋转(R)]:200,300↵
```

说明

AutoCAD 中绘制矩形还可以进行更多的设置，例如设置矩形边的宽度、矩形的厚度、倒角或圆角等。下面以绘制倒角为例介绍命令的使用方法。

绘制如图 2-14 所示的矩形，命令行提示如下：

```
命令:_rectang
指定第一个角点或[倒角(C)/标高(E)/圆角(F)/厚度(T)/宽度(W)]:c↵
指定矩形的第一个倒角距离<0.0000>:20↵
指定矩形的第二个倒角距离<20.0000>:
指定第一个角点或[倒角(C)/标高(E)/圆角(F)/厚度(T)/宽度(W)]:↵(选择 A 点)
指定另一个角点或[面积(A)/尺寸(D)/旋转(R)]:(选择 B 点)
```

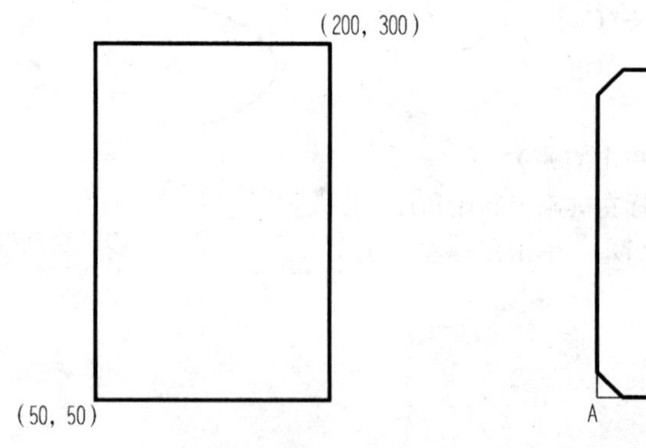

图 2-13 绘制矩形

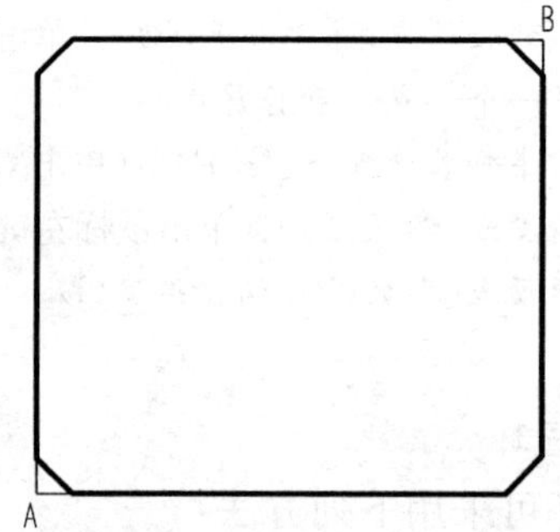

图 2-14 绘制倒角矩形

2. 绘制多边形

在 AutoCAD 中可以根据绘图需要自行设置多边形的边数（边数不小于 4）。

绘制多边形可采用下列方法：

（1）命令行输入：polygon。

(2) 菜单栏："绘图" → "多边形"。

(3) "绘图" 工具栏：单击图标。

绘制多边形，命令行提示如下：

命令：_polygon
输入边的数目＜4＞：5
指定正多边形的中心点或[边(E)]：(指定中心点)
输入选项[内接于圆(I)/外切于圆(C)]＜I＞：(选择内接于圆或外切于圆)
指定圆的半径：(指定半径)

3. 绘制点

绘制点可采用下列方法：

(1) 命令行输入：point。

(2) 菜单栏："绘图" → "点"。

(3) "绘图" 工具栏：单击图标。

绘制点，命令行提示如下：

命令：_point
当前点模式：PDMODE=0　PDSIZE=−40.0000(单击鼠标即可)

说 明

在 AutoCAD 中提供了多种点的样式，可以根据自身需要设置不同的点样式，通过菜单栏的 "格式" → "点样式" 进行设置，如图 2-15 所示。

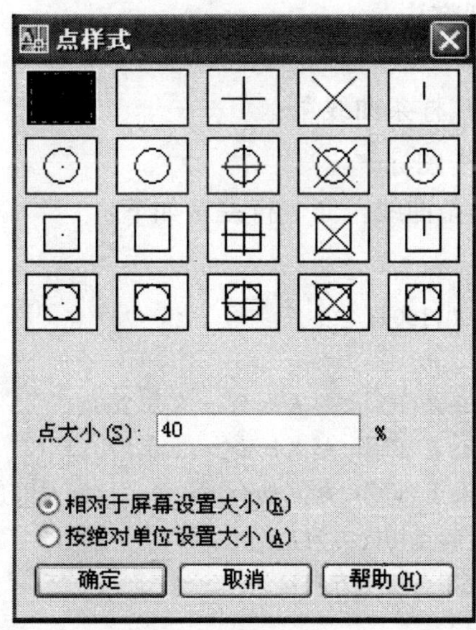

图 2-15　设置点样式

除此之外，AutoCAD 中还提供了定数等分和定距等分两种绘制点的方式。

(1) 绘制定数等分点。如图 2-16 所示，进行定数等分时，命令行提示如下：

命令：_divide
选择要定数等分的对象：(选择直线)
输入线段数目或[块(B)]：3

图 2-16　绘制定数等分点

(2) 绘制定距等分点。如图 2-17 所示，进行定距等分时，命令行提示如下：

命令：_measure
选择要定距等分的对象：(选择直线)
指定线段长度或[块(B)]：120

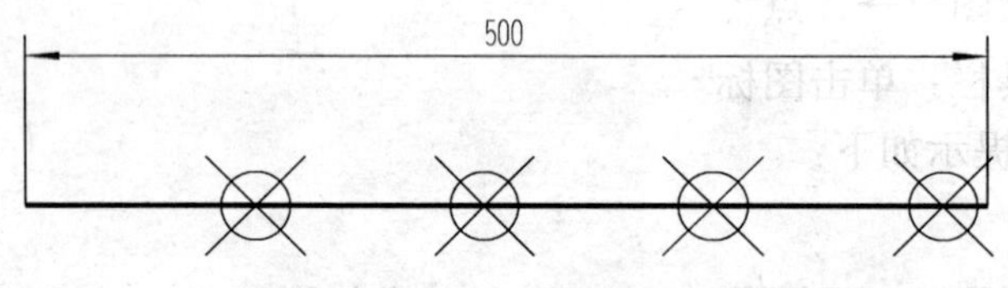

图 2-17　绘制定距等分点

(四) 绘制样条曲线和多段线

1. 绘制样条曲线

样条曲线是一种比较特殊的线条，它可以在各点之间生成一条光滑的曲线，主要用于创建形状不规则的图形。

绘制样条曲线可采用下列方法：

(1) 命令行输入：spline。

(2) 菜单栏："绘图"→"样条曲线"。

(3) "绘图"工具栏：单击图标 。

绘制如图 2-18 所示的样条曲线，命令行提示如下：

命令：_spline
指定第一个点或[对象(O)]：100,100↵
指定下一点：150,180↵
指定下一点或[闭合(C)/拟合公差(F)]<起点切向>：230,200↵
指定下一点或[闭合(C)/拟合公差(F)]<起点切向>：300,270↵
指定下一点或[闭合(C)/拟合公差(F)]<起点切向>：(单击鼠标右键选择"确定")
指定起点切向：(移动鼠标确定起点切向方向)
指定端点切向：(移动鼠标确定端点切向方向)

2. 绘制多段线

多段线是由多条线段和圆弧组合而成的，但无论多段线包含多少条线段和圆弧都是一个实体。

绘制多段线可采用下列方法：

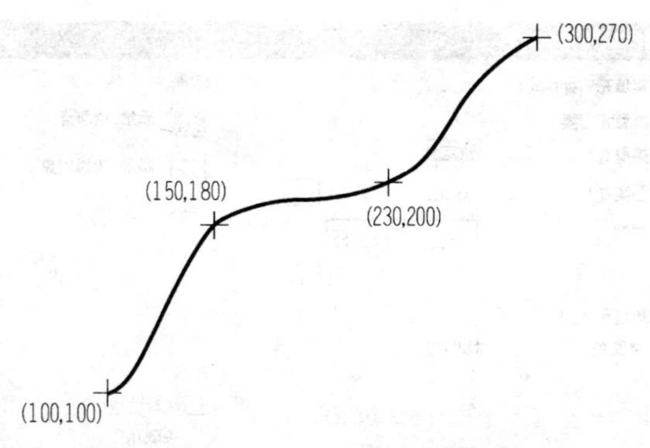

图 2 - 18　绘制样条曲线

（1）命令行输入：pline。

（2）菜单栏："绘图"→"多段线"。

（3）"绘图"工具栏：单击图标。

绘制多段线，命令行提示如下：

命令：_pline
指定起点：(指定多段线的起点)
当前线宽为 0.0000
指定下一个点或[圆弧(A)/半宽(H)/长度(L)/放弃(U)/宽度(W)]：(指定第一段线段的端点)
指定下一点或[圆弧(A)/闭合(C)/半宽(H)/长度(L)/放弃(U)/宽度(W)]：a↵
指定圆弧的端点或
[角度(A)/圆心(CE)/闭合(CL)/方向(D)/半宽(H)/直线(L)/半径(R)/第二个点(S)/放弃(U)/宽度(W)]：(绘制圆弧的方法与"圆弧"命令相似)

（五）图案填充

在绘图过程中，为了表示某个绘图区域的特殊用途，通常要将某种图案填充到这个区域内，例如绘制零件的剖面。

使用图案填充命令可采用下列方法：

（1）命令行输入：bhatch。

（2）菜单栏："绘图"→"图案填充"。

（3）"绘图"工具栏：单击图标。

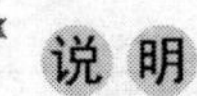

说明

执行图案填充命令后会出现如图 2 - 19 所示的对话框。通过对话框可以设置要使用的图案填充类型和图案、角度和比例以及图案填充区域的边界，并可以通过"预览"按钮查看填充的效果。

四、巩固练习

利用绘图命令绘制如图 2 - 20 所示的图形。

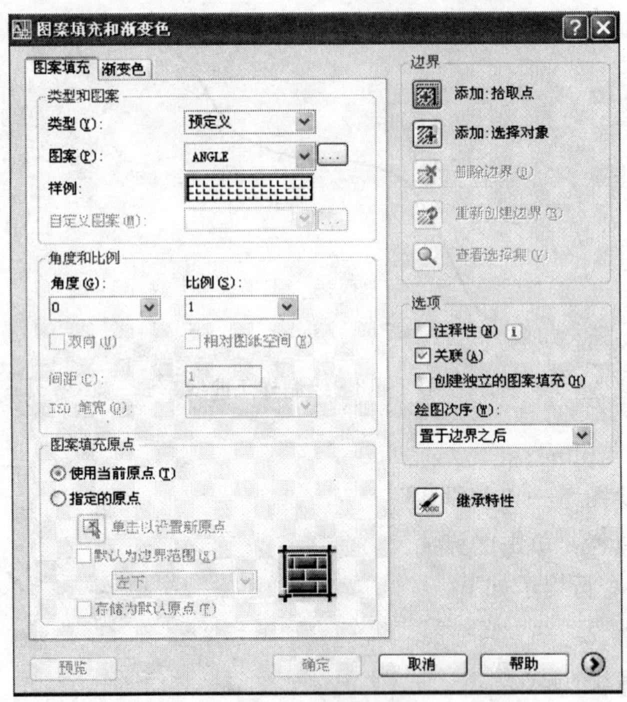

图 2-19 "图案填充和渐变色"对话框

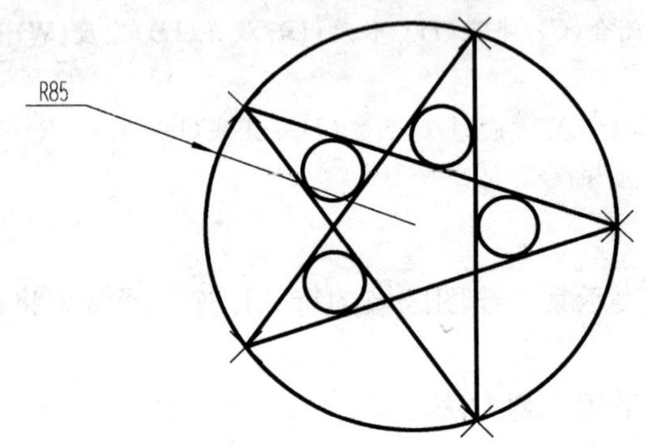

图 2-20 绘制图形

五、本节自我心得

(1) ______________________________

(2) ______________________________

(3) ______________________________

第二节 图形编辑命令

AutoCAD 提供了大量的图形编辑工具，如删除、复制、镜像、偏移、移动、旋转、阵列等，这些命令大概可以分为复制类、移动类、改变几何特性类等几大类。在图形编辑之前，通过对象选择功能选择一个或多个对象，利用图形编辑工具完成对图形的编辑。本节主要介绍这些基本命令的使用，所用的命令主要在“修改”菜单和“修改”工具栏中，如图 2-21和图 2-22 所示。

图 2-21　“修改”菜单

图 2-22　“修改”工具栏

一、本节任务

掌握 AutoCAD 的基本编辑命令。

二、本节重点

AutoCAD 的基本编辑命令。

三、任务实施

(一) 删除及恢复命令

1. 删除

在绘图过程中，如果遇到不符合要求的对象或不小心画错了某个图形，可以使用删除命令进行删除。

使用删除命令可采用下列方法：

(1) 命令行输入：erase。

(2) 菜单栏："修改"→"删除"。

(3)"修改"工具栏：单击图标。

使用删除命令，命令行提示如下：

```
命令:_erase
选择对象:(选择要删除的对象)
选择对象:↵
```

2. 恢复或放弃

在绘图过程中如果不小心删除了需要的对象，可使用恢复命令进行恢复。

使用恢复命令可采用下列方法：

(1) 命令行输入：oops。

(2) 菜单栏："编辑"→"放弃"。

(3)"标准"工具栏：单击图标。

(二) 复制类命令

1. 复制

复制命令可以按指定的距离复制对象。

使用恢复命令可采用下列方法：

(1) 命令行输入：copy。

(2) 菜单栏："修改"→"复制"。

(3)"修改"工具栏：单击图标。

使用复制命令，命令行提示如下：

```
命令:_copy
选择对象:(选择要复制的对象)
选择对象:↵
当前设置:复制模式=多个
指定基点或[位移(D)/模式(O)]<位移>:
指定第二个点或<使用第一个点作为位移>:
指定第二个点或[退出(E)/放弃(U)]<退出>:↵
```

2. 镜像

镜像命令可以通过定轴翻转对象，得到对称的图形。

使用镜像命令可采用下列方法：

(1) 命令行输入：mirror。

(2) 菜单栏："修改"→"镜像"。

(3)"修改"工具栏：单击图标。

使用镜像命令，命令行提示如下：

```
命令:_mirror
选择对象:(选择要镜像的对象)
选择对象:↵
指定镜像线的第一点:(指定一个点)
指定镜像线的第二点:(指定一个点)
要删除源对象吗? [是(Y)/否(N)]<N>:(选择是否删除原对象)
```

3. 偏移

偏移命令可以创建一个和原图形平行的新对象。

使用偏移命令可采用下列方法：

(1) 命令行输入：offset。

(2) 菜单栏："修改"→"偏移"。

(3) "修改"工具栏：单击图标。

使用偏移命令，命令行提示如下：

```
命令:_offset
当前设置:删除源=否　图层=源　OFFSETGAPTYPE=0
指定偏移距离或[通过(T)/删除(E)/图层(L)]<通过>:(输入偏移的距离)
选择要偏移的对象,或[退出(E)/放弃(U)]<退出>:(选择要偏移的对象)
指定要偏移的那一侧上的点,或[退出(E)/多个(M)/放弃(U)]<退出>:(选择要偏移的方向)
选择要偏移的对象,或[退出(E)/放弃(U)]<退出>:
```

4. 阵列

使用阵列命令可以将原图形进行多次复制，且复制的对象按照环形或矩形排列。

使用阵列命令可采用下列方法：

(1) 命令行输入：array。

(2) 菜单栏："修改"→"阵列"。

(3) "修改"工具栏：单击图标。

启用阵列命令后，会弹出"阵列"对话框，如图 2-23 所示。可以在"阵列"对话框中选择阵列的方式和阵列的对象，以及设置阵列参数，还可以通过"预览"按钮预览阵列结果。

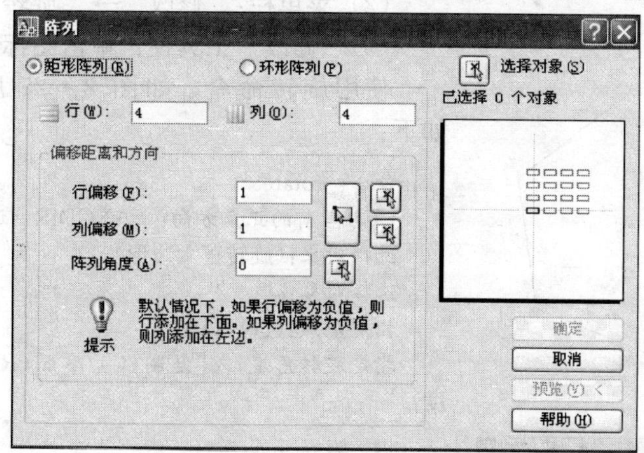

图 2-23　"阵列"对话框

（三）改变位置类命令

1. 移动

移动命令可以完成对象一定方向和一定距离的移动。

使用移动命令可采用下列方法：

（1）命令行输入：array。

（2）菜单栏："修改"→"移动"。

（3）"修改"工具栏：单击图标。

使用移动命令，如图 2-24 所示，命令行提示如下：

命令：_move
选择对象：（选择正六边形）
选择对象：↵
指定基点或[位移(D)]＜位移＞：（选择 *A* 点）
指定第二个点或＜使用第一个点作为位移＞：（选择 *B* 点）

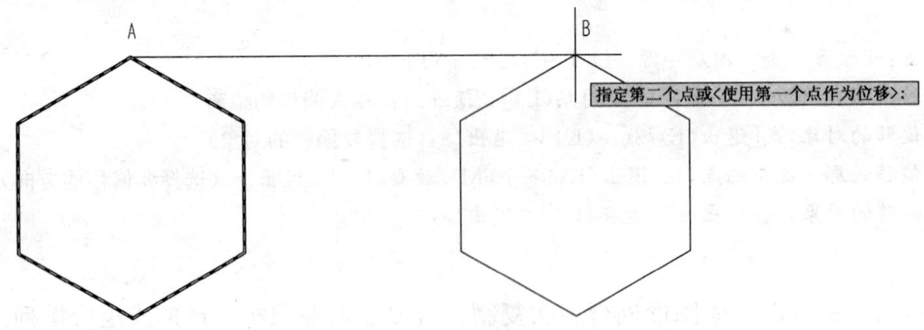

图 2-24　移动命令

2. 旋转

旋转命令可以绕指定基点旋转对象。

使用旋转命令可采用下列方法：

（1）命令行输入：rotate。

（2）菜单栏："修改"→"旋转"。

（3）"修改"工具栏：单击图标。

使用旋转命令，如图 2-25 所示，命令行提示如下：

命令：_rotate
UCS 当前的正角方向：　ANGDIR=逆时针　ANGBASE=0
选择对象：（旋转正六边形）
选择对象：↵
指定基点：（选择 *A* 点）
指定旋转角度，或[复制(C)/参照(R)]＜0＞：（输入旋转角度）

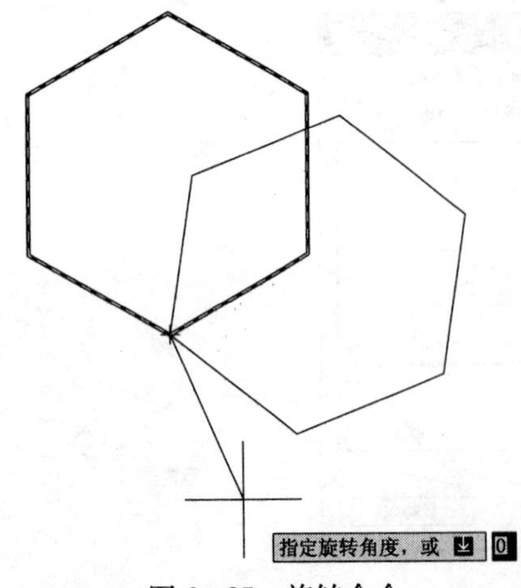

图 2-25　旋转命令

3. 缩放

缩放命令可以按照一定比例放大或缩小对象。

使用缩放命令可采用下列方法：

（1）命令行输入：scale。

（2）菜单栏："修改"→"缩放"。

（3）"修改"工具栏：单击图标。

使用缩放命令，如图 2-26 所示，命令行提示如下：

命令：_scale
选择对象：(选择正六边形)
选择对象：↵
指定基点：(选择 A 点)
指定比例因子或[复制(C)/参照(R)]<1.0000>：0.5↵

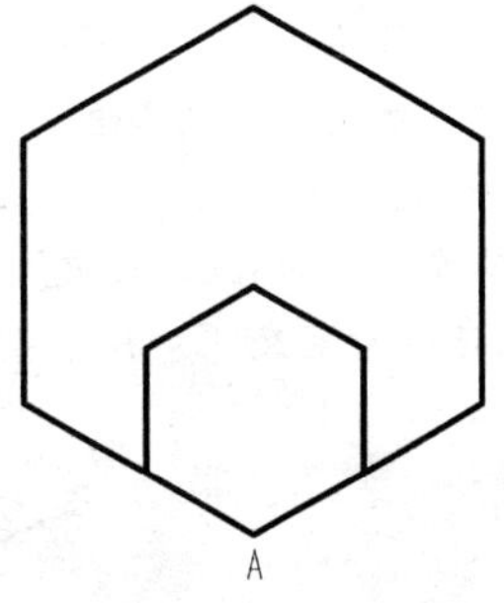

图 2-26　缩放命令

（四）改变几何特性类命令

1. 修剪

修剪命令可以按照其定义的剪切边修剪对象。

使用修剪命令可采用下列方法：

（1）命令行输入：trim。

（2）菜单栏："修改"→"修剪"。

（3）"修改"工具栏：单击图标。

使用修剪命令，如图 2-27 所示，命令行提示如下：

命令：_trim
当前设置：投影=UCS，边=无
选择剪切边...
选择对象或<全部选择>：找到 1 个(选择直线 AB)
选择对象：↵
选择要修剪的对象，或按住 Shift 键选择要延伸的对象，或
[栏选(F)/窗交(C)/投影(P)/边(E)/删除(R)/放弃(U)]：(选择直线 AB 上端的圆弧)

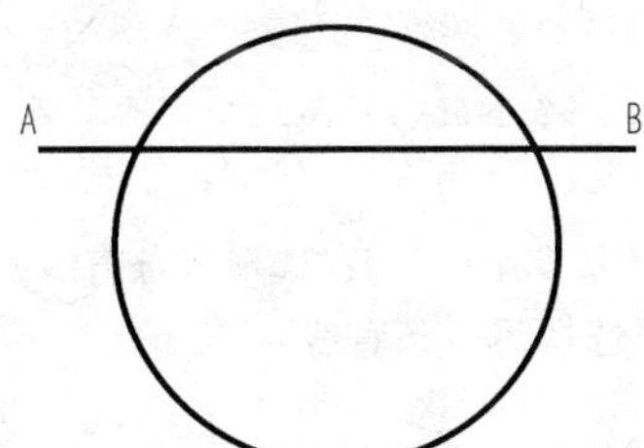

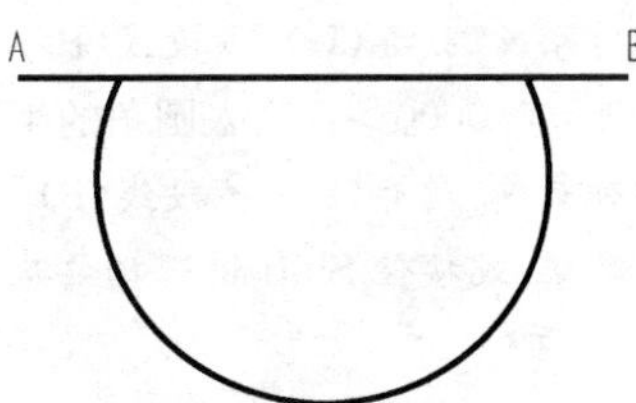

图 2-27　修剪命令

2. 延伸

延伸命令是将对象的端点延伸到另一个对象的边界线处。

使用延伸命令可采用下列方法：

（1）命令行输入：extend。

（2）菜单栏："修改"→"延伸"。

(3)“修改”工具栏：单击图标。

使用延伸命令，如图 2-28 所示，命令行提示如下：

命令：_extend
当前设置：投影=UCS，边=无
选择边界的边...
选择对象或<全部选择>：找到 1 个(选择垂直直线)
选择对象：↵
选择要延伸的对象，或按住 Shift 键选择要修剪的对象，或
[栏选(F)/窗交(C)/投影(P)/边(E)/放弃(U)]：(选择倾斜直线)

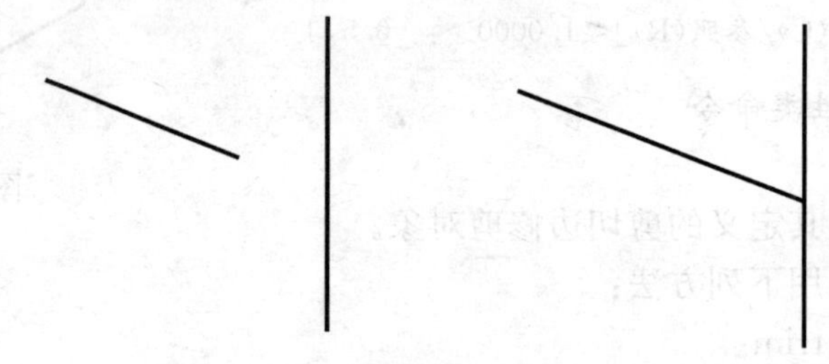

图 2-28 延伸命令

3. 圆角

使用圆角命令可以用一定半径的圆弧光滑连接两个对象。

使用圆角命令可采用下列方法：

(1) 命令行输入：fillet。

(2) 菜单栏：“修改”→“圆角”。

(3)“修改”工具栏：单击图标。

使用圆角命令，如图 2-29 所示，命令行提示如下：

命令：_fillet
当前设置：模式=修剪，半径=0.0000
选择第一个对象或[放弃(U)/多段线(P)/半径(R)/修剪(T)/多个(M)]：r↵
指定圆角半径<0.0000>：(输入圆角的半径)
选择第一个对象或[放弃(U)/多段线(P)/半径(R)/修剪(T)/多个(M)]：(选择一条直线)
选择第二个对象，或按住 Shift 键选择要应用角点的对象：(选择另一条直线)

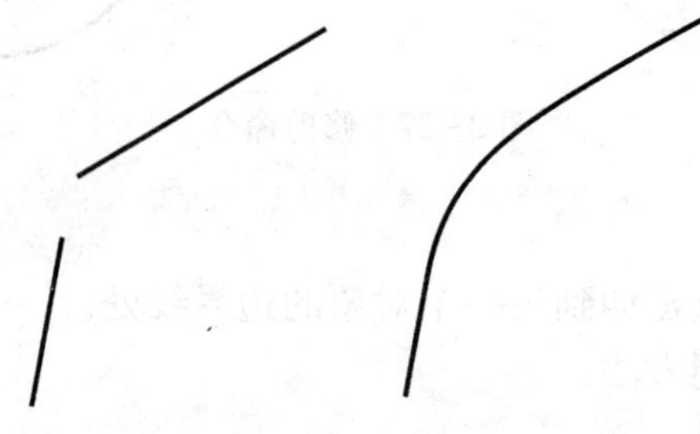

图 2-29 圆角命令

4. 倒角

使用倒角命令可以用斜线连接两个不平行的对象。

使用倒角命令可采用下列方法：

(1) 命令行输入：chamfer。

(2) 菜单栏："修改"→"倒角"。

(3) "修改"工具栏：单击图标。

使用倒角命令，如图 2-30 所示，命令行提示如下：

命令:_chamfer

("修剪"模式)当前倒角距离 1=0.0000,距离 2=0.0000

选择第一条直线或[放弃(U)/多段线(P)/距离(D)/角度(A)/修剪(T)/方式(E)/多个(M)]:d↵

指定第一个倒角距离＜0.0000＞:30(输入第一个倒角距离)

指定第二个倒角距离＜30.0000＞:20(输入第二个倒角距离)

选择第一条直线或[放弃(U)/多段线(P)/距离(D)/角度(A)/修剪(T)/方式(E)/多个(M)]:(选择水平直线)

选择第二条直线,或按住 Shift 键选择要应用角点的直线:(选择垂直直线)

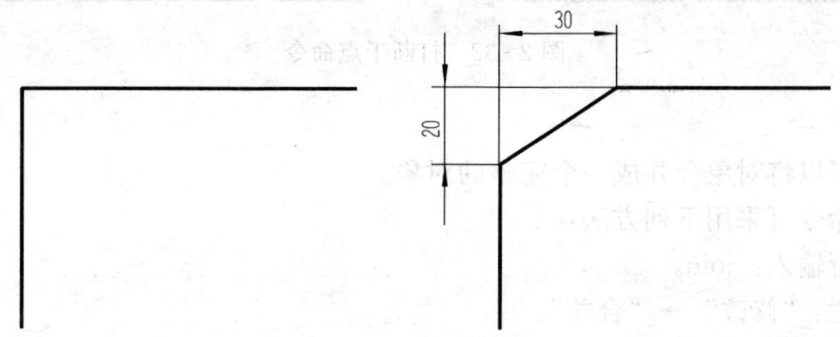

图 2-30　倒角命令

5. 打断

打断命令可以将选定对象两点间打断并删除。

使用打断命令可采用下列方法：

(1) 命令行输入：break。

(2) 菜单栏："修改"→"打断"。

(3) "修改"工具栏：单击图标。

使用打断命令，如图 2-31 所示，命令行提示如下：

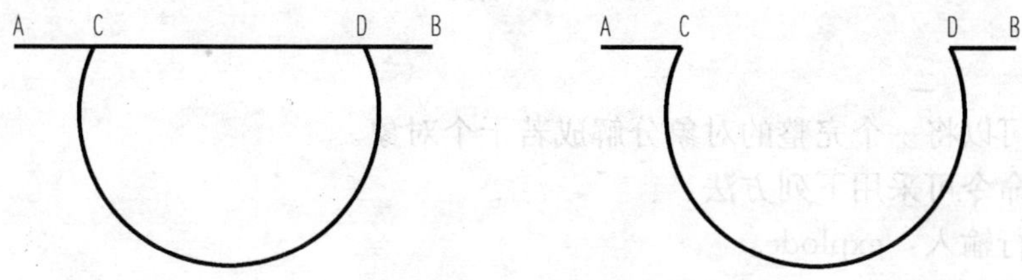

图 2-31　打断命令

```
命令:_break
选择对象:(选择直线)
指定第二个打断点或[第一点(F)]:f↵
指定第一个打断点:(选择 C 点)
指定第二个打断点:(选择 D 点)
```

6. 打断于点

打断于点命令可以在对象上指定一个点，从而把对象在此拆分成两部分。可以通过单击“修改”工具栏的图标完成打断于点命令。

使用打断于点命令，如图 2-32 所示，命令行提示如下：

```
命令:_break
选择对象:
指定第二个打断点或[第一点(F)]:f↵
指定第一个打断点:
指定第二个打断点:@
```

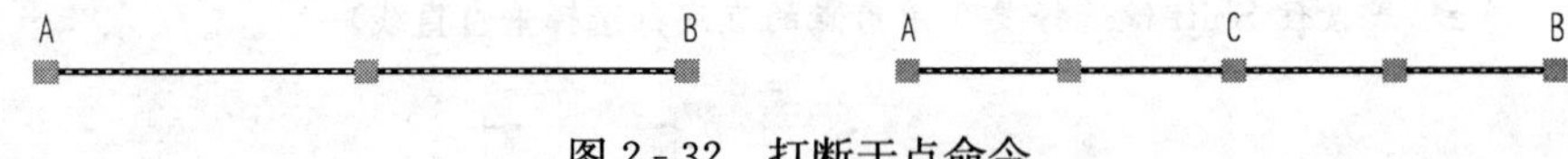

图 2-32 打断于点命令

7. 合并

合并命令可以将对象合并成一个完整的对象。

使用合并命令可采用下列方法：

(1) 命令行输入：join。

(2) 菜单栏：“修改”→“合并”。

(3) “修改”工具栏：单击图标。

使用合并命令，如图 2-33 所示，命令行提示如下：

```
命令:_join
选择源对象:
选择要合并到源的直线: 找到 1 个(选择直线 AC)
选择要合并到源的直线:(选择直线 CB)
已将 1 条直线合并到源
```

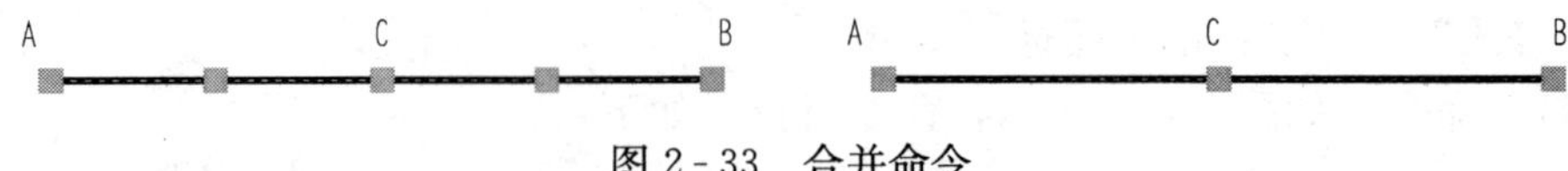

图 2-33 合并命令

8. 分解

分解命令可以将一个完整的对象分解成若干个对象。

使用分解命令可采用下列方法：

(1) 命令行输入：explode。

(2) 菜单栏：“修改”→“分解”。

(3) “修改”工具栏：单击图标。

使用分解命令，如图 2-34 所示，命令行提示如下：

命令：_explode
选择对象：找到 1 个(选择正六边形)
选择对象：↵

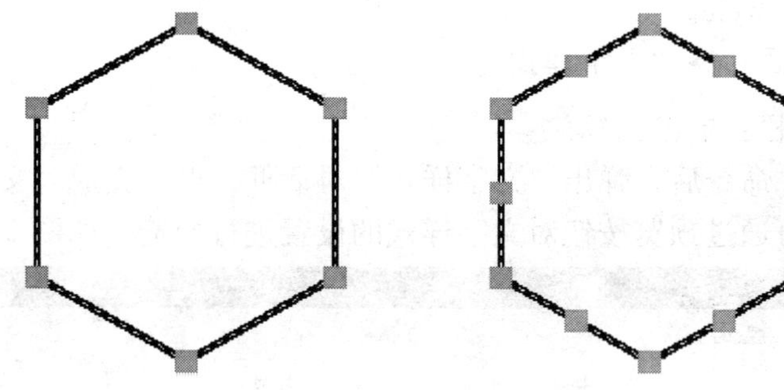

图 2-34 分解命令

四、巩固练习

利用编辑命令绘制如图 2-35 所示的图形。

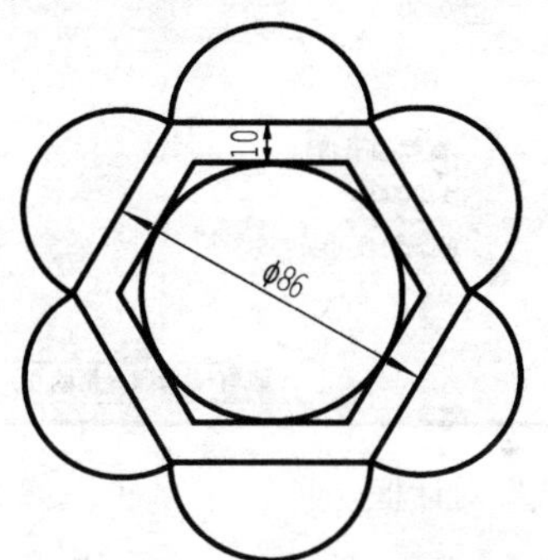

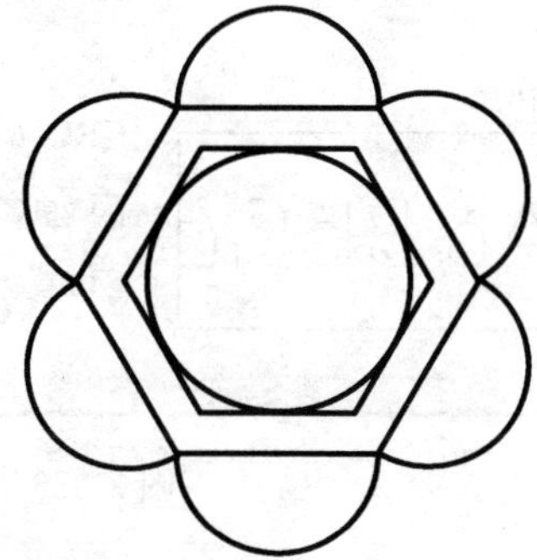

图 2-35 绘制图形

五、本节自我心得

(1) ______________________________

(2) ______________________________

(3) ______________________________

第三节 文字与表格命令

在机械制图和工程制图中文字和表格是不可缺少的重要组成部分，因此 AutoCAD 中提供了必要的文字与表格的命令。

一、本节任务

掌握 AutoCAD 的文字与表格命令。

二、本节重点

AutoCAD 的文字与表格命令。

三、任务实施

（一）文字

1. 新建文字样式

新建文字样式可采用下列方法：

（1）命令行输入：style。

（2）菜单栏："格式"→"文字样式"。

（3）"文字"工具栏：单击图标。

执行"文字样式"命令后，弹出"文字样式"对话框，可以完成对文字样式名、文字字体及效果的设置，并可通过预览按钮对文字样式的设置进行预览，如图 2-36 所示。

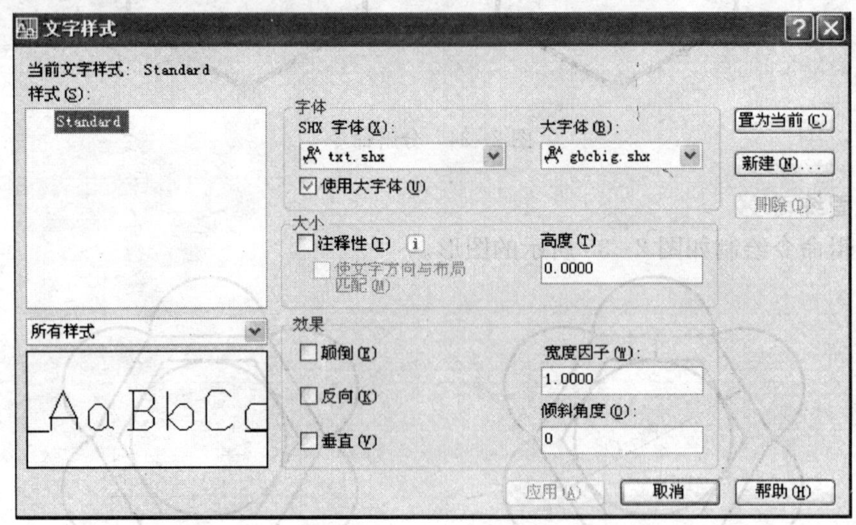

图 2-36　"文字样式"对话框

2. 单行文字

输入单行文字可采用下列方法：

（1）命令行输入：dtext。

（2）菜单栏："绘图"→"文字"→"单行文字。

（3）"文字"工具栏：单击图标。

使用单行文字命令，命令行提示如下：

命令：_dtext
当前文字样式："Standard"　文字高度：2.5000　注释性：否
指定文字的起点或[对正(J)/样式(S)]：
指定高度＜2.5000＞：
指定文字的旋转角度＜0＞：

3. 多行文字

输入多行文字可采用下列方法：

（1）命令行输入：mdtext。

（2）菜单栏："绘图"→"文字"→"多行文字。

(3)“文字”工具栏：单击图标 A。

使用多行文字命令，命令行提示如下：

命令：_mtext

当前文字样式：“Standard” 文字高度：66.1831 注释性：否

指定第一角点：(选择文字注入矩形区域的角点)

指定对角点或[高度(H)/对正(J)/行距(L)/旋转(R)/样式(S)/宽度(W)/栏(C)]：(选择文字注入矩形区域的另一个角点)

此时会弹出“文字格式”对话框，通过此对话框对输入的文字格式进行设置，最后单击“确定”完成，如图 2-37 所示。

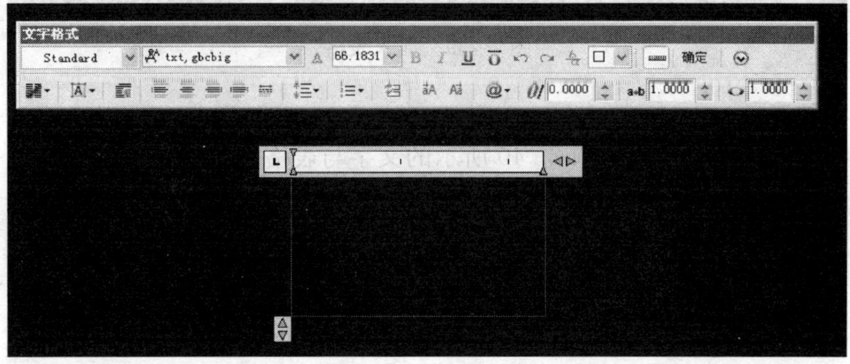

图 2-37 “文字格式”对话框

(二) 表格

在 AutoCAD 中，使用表格命令可以自动生成数据表格。

1. 新建表格样式

新建表格样式可通过选择菜单栏下“格式”→“表格样式”命令来完成。执行表格样式命令后弹出“表格样式”对话框，通过此对话框进行表格样式的新建，如图 2-38 所示。

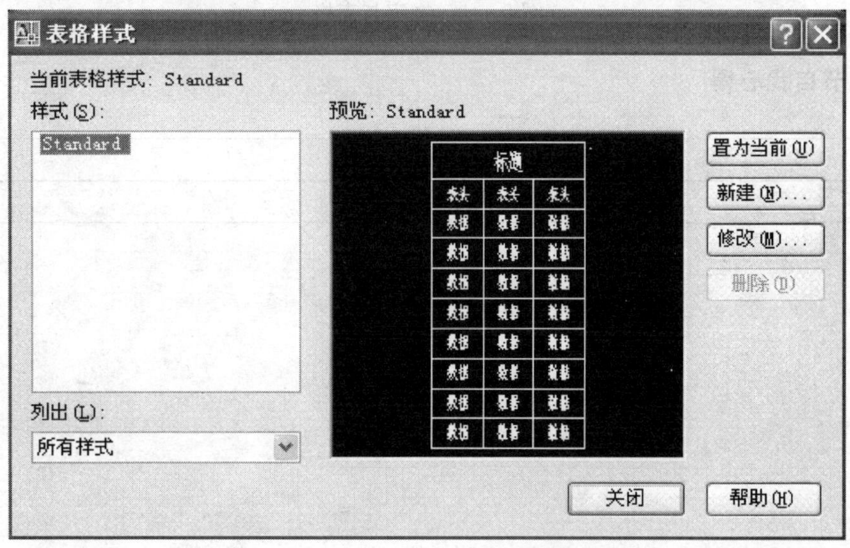

图 2-38 “表格样式”对话框

2. 插入表格

插入表格可通过选择菜单栏下“绘图”→“表格”命令来完成。执行表格命令后，弹出表格“文字格式”对话框，通过此对话框进行表格内文字格式的设置，最后单击“确定”完成，如图 2-39 所示。

图 2-39 插入表格

四、巩固练习

利用文字与表格命令完成如图 2-40 所示的文字与表格。

模块化教程

标题		
数据	数据	数据
数据	数据	数据
数据	数据	数据
数据	数据	数据

图 2-40 文字与表格

五、本节自我心得

(1) ____________________

(2) ____________________

(3) ____________________

模块三　典型平面图形绘制

第一节　八卦图案

下面详细介绍如图3-1所示的八卦图案的绘制方法。

一、本节任务

通过八卦图案的绘制，掌握直线、圆、点的定数等分、图案填充、点的样式等工具的使用。

二、本节重点

直线、圆、点的定数等分、图案填充、点的样式等工具的使用。

三、任务实施

（一）绘图环境的初步设置

选择菜单栏下"格式"→"图形界限"命令设置图层界限，如图3-2所示。

图3-1　八卦图案

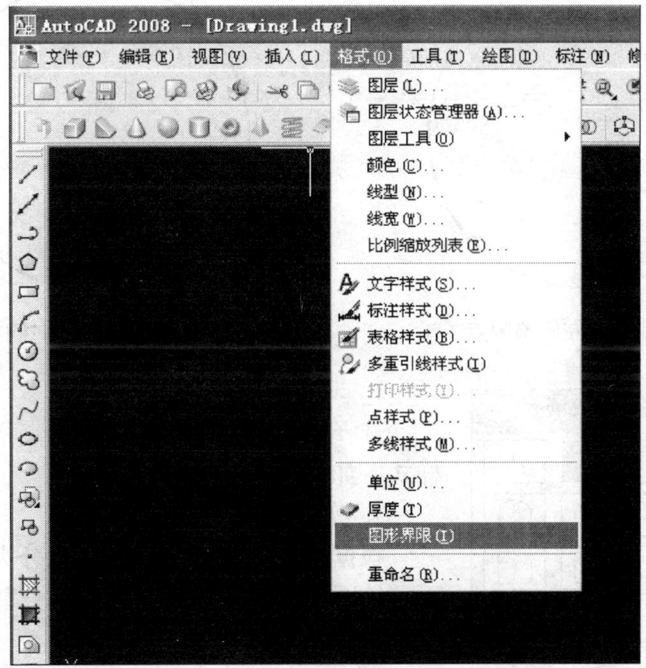

图3-2　设置图层界限

命令行提示如下：

命令：_limits

重新设置模型空间界限：

指定左下角点或[开(ON)/关(OFF)]<0.0000,0.0000>：↵

指定右上角点<420.0000,297.0000>:100,100↲

（二）绘制图形

1. 绘制圆

单击“绘图”工具栏上的“圆”按钮，绘制 ϕ80 的圆。

命令行提示如下：

命令:_circle 指定圆的圆心或[三点(3P)/两点(2P)/相切、相切、半径(T)]:50,50↲
指定圆的半径或[直径(D)]:40↲

2. 绘制直线

单击“绘图”工具栏上的“直线”按钮，连接圆左右两侧的象限点，绘制长度为 80 的线段。结果如图 3-3 和图 3-4 所示。

命令行提示如下：

命令:_line
指定第一点:(选择左侧象限点)
指定下一点或[放弃(U)]:(选择右侧象限点)
指定下一点或[放弃(U)]:↲

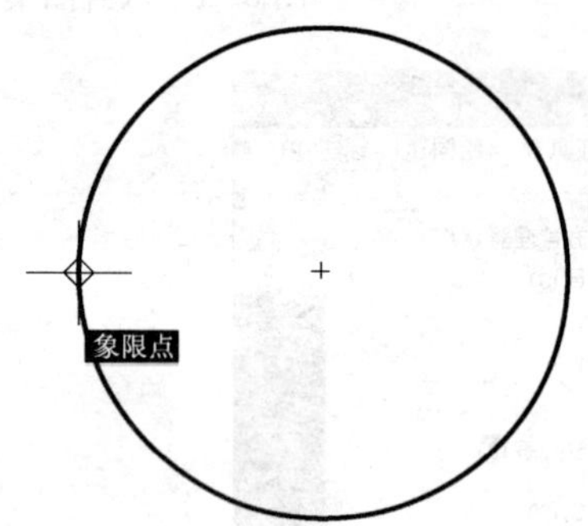

图 3-3　选择左侧象限点

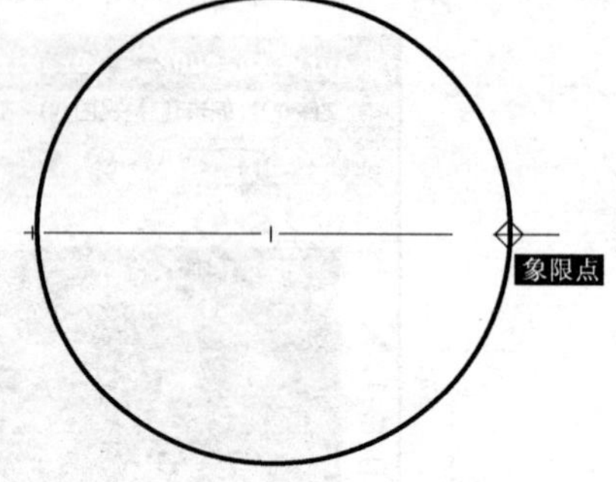

图 3-4　选择右侧象限点

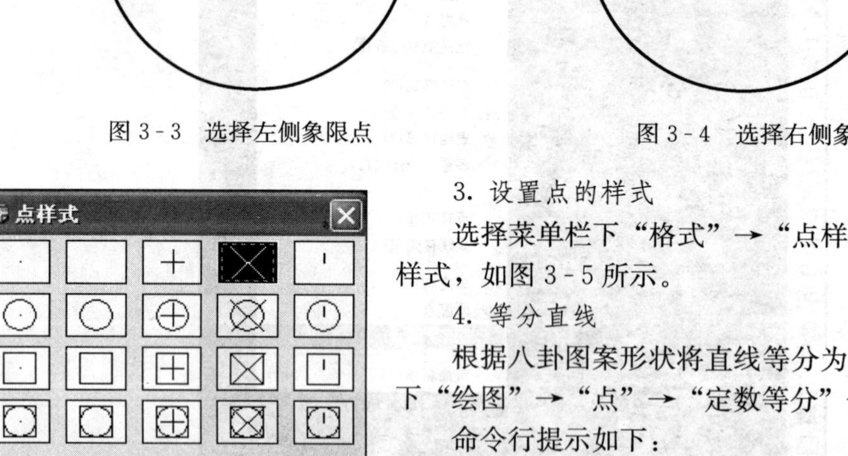

图 3-5　设置点的样式

3. 设置点的样式

选择菜单栏下“格式”→“点样式”命令设置点的样式，如图 3-5 所示。

4. 等分直线

根据八卦图案形状将直线等分为四份，选择菜单栏下“绘图”→“点”→“定数等分”命令。

命令行提示如下：

命令:_divide
选择要定数等分的对象:(选择直线)
输入线段数目或[块(B)]:4↲

结果如图 3-6 所示。

5. 绘制圆

单击“绘图”工具栏上的“圆”按钮，分别以

O_1 和 O_2 为圆心绘制 $\phi40$ 和 $\phi20$ 的圆各两个。结果如图 3-7 所示。

命令行提示如下：

命令：_circle
指定圆的圆心或[三点(3P)/两点(2P)/相切、相切、半径(T)]：(选择 O_1 圆心)
指定圆的半径或[直径(D)]：20↵
命令：_circle
指定圆的圆心或[三点(3P)/两点(2P)/相切、相切、半径(T)]：(选择 O_1 圆心)
指定圆的半径或[直径(D)]：10↵
命令：_circle
指定圆的圆心或[三点(3P)/两点(2P)/相切、相切、半径(T)]：(选择 O_2 圆心)
指定圆的半径或[直径(D)]：20↵
命令：_circle
指定圆的圆心或[三点(3P)/两点(2P)/相切、相切、半径(T)]：(选择 O_2 圆心)
指定圆的半径或[直径(D)]：10↵

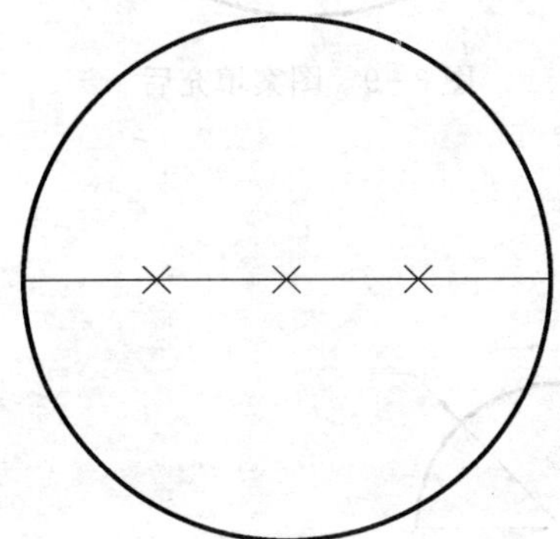
图 3-6 等分直线

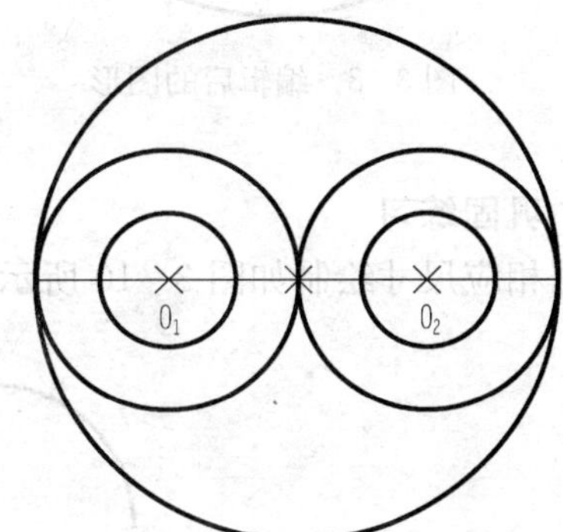

图 3-7 绘制圆

单击“修改”工具栏上的“修剪”按钮，修剪上一步绘制的圆；然后，再单击“修改”工具栏上的“删除”按钮，将绘制的直线和点删除。结果如图 3-8 所示。

命令行提示如下：

命令：_trim
当前设置：投影=UCS，边=无
选择剪切边...
选择对象：找到 1 个(选择直线)
选择对象：↵
选择要修剪的对象，或按住 Shift 键选择要延伸的对象，或[投影(P)/边(E)/放弃(U)]：(选择左侧 $\phi40$ 圆的下半圆)
选择要修剪的对象，或按住 Shift 键选择要延伸的对象，或[投影(P)/边(E)/放弃(U)]：(选择右侧 $\phi40$ 圆的上半圆)
命令：_erase
选择对象：找到 1 个(选择直线)
选择对象：找到 1 个，总计 2 个(选择第一个点)

选择对象:指定对角点:找到 1 个,总计 3 个(选择第二个点)
选择对象:找到 1 个,总计 4 个(选择第三个点)
选择对象:↵

6. 图案填充

单击“绘图”工具栏上的“图案填充”按钮，进行图案填充，结果如图 3-9 所示。

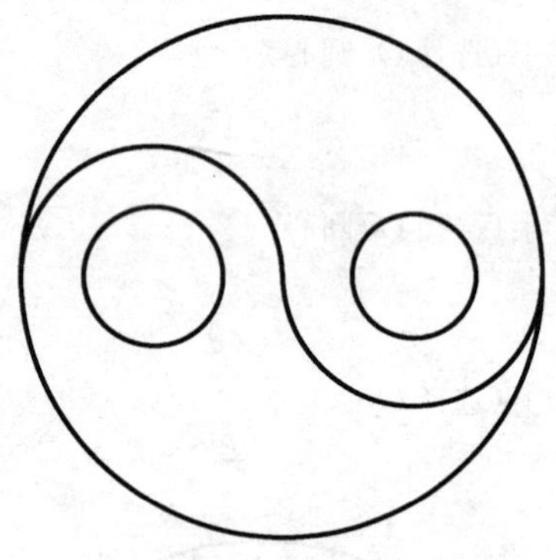
图 3-8 编辑后的图形

图 3-9 图案填充后

四、巩固练习

根据相应尺寸绘制如图 3-10 所示的图形。

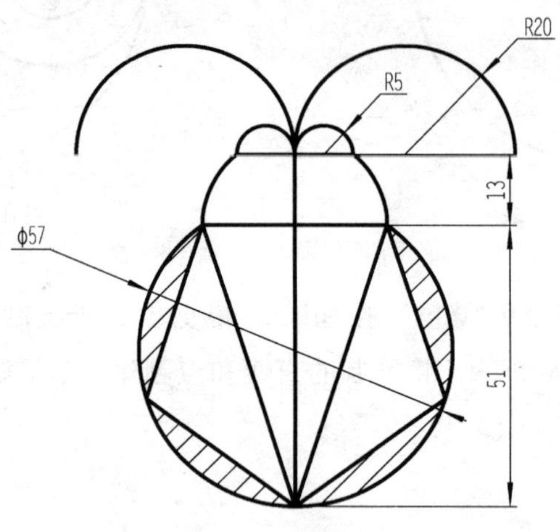

图 3-10 绘图练习

五、本节自我心得

(1)______________________

(2)______________________

(3)______________________

第二节 标靶平面图案

标靶是日常生活中常见的平面图形之一。下面详细介绍如图 3-11 所示的标靶图形的绘制方法。

一、本节任务

通过标靶平面图案的绘制，掌握直线、圆、文字、阵列、图案填充等工具的使用。

图 3-11　标靶图形

二、本节重点

直线、圆、文字、阵列、图案填充等工具的使用。

三、任务实施

（一）绘图环境的初步设置

1. 创建绘图环境

单击“图层”工具栏上的“图层特性管理器”按钮，弹出“图层特性管理器”对话框，单击“新建图层”按钮创建新图层，如图 3-12 所示。

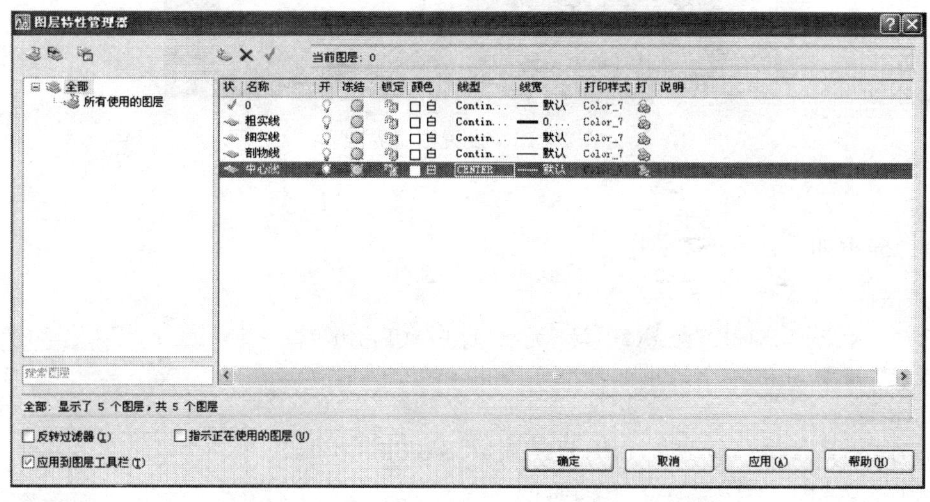

图 3-12　创建新图层

2. 设置图形界限

选择菜单栏下“格式”→“图形界限”命令，设置图层界限，如图 3-13 所示。

命令行提示如下：

命令：_limits

重新设置模型空间界限：

指定左下角点或[开(ON)/关(OFF)]<0.0000,0.0000>：↵

指定右上角点<420.0000,297.0000>：200,100 ↵

（二）绘制图形

将“粗实线”层置为当前图层。

1. 绘制圆

单击“绘图”工具栏上的“圆”按钮，绘制一系列的圆，结果如图 3-14 所示。

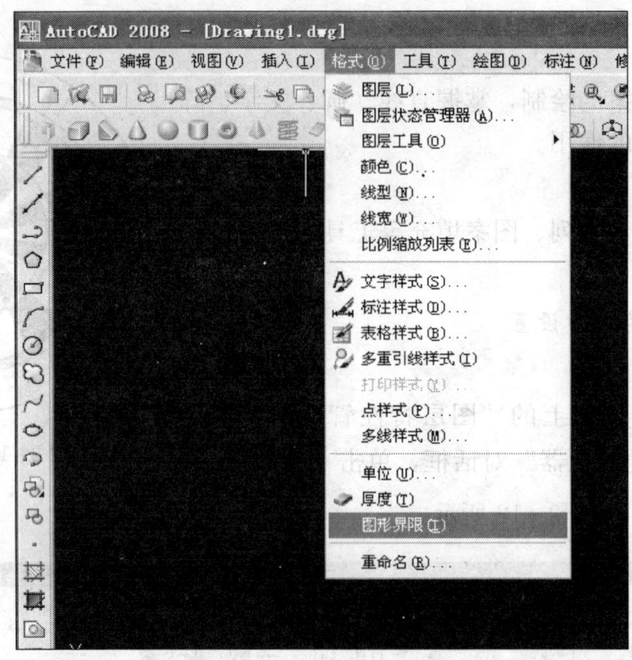

图 3-13　设置图层界限

命令行提示如下：

```
命令:_circle
指定圆的圆心或[三点(3P)/两点(2P)/相切、相切、半径(T)]:0,0↵
指定圆的半径或[直径(D)]:3↵
命令:_circle
指定圆的圆心或[三点(3P)/两点(2P)/相切、相切、半径(T)]:0,0↵
指定圆的半径或[直径(D)]<3.0000>:6↵
命令:_circle
指定圆的圆心或[三点(3P)/两点(2P)/相切、相切、半径(T)]:0,0↵
指定圆的半径或[直径(D)]<6.0000>:37↵
命令:_circle
指定圆的圆心或[三点(3P)/两点(2P)/相切、相切、半径(T)]:0,0↵
指定圆的半径或[直径(D)]<37.0000>:41↵
命令:_circle
指定圆的圆心或[三点(3P)/两点(2P)/相切、相切、半径(T)]:0,0↵
指定圆的半径或[直径(D)]<41.0000>:62↵
命令:_circle
指定圆的圆心或[三点(3P)/两点(2P)/相切、相切、半径(T)]:0,0↵
指定圆的半径或[直径(D)]<62.0000>:66↵
命令:_circle
指定圆的圆心或[三点(3P)/两点(2P)/相切、相切、半径(T)]:0,0↵
指定圆的半径或[直径(D)]<66.0000>:85↵
```

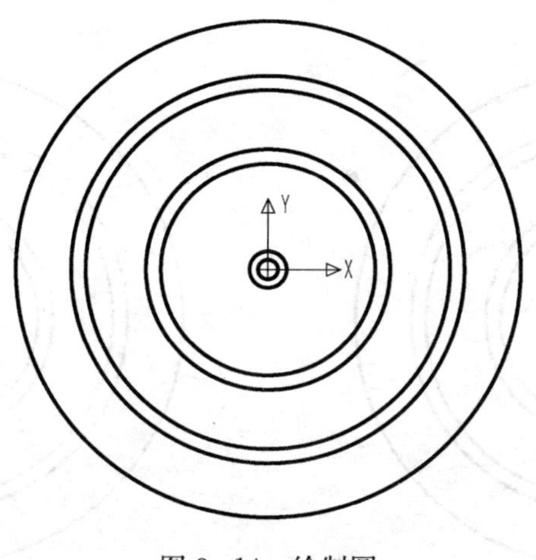

图 3-14　绘制圆

2. 绘制直线

将“粗实线”层置为当前图层。

(1) 设置对象捕捉，在“对象捕捉”上单击右键，选择“设置”命令，弹出“草图设置”对话框，如图 3-15 所示。在“对象捕捉”选项卡内勾选“象限点”，如图 3-16 所示，然后单击“确定”按钮。

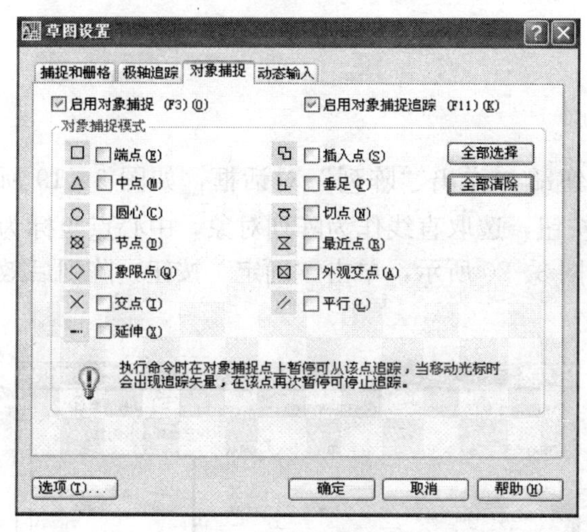

图 3-15　“草图设置”对话框

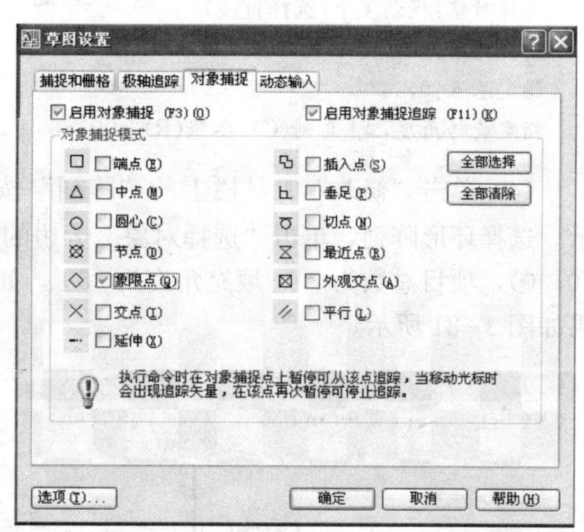

图 3-16　“对象捕捉”选项卡

(2) 单击“绘图”工具栏上的“直线”按钮，绘制第一条直线，如图 3-17 所示。

命令行提示如下：

命令：_line

指定第一点：(选取从内向外数第二个圆上的象限点)

指定下一点或[放弃(U)]：(选取从外向内数第二个圆上的象限点)

指定下一点或[放弃(U)]：↵(结束命令)

(3) 单击“修改”工具栏上的“旋转”按钮，将绘制的直线逆时针旋转 9°，结果如

图 3 - 18所示。

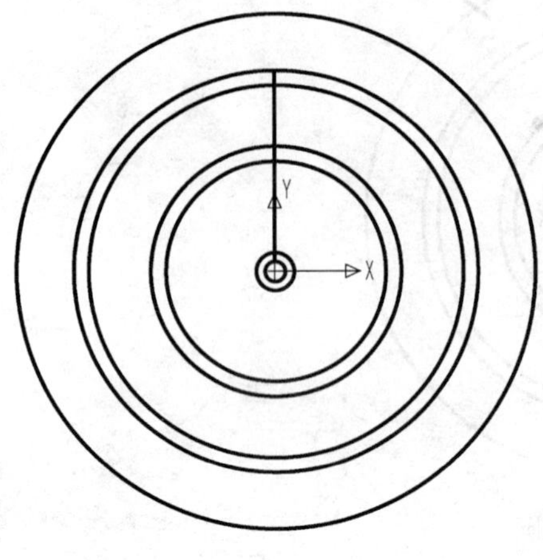

图 3 - 17　绘制直线

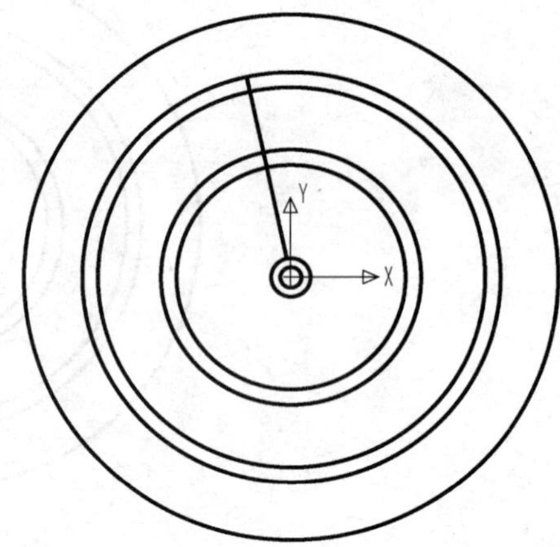

图 3 - 18　旋转直线

命令行提示如下：

命令：_rotate
UCS 当前的正角方向：　ANGDIR=逆时针　ANGBASE=0
选择对象：找到 1 个(选择直线)
选择对象：↵
指定基点：0,0↵
指定旋转角度，或[复制(C)/参照(R)]<0>：　9↵

(4) 单击“修改”工具栏上的“阵列”按钮，弹出“阵列”对话框，如图 3 - 19 所示。选择环形阵列，单击“选择对象”旁边的按钮，选取直线作为阵列对象，中心点坐标为(0，0)，项目总数为 20，填充角度为 360°，如图 3 - 20 所示，单击“确定”按钮，阵列后效果如图 3 - 21 所示。

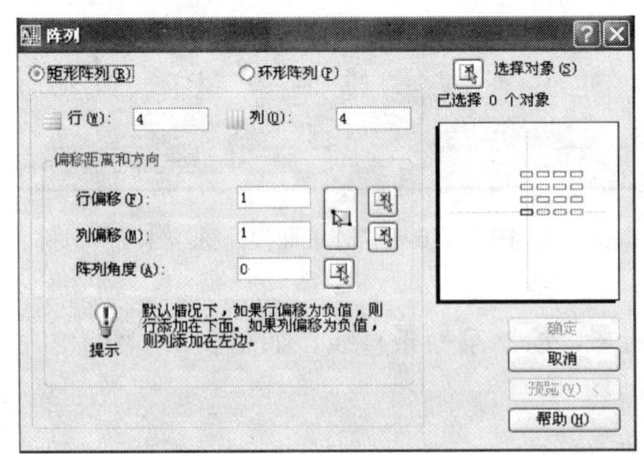

图 3 - 19　“阵列”对话框

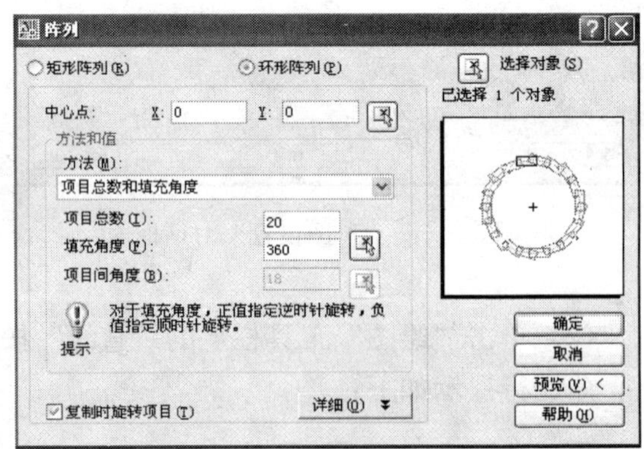

图 3 - 20　设置阵列参数

3. 图案填充

将“图案填充”层置为当前图层。

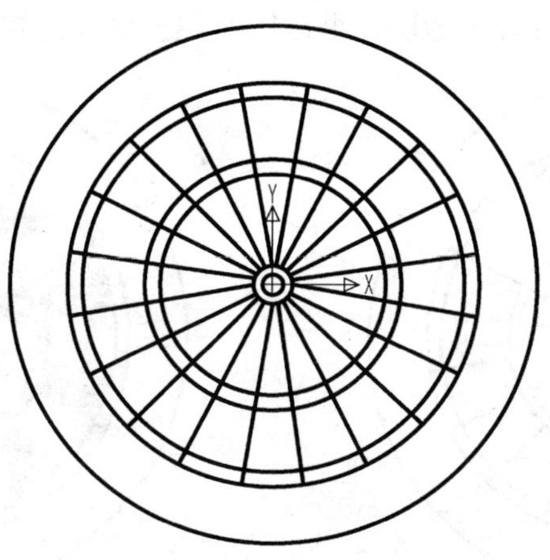

图 3-21　阵列后效果

（1）单击“特性”工具栏上的“颜色”右边的小三角，选择红色作为当前图层，如图 3-22 所示。

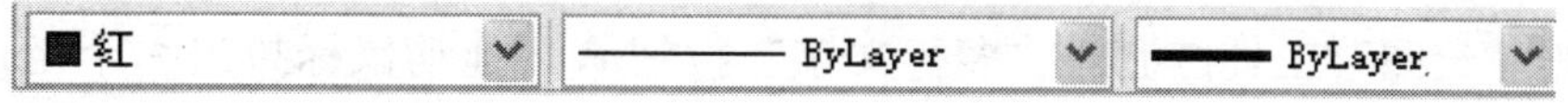

图 3-22　“特性”工具栏

（2）单击“绘图”工具栏上的“图案填充”按钮，弹出“图案填充和渐变色”对话框，如图 3-23 和图 3-24 所示。

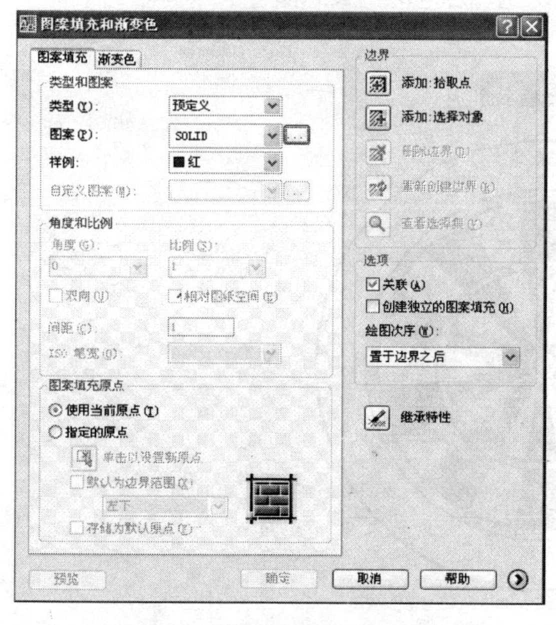

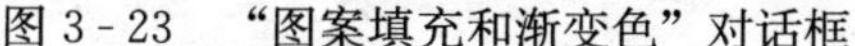

图 3-23　“图案填充和渐变色”对话框

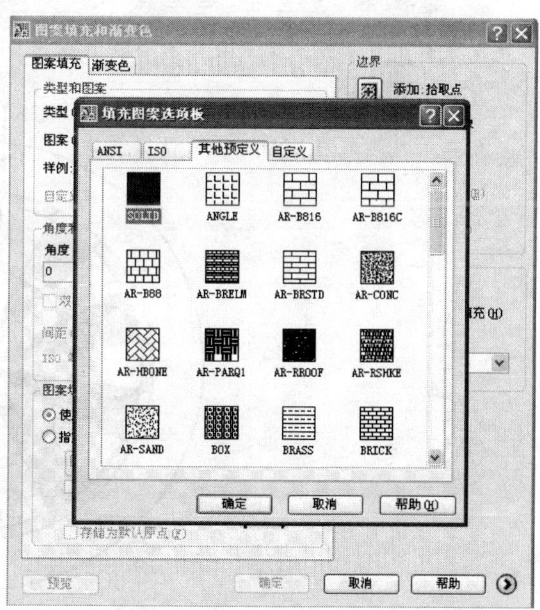

图 3-24　“填充图案选项板”对话框

填充后效果如图 3-25 所示。

（3）把当前图层的颜色设置为随层，继续图案填充命令，填充后效果如图 3-26 所示。

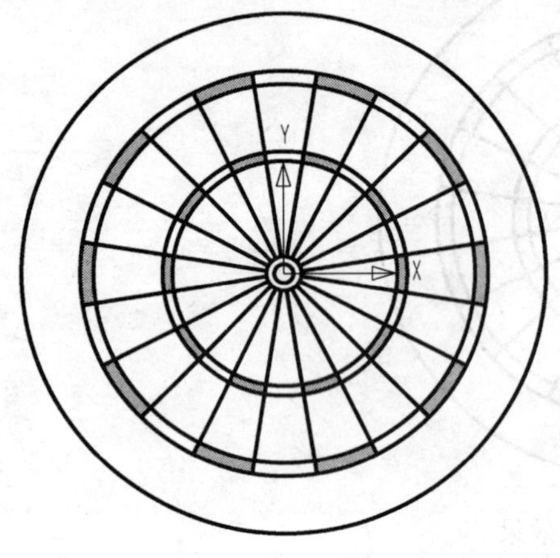

图 3-25 红色图案填充后效果

图 3-26 随层图案填充后效果

4. 添加文字

（1）单击“绘图”工具栏上的“多行文字”按钮 A，拖动鼠标拉出一个矩形框，弹出“文字样式”对话框，设置字体与字高，文字对齐方式为居中对齐，如图 3-27 所示。在文本框输入 20，单击“确定”按钮，调整文字位置，文字输入结果如图 3-28 所示。

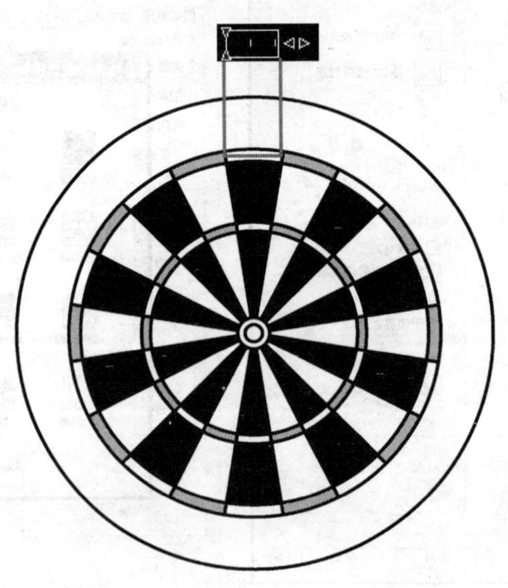

图 3-27 设置文字样式

(2) 单击“修改”工具栏上的“阵列”按钮 ，弹出“阵列”对话框，选择环形阵列。单击“选择对象”旁边的按钮，选取文字作为阵列对象，中心点坐标为（0，0），项目总数为 20，填充角度为 360°，单击“确定”按钮，效果如图 3 - 29 所示。

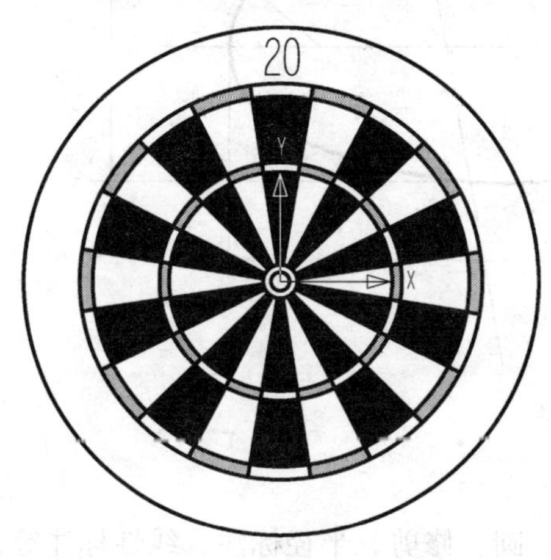

图 3 - 28　输入文字

图 3 - 29　阵列文字

(3) 双击修改的文字，将文字改成需要的文字，完成效果如图 3 - 30 所示。

四、巩固练习

根据相应尺寸绘制如图 3 - 31 所示的图形。

图 3 - 30　完成效果

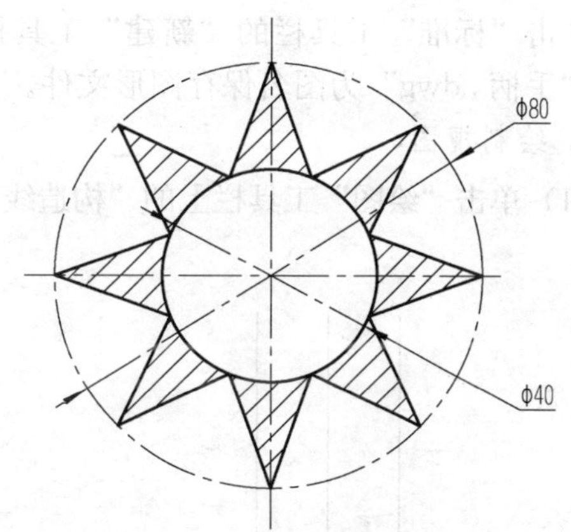

图 3 - 31　绘图练习

五、本节自我心得

(1)________________________________

(2)________________________________

(3)________________________________

第三节　手　　柄

手柄在机械工程中是比较常见的零件，如图 3 - 32 所示。

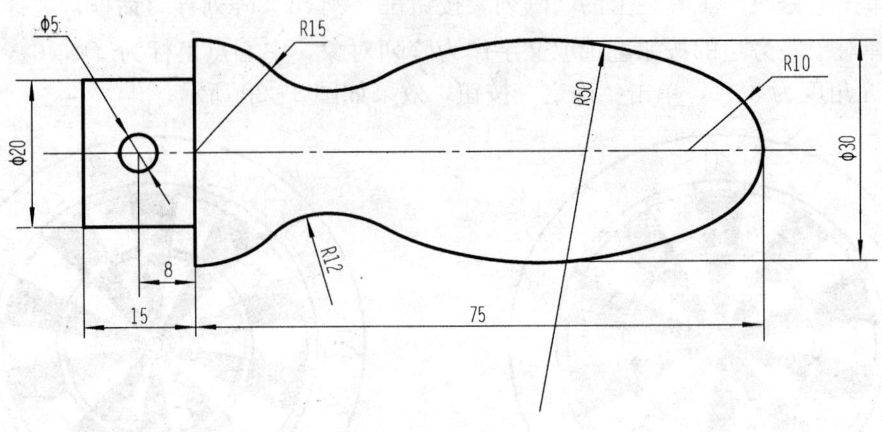

图 3-32　手柄

一、本节任务

通过手柄零件图的绘制，学习并熟练掌握直线、圆、修剪、半径标注、线性标注等命令的操作。

二、本节重点

掌握直线、圆、修剪、半径标注、线性标注等命令的操作。

三、任务实施

1. 创建新的文件

单击“标准”工具栏的“新建”工具按钮，新建一张图，打开一个“acadiso. dwt”文件以“手柄 . dwg”为图名保存图形文件。

2. 绘制视图

（1）单击“绘图”工具栏上的“构造线”按钮，绘制作图中心线和基准线，如图 3-33 所示。

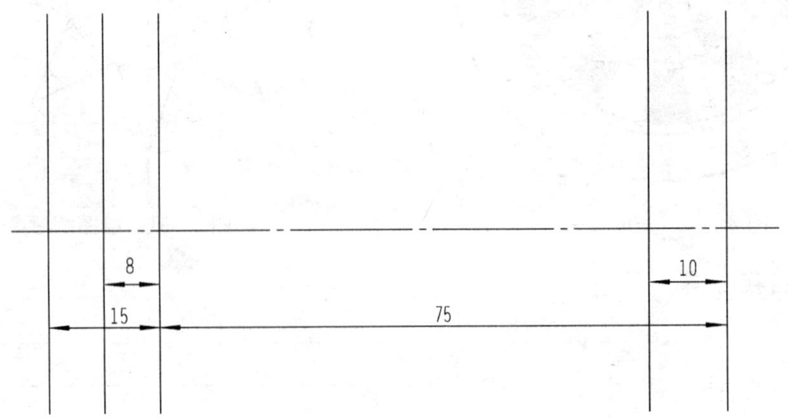

图 3-33　绘制基准线

（2）单击“绘图”工具栏上的“直线”按钮，利用“对象捕捉”功能，绘制手柄前端圆柱部分，如图 3-34 所示。

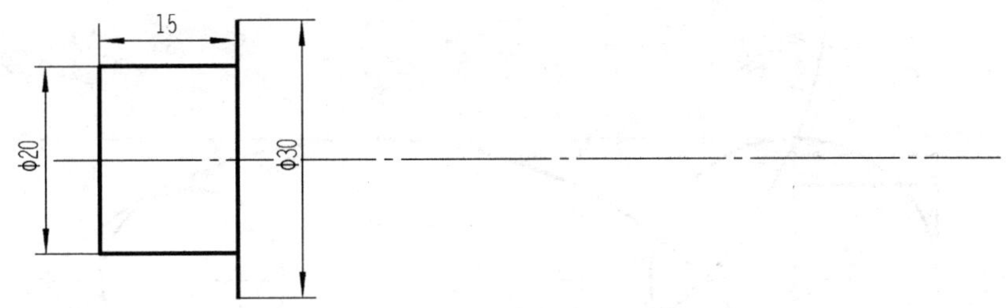

图 3 - 34　绘制已知直线

（3）单击“绘图”工具栏上的“圆”按钮，利用“对象捕捉”功能，绘制出 $R15$ 的圆。

（4）单击“绘图”工具栏上的“圆”按钮，利用“对象捕捉”功能，绘制出 $R10$ 的圆，如图 3 - 35 所示。

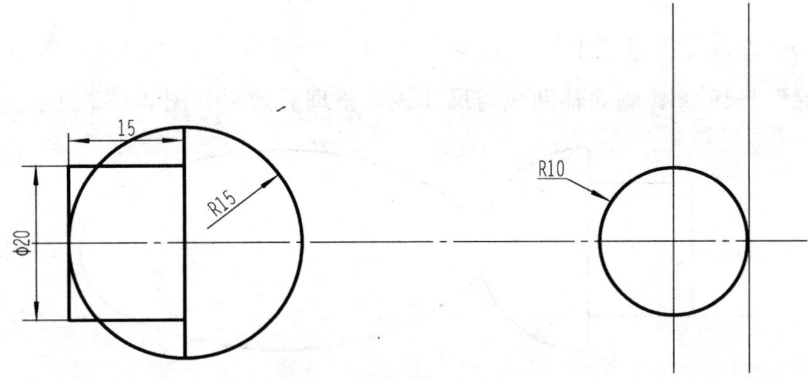

图 3 - 35　绘制已知圆弧

（5）单击“修改”工具栏的“偏移”按钮，将中心线上下偏移 15 得到辅助作图直线，如图 3 - 36 所示。

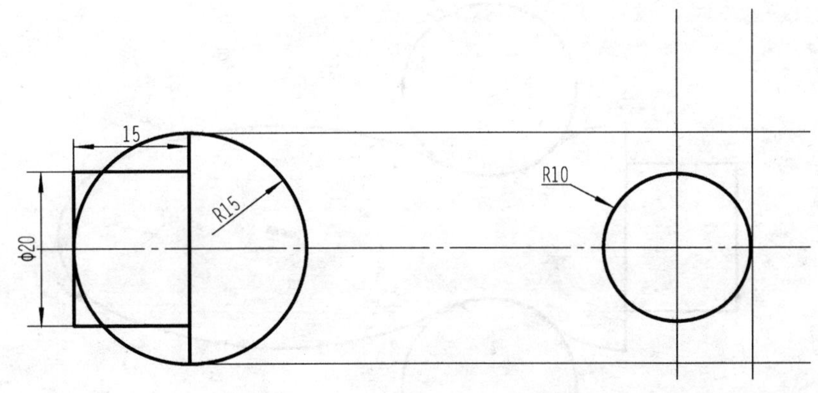

图 3 - 36　偏移直线

（6）利用绘图命令“圆”的“相切、相切、半径（t）”绘制出 $R50$ 的上、下两个分别与 $R10$ 的圆和辅助直线相切的圆，如图 3 - 37 所示。

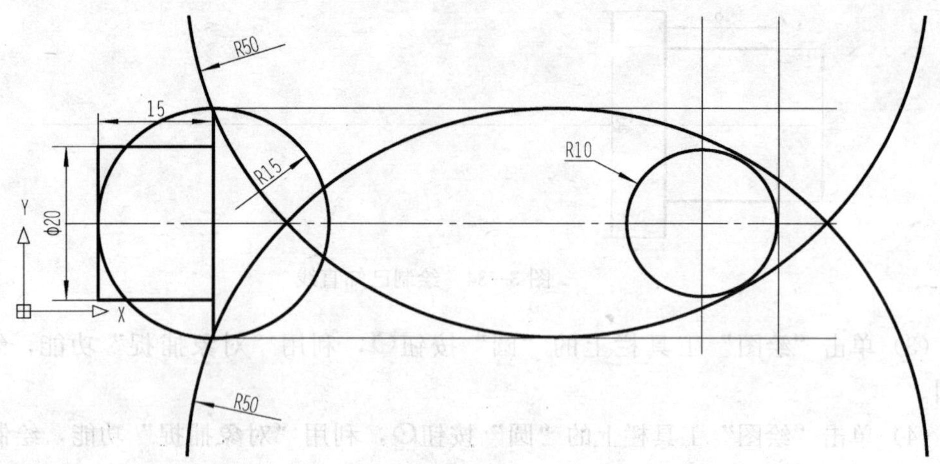

图 3 - 37 绘制连接弧 $R50$

（7）单击“修改”工具栏上的“修剪”按钮，修剪多余的线段，单击“修改”工具栏上的“删除”按钮，删除辅助线与尺寸线，整理后效果如图 3 - 38 所示。

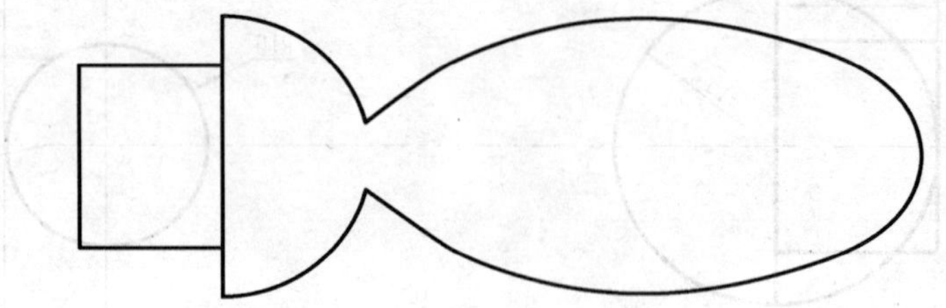

图 3 - 38 步骤（7）编辑后图形

（8）利用绘图命令“圆”的“相切、相切、半径（t）”绘制出 $R12$ 的上、下两个分别与 $R15$ 的圆和 $R50$ 的圆相切的圆，如图 3 - 39 所示。

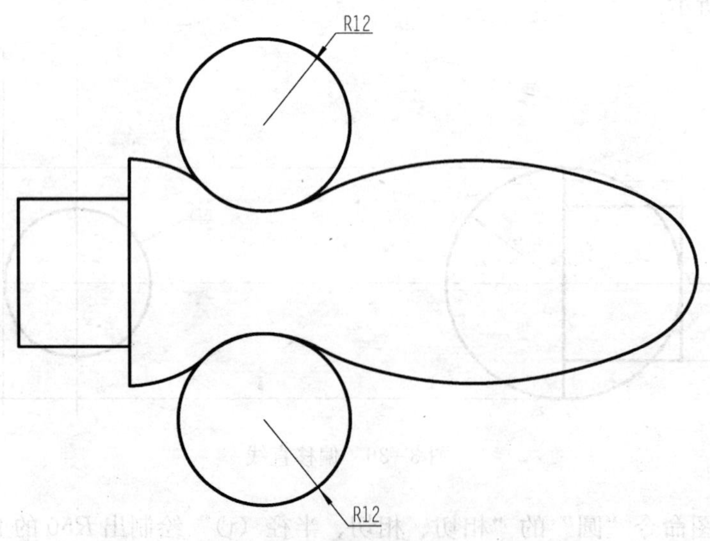

图 3 - 39 绘制连接弧 $R12$

(9) 单击“修改”工具栏上的“修剪”按钮，修剪多余的线段，整理后效果如图 3-40 所示。

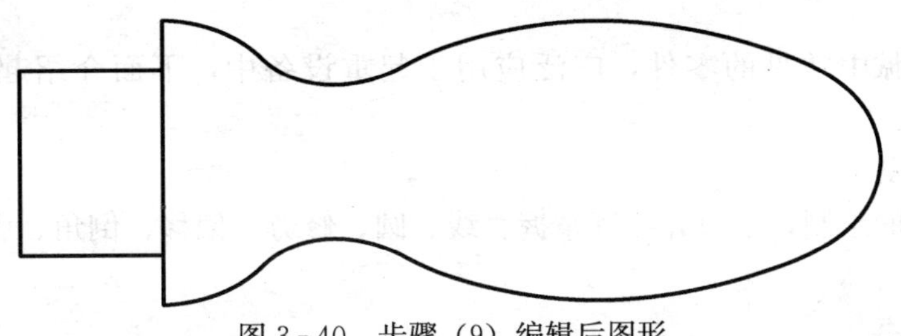

图 3-40　步骤（9）编辑后图形

(10) 单击“圆”的按钮，绘制出手柄前端圆柱上 $\phi 5$ 的小圆，如图 3-41 所示。

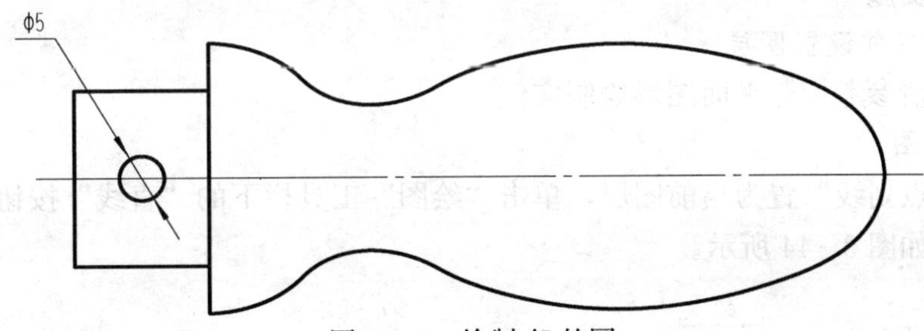

图 3-41　绘制 $\phi 5$ 的圆

3. 标注手柄的尺寸

(1) 单击“标注”工具栏上的“线性”按钮，标注出手柄中的线性尺寸。

(2) 单击“标注”工具栏上的“直径”按钮和“半径”按钮，标注出圆和圆弧的尺寸。

结果如图 3-32 所示。

四、巩固练习

根据相应尺寸绘制如图 3-42 所示的扳手。

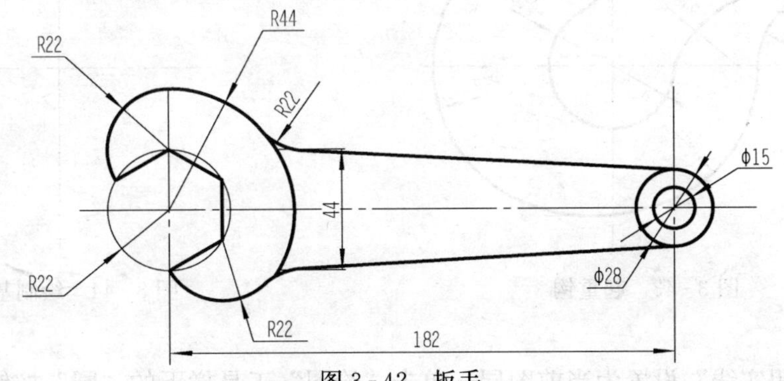

图 3-42　扳手

五、本节自我心得

(1) ____________________

(2) ____________________

(3) ____________________

第四节　起　重　钩

起重钩是机械中常见的零件，广泛应用于起重设备中，下面介绍起重钩的画法，如图 3 - 43所示。

一、本节任务

通过起重钩的绘制，学习并熟练掌握直线、圆、修剪、偏移、倒角、引线标注等命令的操作。

二、本节重点

直线、圆、修剪、偏移、倒角、引线标注等命令的操作。

三、任务实施

1. 创建文件并设置图层

具体方法请参考标靶平面图形绘制实例。

2. 绘制视图

(1) 将“点划线”置为当前图层，单击“绘图”工具栏下的“直线”按钮，绘制起重钩的基准线，如图 3 - 44 所示。

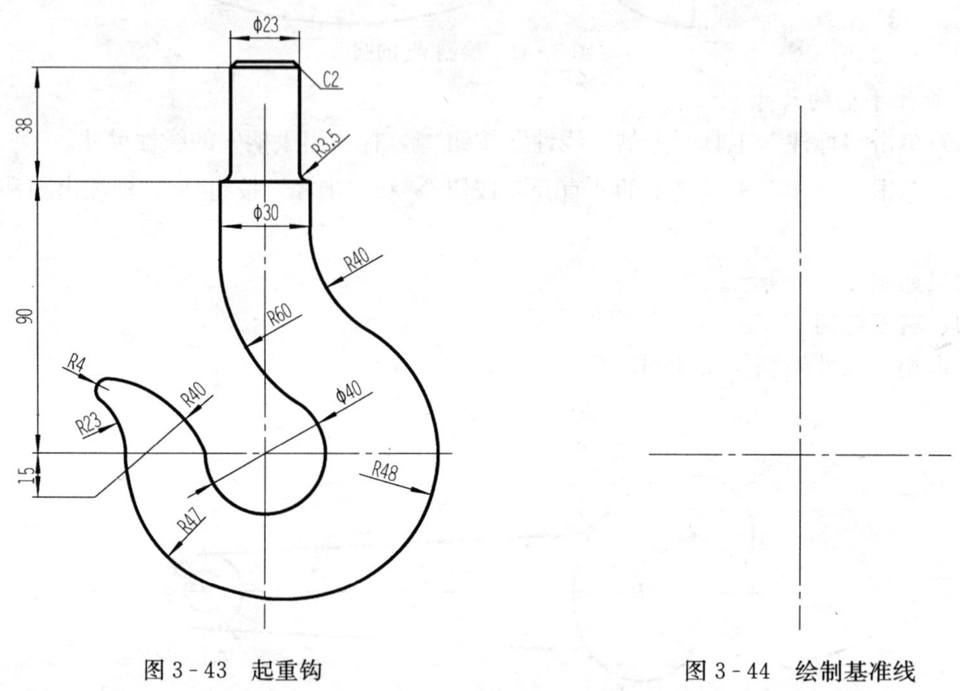

图 3 - 43　起重钩　　　　图 3 - 44　绘制基准线

(2) 将“粗实线”设置为当前图层，单击“绘图”工具栏下的“圆”按钮，利用“对象捕捉”功能捕捉到基准线的交点，绘制 $R47$ 和 $R20$ 的两个圆，如图 3 - 45 所示。

(3) 单击“修改”工具栏下的“偏移”按钮，将垂直基准线向右偏移“9”，如图 3 - 46 所示。

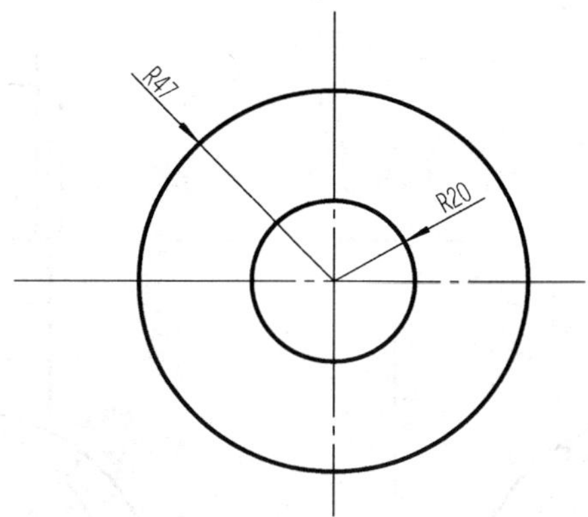

图 3-45　绘制 R47 和 R20 的圆

命令行提示如下：

命令：_offset

当前设置：删除源=否　图层=源　OFFSETGAPTYPE=0

指定偏移距离或[通过(T)/删除(E)/图层(L)]<通过>：　9↵

选择要偏移的对象，或[退出(E)/放弃(U)]<退出>：(选择垂直基准线)

指定要偏移的那一侧上的点，或[退出(E)/多个(M)/放弃(U)]<退出>：(在基准线的左侧单击鼠标左键)

(4) 单击"绘图"工具栏下的"圆"按钮，利用"对象捕捉"功能捕捉到新偏移基准线和横向基准线的交点，绘制 R48 的圆，如图 3-47 所示。

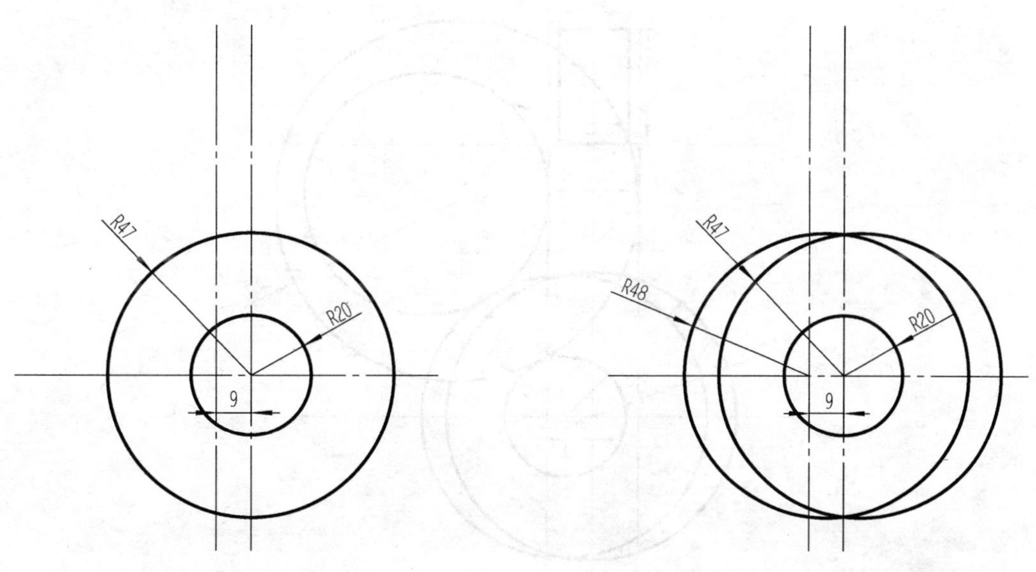

图 3-46　偏移基准线　　图 3-47　绘制 R48 的圆

(5) 单击"修改"工具栏下的"偏移"按钮，将横向基准线向上偏移"90"，在单击"绘图"工具栏下的"直线"按钮，绘制起重钩上端的细节，如图 3-48 所示。

(6) 继续单击"绘图"工具栏下的"直线"按钮，利用"对象捕捉"功能绘制起重钩上端的细节，如图 3-49 所示。

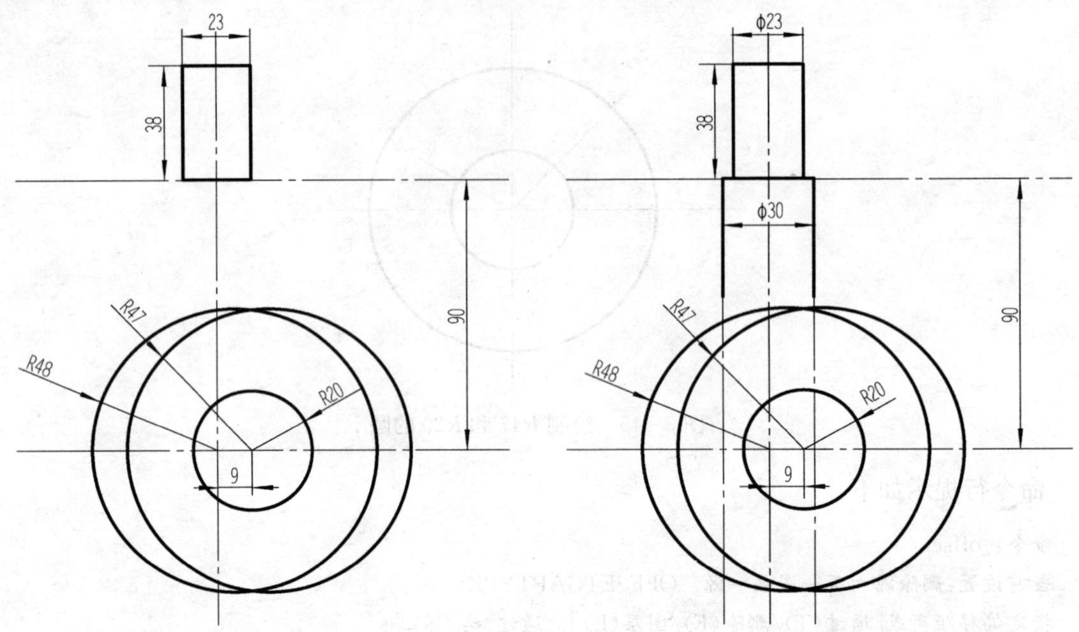

图 3-48 绘制起重钩上端细节　　图 3-49 继续绘制起重钩上端细节

(7) 单击"绘图"工具栏下的"圆"按钮，利用"相切、相切、半径（T）"选项绘制 $R40$ 和 $R60$ 的两个圆分别与 $R47$、$\phi30$，以及 $R20$、$\phi30$ 相切的圆，如图 3-50 所示。

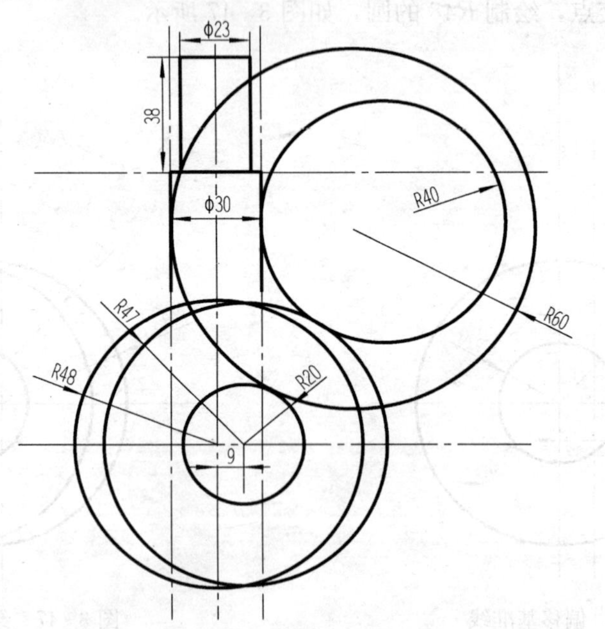

图 3-50 利用相切、相切、半径法绘制的两个圆

命令行提示如下：

命令：_circle

指定圆的圆心或[三点(3P)/两点(2P)/相切、相切、半径(T)]：t↵

指定对象与圆的第一个切点：(用鼠标单击 $R47$ 的圆)

指定对象与圆的第二个切点：(用鼠标单击 $\phi30$ 的圆)

指定圆的半径<40.0000>：40↵

命令：_circle

指定圆的圆心或[三点(3P)/两点(2P)/相切、相切、半径(T)]：t↵

指定对象与圆的第一个切点：(用鼠标单击 $R20$ 的圆)

指定对象与圆的第二个切点：(用鼠标单击 $\phi30$ 的圆)

指定圆的半径<40.0000>：60↵

(8) 单击“修改”工具栏下的“修剪”按钮，修剪多余部分的图线，再单击“修改”工具栏下的“删除”按钮，删除多余的辅助线，整理后效果如图 3-51 所示。

(9) 单击“修改”工具栏下的“偏移”按钮，将横向基准线向下偏移 15，如图 3-52 所示。

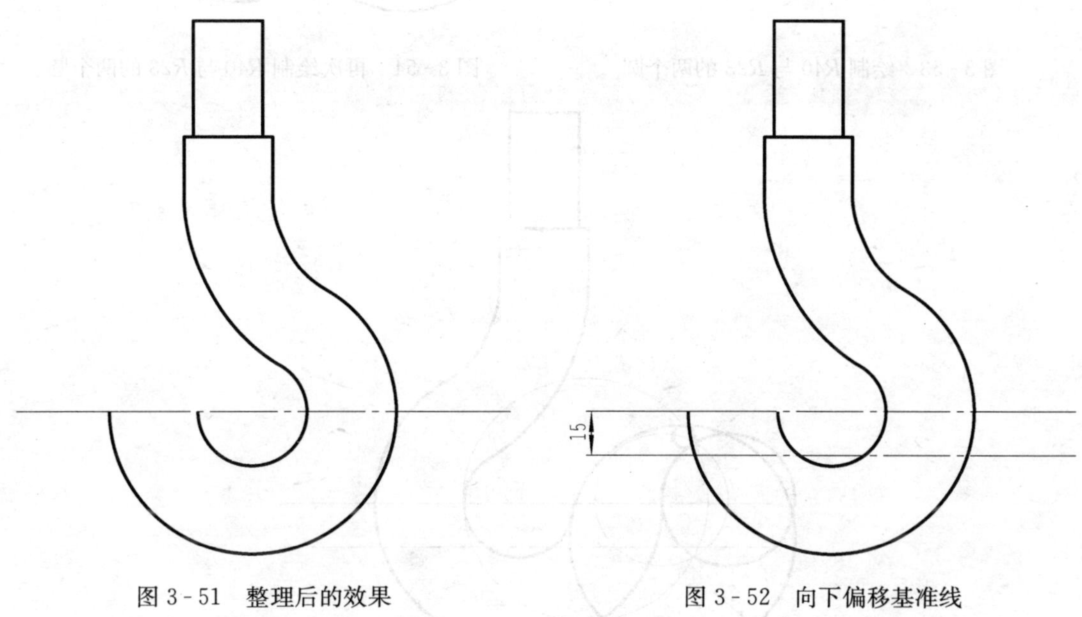

图 3-51　整理后的效果　　图 3-52　向下偏移基准线

(10) 将“细实线”置为当前图层，单击“绘图”工具栏下的“圆”按钮，利用“对象捕捉”功能捕捉基准线交点，绘制 $R40$ 与 $R23$ 的两个辅助圆，如图 3-53 所示。

(11) 再将“粗实线”置为当前图层，单击“绘图”工具栏下的“圆”按钮，利用“对象捕捉”功能捕捉基准线交点，确定圆心，再次绘制 $R40$ 与 $R23$ 的两个圆，如图 3-54 所示。

(12) 继续单击“绘图”工具栏下的“圆”按钮，利用“相切、相切、半径（T）”选项绘制 $R4$ 的圆分别与 $R40$、$R23$ 的两圆相切，如图 3-55 所示。

(13) 单击“修改”工具栏下的“修剪”按钮，修剪多余部分的图线，再单击“修改”工具栏下的“删除”按钮，删除多余的辅助线，整理后效果如图 3-56 所示。

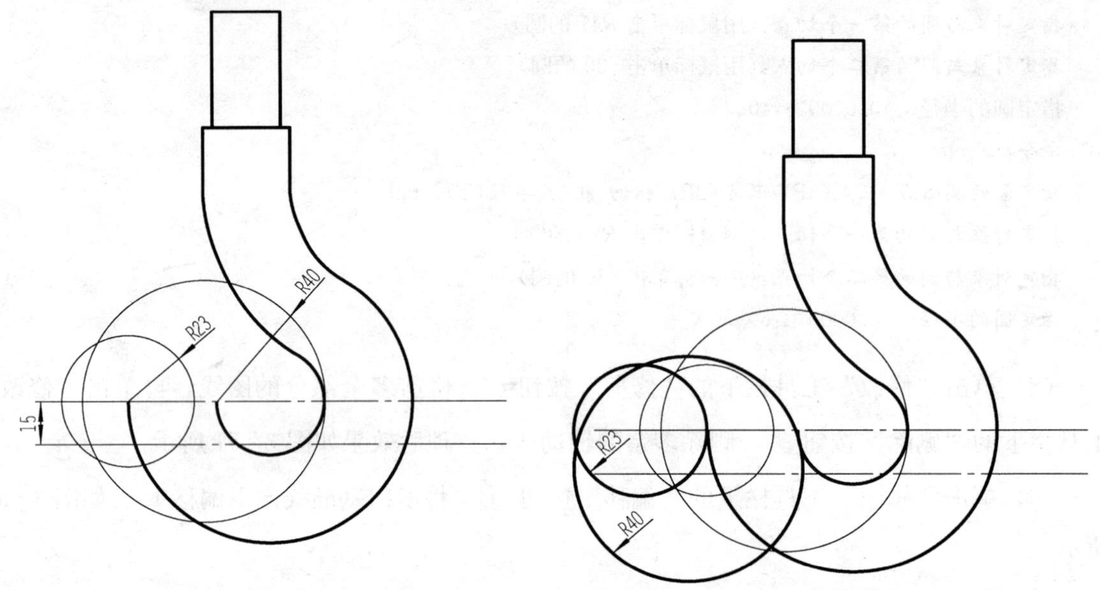

图 3-53　绘制 $R40$ 与 $R23$ 的两个圆　　　图 3-54　再次绘制 $R40$ 与 $R23$ 的两个圆

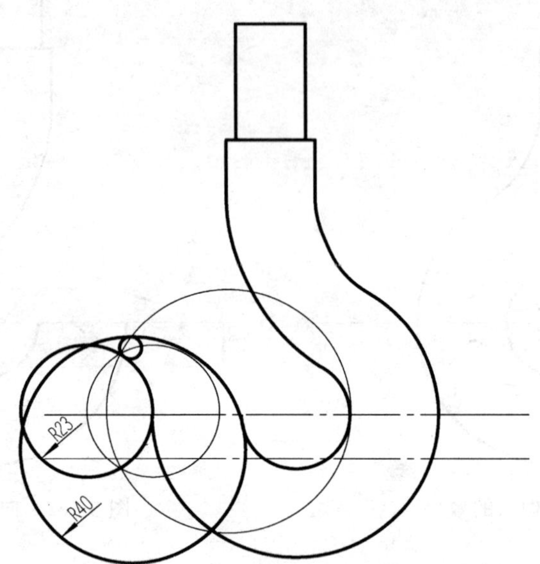

图 3-55　绘制与 $R40$、$R23$ 的两圆相切 $R4$ 圆

(14) 单击“修改”工具栏下的“倒角”按钮，绘制起重钩上端倒角，然后单击“绘图”工具栏下的“直线”按钮，补画出倒角后的缺线，如图 3-57 所示。

命令行提示如下：

命令：_chamfer
(“修剪”模式)当前倒角距离 1=2.0000,距离 2=2.0000
选择第一条直线或[放弃(U)/多段线(P)/距离(D)/角度(A)/修剪(T)/方式(E)/多个(M)]： d↵
指定第一个倒角距离<2.0000>:↵
指定第二个倒角距离<2.0000>:↵

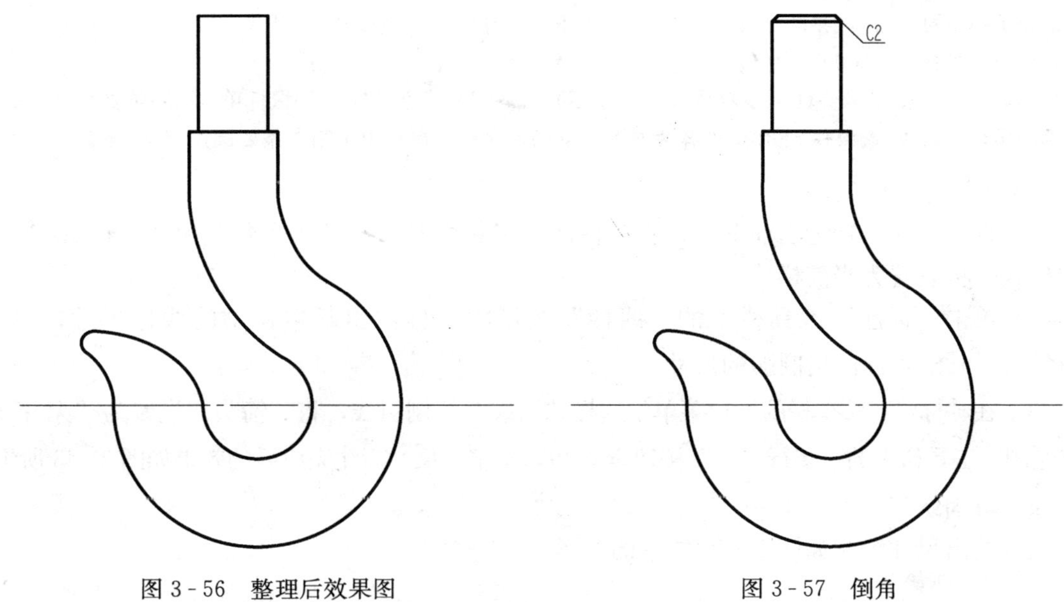

图 3-56 整理后效果图　　　　图 3-57 倒角

选择第一条直线或[放弃(U)/多段线(P)/距离(D)/角度(A)/修剪(T)/方式(E)/多个(M)]:(用鼠标单击第一条要倒角直线)

选择第二条直线,或按住 Shift 键选择要应用角点的直线:(用鼠标单击第二条要倒角直线)

(15) 单击"修改"工具栏下的"圆角"按钮，绘制起重钩上端圆角，然后单击"绘图"工具栏下的"直线"按钮，补画出圆角后的缺线，如图 3-58 所示。

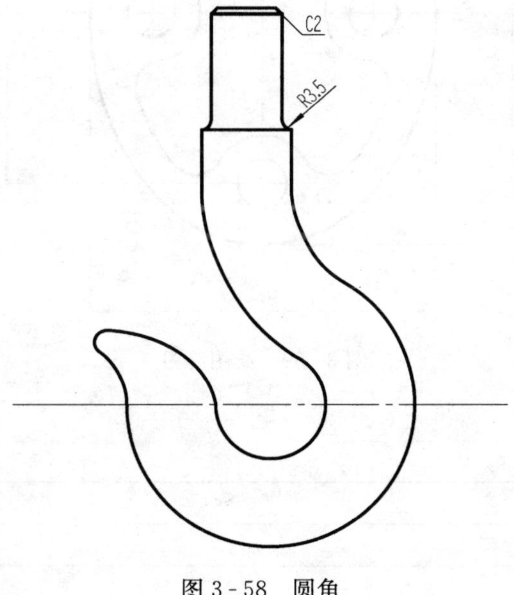

图 3-58 圆角

命令行提示如下：

命令:_fillet

当前设置:模式=修剪,半径=0.5000

选择第一个对象或[放弃(U)/多段线(P)/半径(R)/修剪(T)/多个(M)]:r↵

指定圆角半径<3.5000>:3.5↵

选择第一个对象或[放弃(U)/多段线(P)/半径(R)/修剪(T)/多个(M)]:(用鼠标单击第一条要圆角直线)

选择第二个对象,或按住 Shift 键选择要应用角点的对象:(用鼠标单击第二条要圆角直线)

3. 标注起重钩尺寸

(1) 将“标注”置为当前图层，在“标注”工具栏上选择“样式名”为“Standard”的标注样式，将它置为当前样式。

(2) 单击“标注”工具栏上的“线性”按钮，标注出起重钩中的线性尺寸；单击“半径”按钮，标注出圆弧的尺寸。

(3) 在“标注”菜单栏的下拉菜单中选择“引线”绘制引线，将“箭头”设置为“无”；单击“绘图”工具栏上的“多行文字”按钮A，注写文字。尺寸标注完成后的效果如图 3-43 所示。

四、巩固练习

根据给出尺寸绘制如图 3-59 所示的图形。

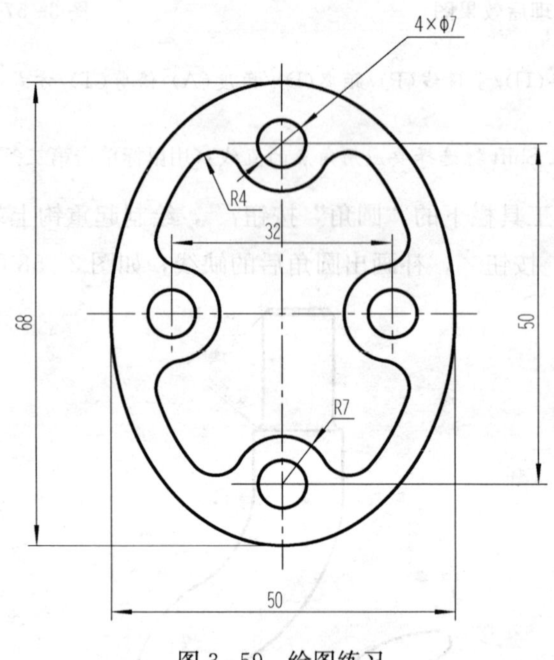

图 3-59 绘图练习

五、本节自我心得

(1)＿＿＿＿＿＿＿＿

(2)＿＿＿＿＿＿＿＿

(3)＿＿＿＿＿＿＿＿

第五节 综合图形练习

按照给出尺寸绘制出下列图 3-60～图 3-62 所示的平面图形。

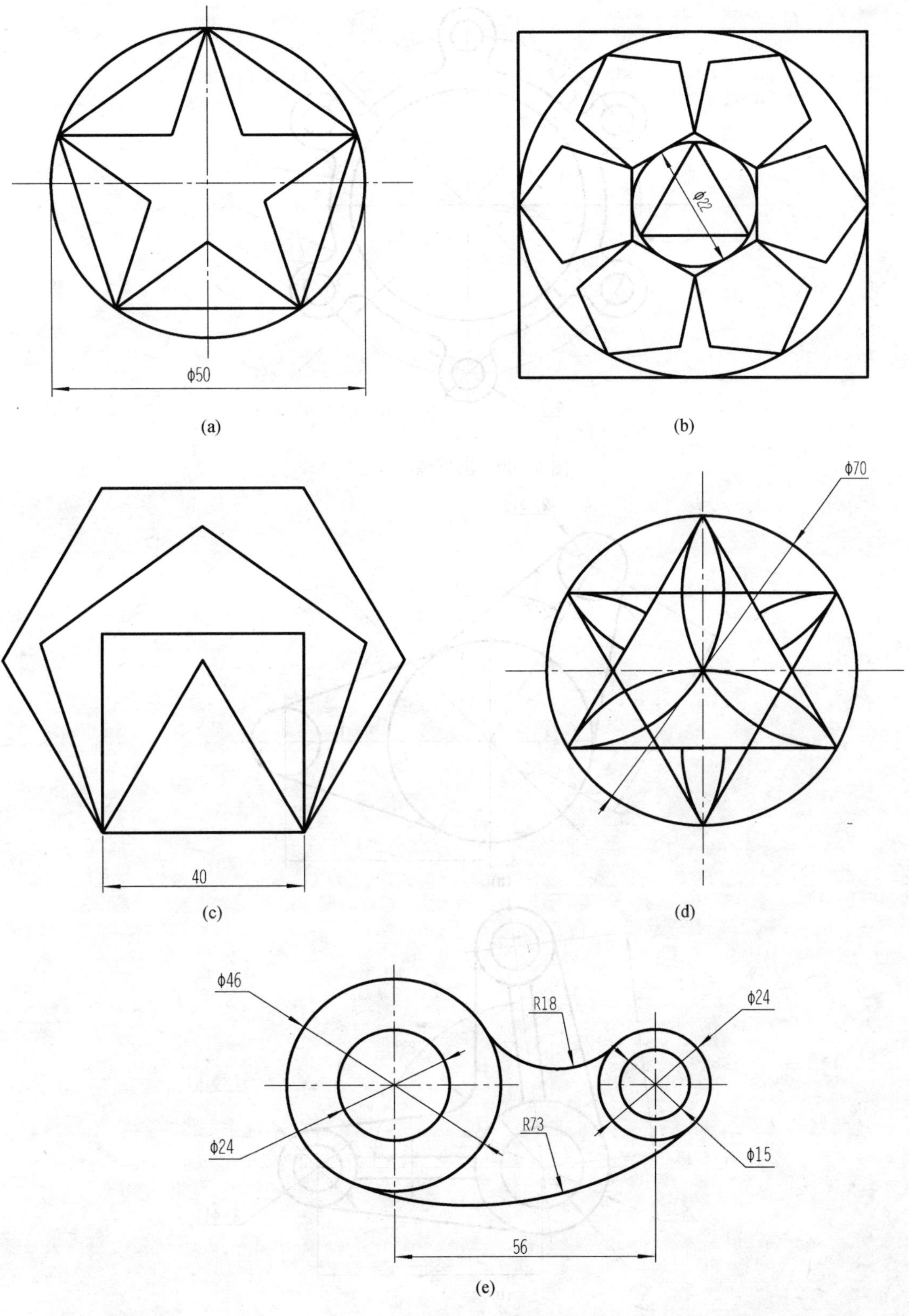

图 3-60 图形练习（一）

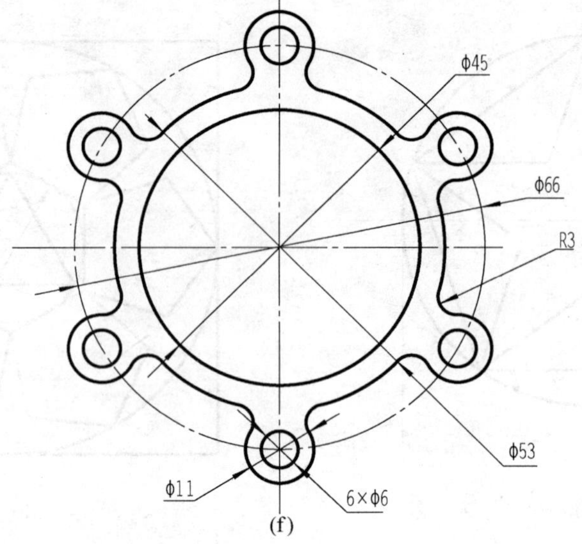

(f)

图 3-60 图形练习（二）

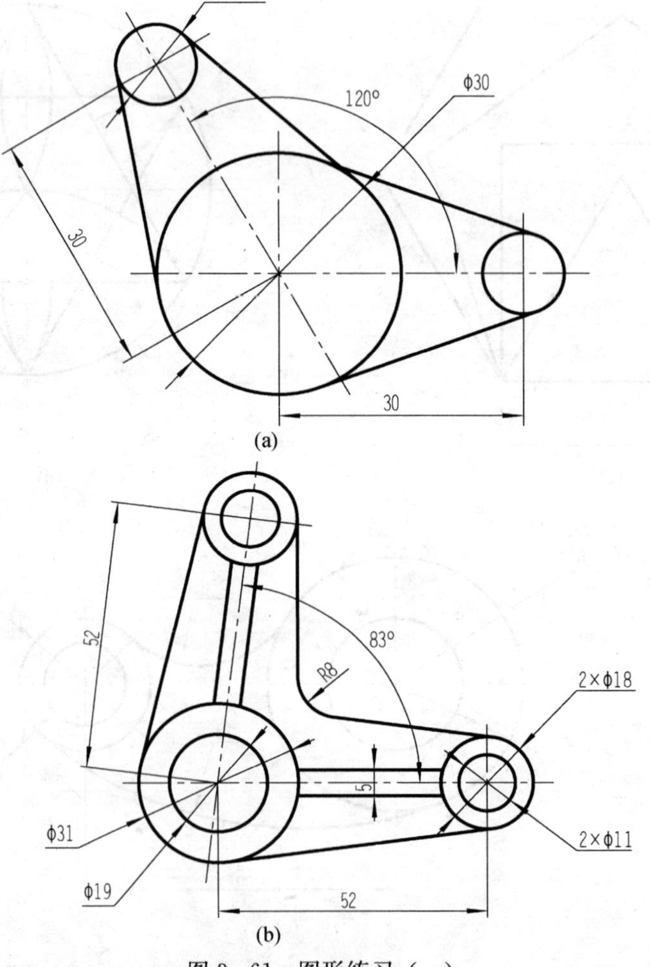

(a)

(b)

图 3-61 图形练习（一）

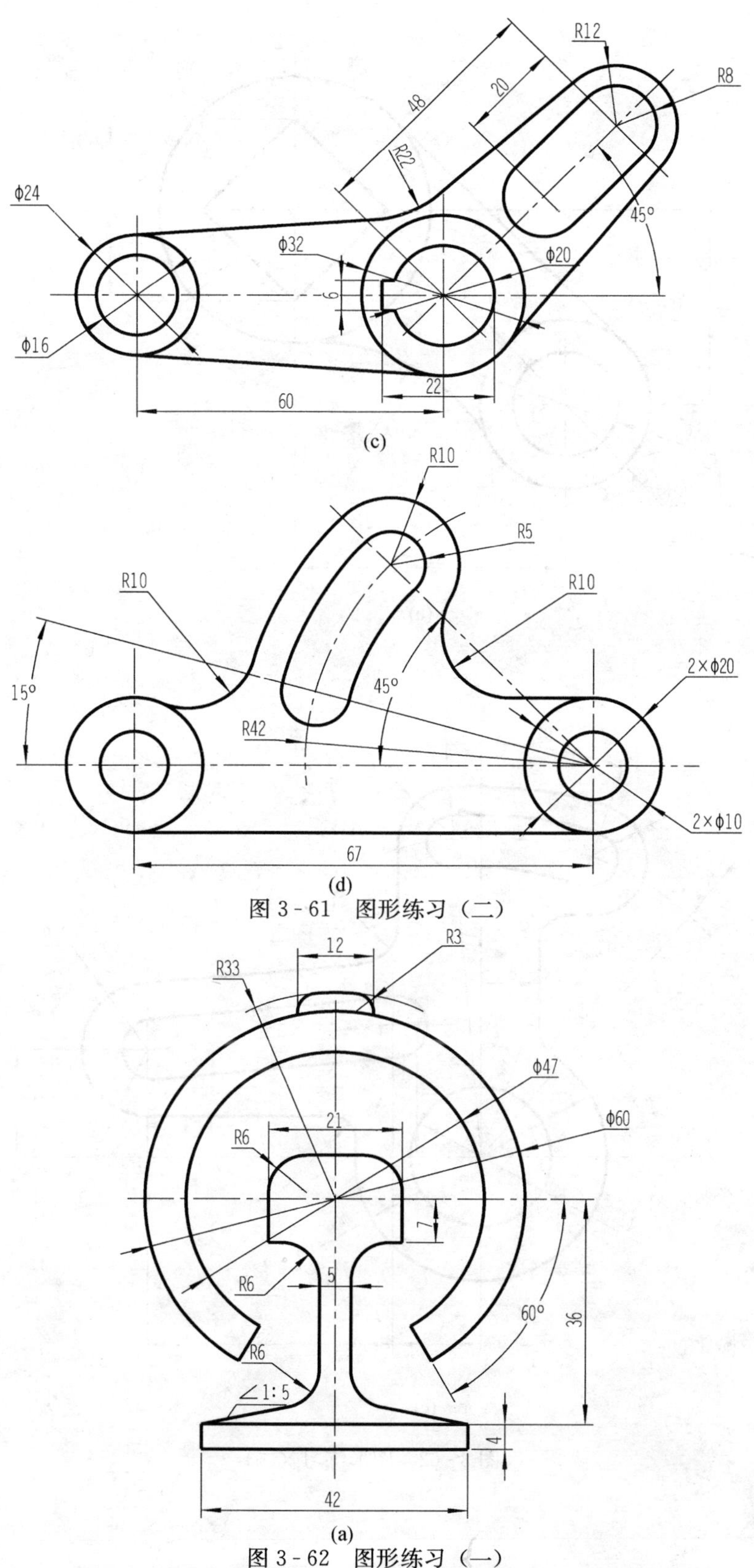

图 3-61 图形练习（二）

图 3-62 图形练习（一）

Φ41
28
30
Φ16
Φ26
R30
41
(b)
20°
5°
R8
R4
R46
R6
R4
R10
8
R4
19
16
R4
R4
Φ21
Φ36
13
35
(c)

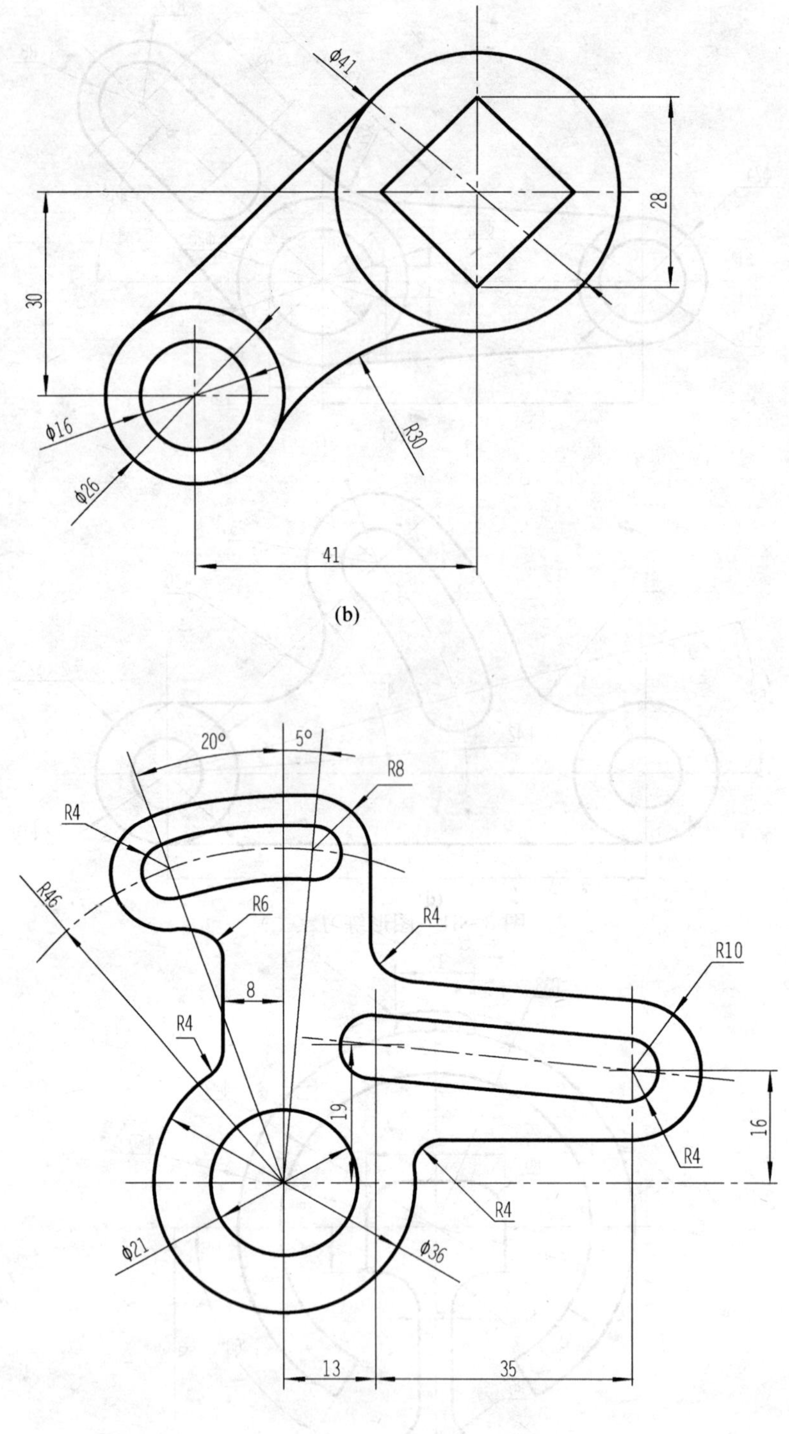

图 3-62 图形练习（二）

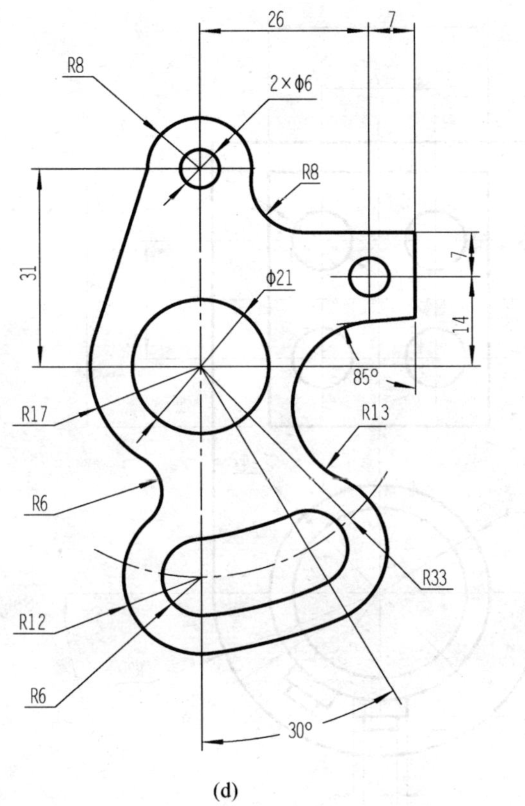

(d)

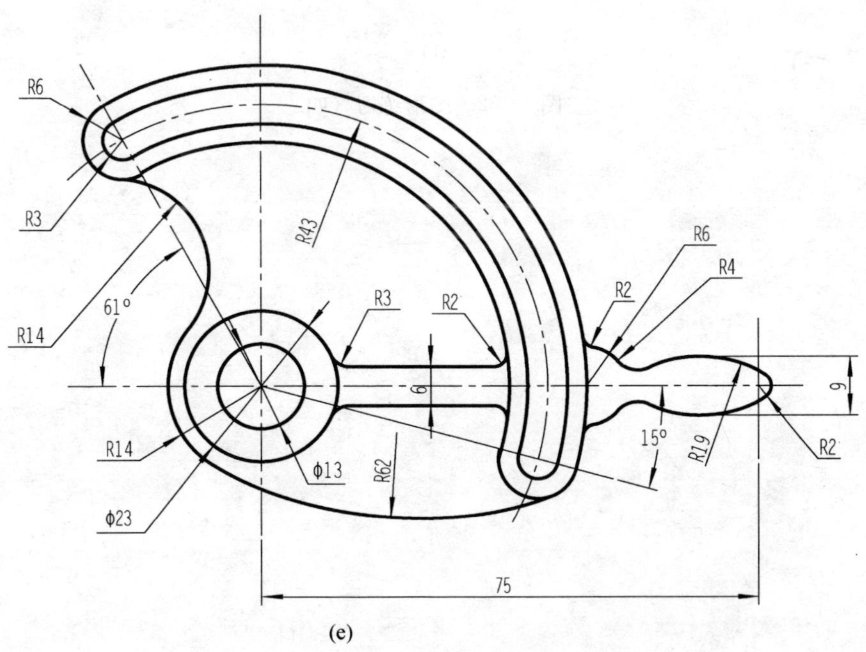

(e)

图 3-62　图形练习（三）

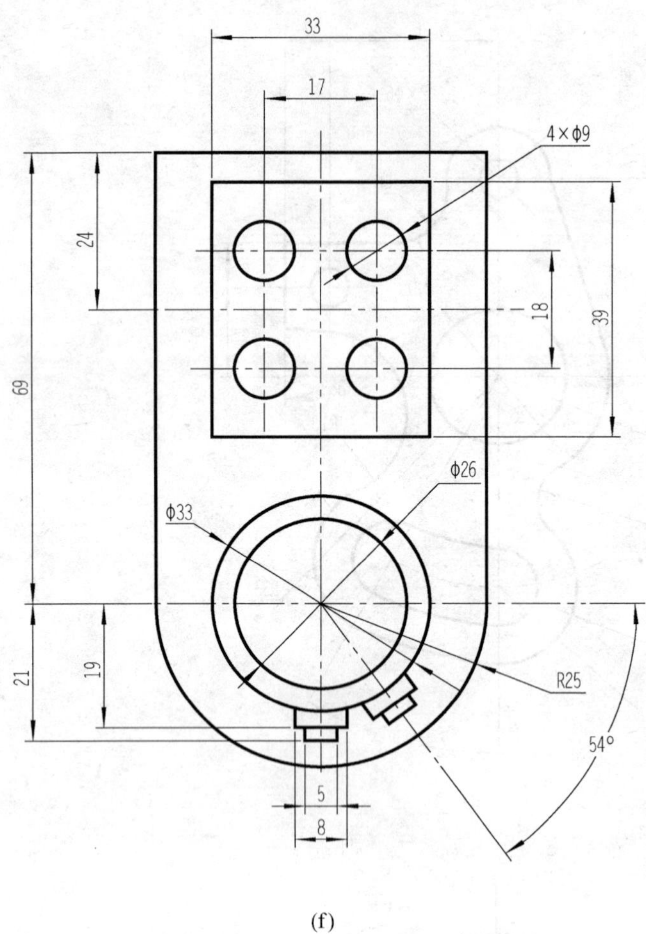

(f)

图 3-62 图形练习（四）

模块四　常见机械零件绘制

第一节　内螺纹杆件

内螺纹是机械中常见的零件结构，为了简化作图，按照国家标准规定：内螺纹的大径 D（公称直径）用细实线绘制，小径用粗实线绘制 D_1（$D_1=0.85D$），螺纹终止线用粗实线绘制，如图 4-1 所示。

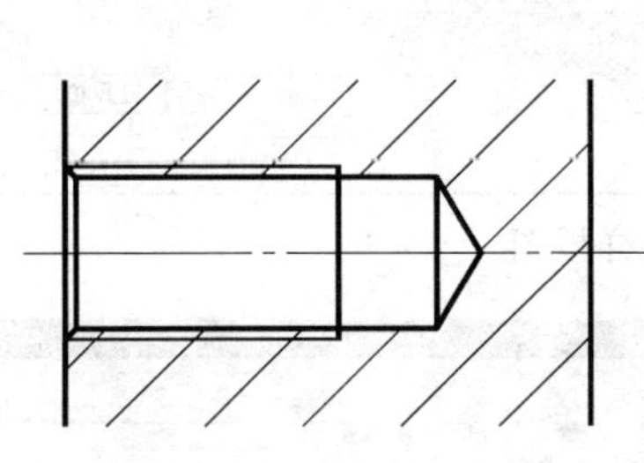
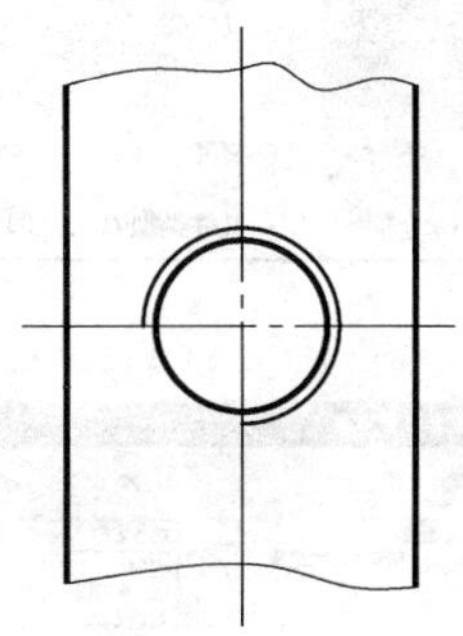

图 4-1　内螺纹

一、本节任务

通过内螺纹零件图的绘制，掌握绘制图形的基本步骤、绘图环境创建的基本方法，以及直线、圆、圆弧、图案填充、打断、镜像等命令的操作。

二、本节重点

直线、圆、圆弧、图案填充、标注打断、镜像等命令的操作。

三、任务实施

（一）创建绘图环境

1. 创建新的文件

单击"标准"工具栏的"新建"按钮，新建一张图，打开"acadiso.dwt"文件，如图 4-2 所示，以"内螺纹.dwg"为图名保存图形文件。

2. 创建图层

单击"图层"工具栏上的"图层"按钮，弹出"图层特性管理器"对话框，在对话框中创建绘图需要的图层，设置各个图层的线型和线宽，如图 4-3 所示。

线型选择如下：点划线，ACAD-ISO04W100；虚线，HIDDEN2；设置线宽，粗线 0.3mm，细线默认。

选择菜单栏"格式"→"线型"命令，弹出"线型管理器"对话框。在该对话框中，设置"全局比例因子"为 0.35，如图 4-4 所示。

3. 创建标注样式

单击"样式"工具栏上的"标注样式"按钮，弹出"标注样式管理器"对话框，在对话框中创建"新样式"，如图 4-5 所示。

图 4-2　样板图

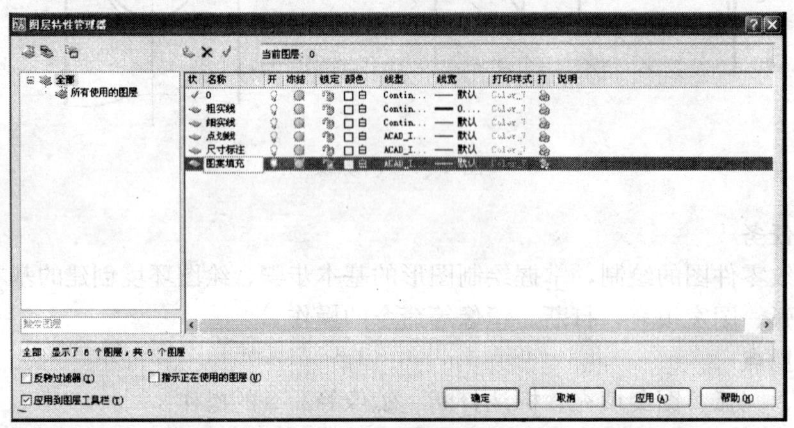

图 4-3　创建图层

线型管理器

线型过滤器

显示所有线型　　□反向过滤器(I)　　加载(L)...　删除　当前(C)　隐藏细节(D)

当前线型：ByLayer

线型	外观	说明
ByLayer		
ByBlock		
ACAD_ISO04W100		ISO long-dash dot ____ · ____ · ____ · ____
Continuous		Continuous

详细信息

名称(N):　　全局比例因子(G): 0.35

说明(E):　　当前对象缩放比例(O): 1.0000

☑缩放时使用图纸空间单位(U)　　ISO 笔宽(P): 1.0 毫米

确定　取消　帮助(H)

图 4-4　“线型管理器”对话框

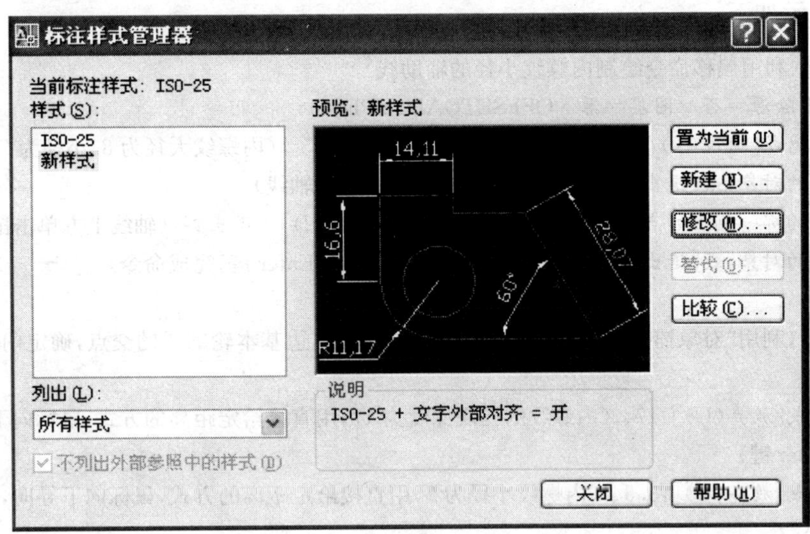

图 4-5 “标注样式管理器”对话框

（二）绘制内螺纹视图

1. 绘制基准线

启用“极轴”、“对象捕捉”和“对象追踪”模式。将“点划线”设置为当前图层，利用“直线”命令绘制主视图的“轴线”和左视图的“中心线”，如图 4-6 所示。

图 4-6　绘制基准线

2. 绘制主视图

内螺纹主视图绘制步骤如下：

(1) 绘制基本轮廓线，将“粗实线”层置为当前图层，利用“绘图”工具栏上的“直线”按钮，绘制轮廓线，如图 4-7 所示。

命令行提示如下：

```
命令：_line
指定第一点：(利用“对象捕捉”和“极轴”功能，捕捉轴线上的一点，确定图形绘制的起始点)
指定下一点或[放弃(U)]：8↵(用直接给定距离方式，鼠标向上导向，输入线段长度 8，按 Enter 键)
指定下一点或[放弃(U)]：24↵(用直接给定距离方式，鼠标向右导向，输入线段长度 24，按 Enter 键)
指定下一点或[闭合(C)/放弃(U)]：8↵(用直接给定距离方式，鼠标向下导向，输入线段长度 8，按 Enter 键)
指定下一点或[闭合(C)/放弃(U)]：↵(按 Enter 键，完成命令)
```

(2) 绘制内螺纹底孔的轮廓线，如图 4-8 所示。

图 4-7　绘制基本轮廓线 　　　　图 4-8　绘制底孔轮廓线

命令行提示如下：

命令：_offset(利用偏移命令绘制内螺纹小径的辅助线)

当前设置：删除源=否　图层=源　OFFSETGAPTYPE=0

指定偏移距离或[通过(T)/删除(E)/图层(L)]<通过>：3.5↵(内螺纹大径为 8，小径为 7)

选择要偏移的对象，或[退出(E)/放弃(U)]<退出>：(选择轴线)

指定要偏移的那一侧上的点，或[退出(E)/多个(M)/放弃(U)]<退出>：(轴线上方单击鼠标左键)

选择要偏移的对象，或[退出(E)/放弃(U)]<退出>：↵(按 Enter 键，完成命令)

命令：_line

指定第一点：(利用"对象捕捉"功能，捕捉到偏移的轴线与左边基本轮廓线的交点，确定内螺纹小径的起始点)

指定下一点或[放弃(U)]：17↵(内螺纹的孔底深度为 17，用直接给定距离的方式，鼠标向下导向，输入线段长度 17，按 Enter 键)

指定下一点或[放弃(U)]：3.5↵(内螺纹小径为 7，用直接给定距离的方式，鼠标向下导向，输入线段长度 3.5，按 Enter 键)

指定下一点或[闭合(C)/放弃(U)]：↵(按 Enter 键，完成偏移命令)

命令：_line

指定第一点：(利用"对象捕捉"功能，捕捉到内螺纹小径的右端点，确定锥孔斜线的起始点)

指定下一点或[放弃(U)]：@4.04<-60↵(利用相对极坐标确定锥孔顶点，@表示采用相对坐标，4.04 表示锥孔斜线长度，<表示采用极坐标，内螺纹小径的右端点为极心，-60 表示锥孔斜线与 X 轴的夹角为-60°)

指定下一点或[放弃(U)]：↵(按 Enter 键，完成命令)

命令：_erase(利用删除命令删除内螺纹小径的辅助线)

选择对象：找到 1 个↵(用鼠标左键单击辅助线)

选择对象：↵(按 Enter 键，完成命令)

(3) 绘制内螺纹大径表示线，将"细实线"层置为当前图层，绘制后如图 4-9 所示。

命令行提示如下：

命令：_line

指定第一点：from↵

基点：(选择 A 点)

基点：<偏移>：@0,4↵

指定下一点或[放弃(U)]：12.5↵

指定下一点或[放弃(U)]：↵(按 Enter 键，完成命令)

(4) 绘制内螺纹的螺纹终止线，将"粗实线"层置为当前图层，绘制后如图 4-10 所示。

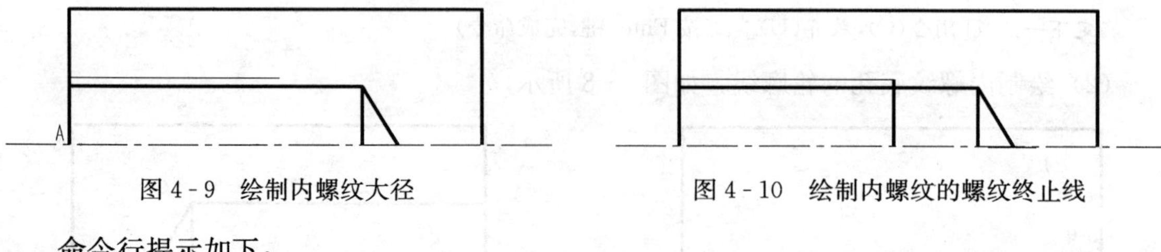

图 4-9　绘制内螺纹大径　　图 4-10　绘制内螺纹的螺纹终止线

命令行提示如下：

命令：_line

指定第一点:(利用"对象捕捉"功能,捕捉到内螺纹大径表示线的右端点,确定终止线的起始点)

指定下一点或[放弃(U)]:4↵(内螺纹的大径为 8,用直接给定距离方式,鼠标向下导向,输入线段长度 4,按 Enter 键)

指定下一点或[放弃(U)]:↵(按 Enter 键,完成命令)

(5) 绘制内螺纹的倒角，如图 4-11 所示。

命令行提示如下：

命令:_line

指定第一点:(利用"对象捕捉"功能,捕捉到内螺纹大径表示线与左边基本轮廓线的交点,确定倒角的起始点)

指定下一点或[放弃(U)]:@0.5,-0.5↵(利用相对坐标来画 0.5×45°的倒角)

指定下一点或[放弃(U)]:(利用捕捉"垂足"功能,向下捕捉与轴线的垂足,单击鼠标左键确定)

指定下一点或[放弃(U)]:↵(按 Enter 键,完成命令)

命令:_trim(利用"修剪"按钮 来删除多余的线)

当前设置:投影=UCS,边=无

选择剪切边...

选择对象或<全部选择>:找到 1 个(用鼠标单击倒角线)

选择对象:↵

选择要修剪的对象,或按住 Shift 键选择要延伸的对象,或

[栏选(F)/窗交(C)/投影(P)/边(E)/删除(R)/放弃(U)]:(用鼠标左键单击要删除的线)

选择要修剪的对象,或按住 Shift 键选择要延伸的对象,或

[栏选(F)/窗交(C)/投影(P)/边(E)/删除(R)/放弃(U)]:↵(按 Enter 键,完成命令)

(6) 绘制对称部分的轮廓线，如图 4-12 所示。

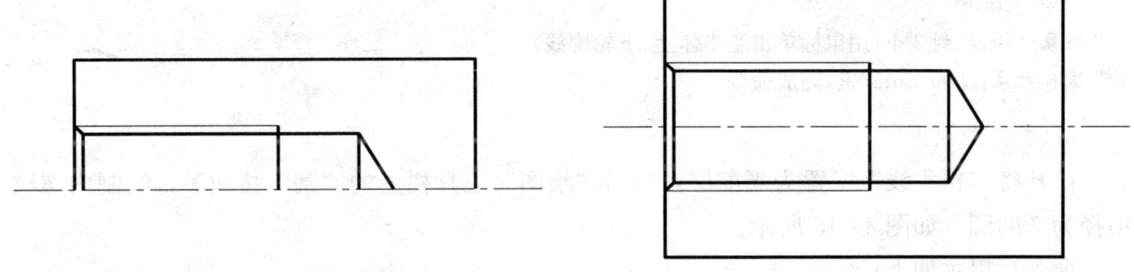

图 4-11　绘制内螺纹的倒角　　　图 4-12　绘制对称部分轮廓线

命令行提示如下：

命令:_mirror(利用"修改"工具栏上的"镜像"按钮)

选择对象:指定对角点:找到 10 个(选择所绘制的图线,轴线除外)

选择对象:↵(按 Enter 键,选择结束)

指定镜像线的第一点:(利用"对象捕捉"中捕捉"端点"功能,捕捉轴线左端点)

指定镜像线的第二点:(利用"对象捕捉"中捕捉"端点"功能,捕捉轴线右端点)

要删除源对象吗?[是(Y)/否(N)]<N>:↵(按 Enter 键,选择默认选项)

(7) 绘制表示基体的剖面线，将"剖面线"层置为当前图层，绘制后如图 4-13 所示。

命令行提示如下：

命令：_bhatch(利用“绘图”工具栏上的“图案填充”按钮)

拾取内部点或[选择对象(S)/删除边界(B)]：正在选择所有对象...(用鼠标左键单击内螺纹小径表示线与上面基本轮廓线之间的区域)

正在选择所有可见对象...

正在分析所选数据...

正在分析内部孤岛...

拾取内部点或[选择对象(S)/删除边界(B)]：(用鼠标左键单击内螺纹小径表示线与下面基本轮廓线之间的区域)

正在分析内部孤岛...

拾取内部点或[选择对象(S)/删除边界(B)]：↵(按 Enter 键，选择结束)

(8) 删除多余的线条，编辑后如图 4 - 14 所示。

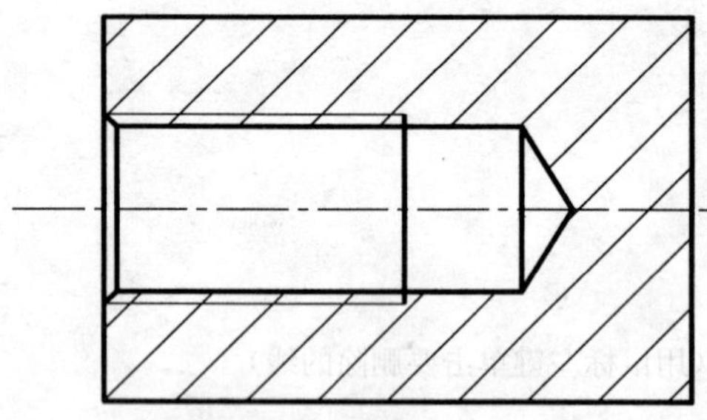

图 4 - 13　图案填充后效果

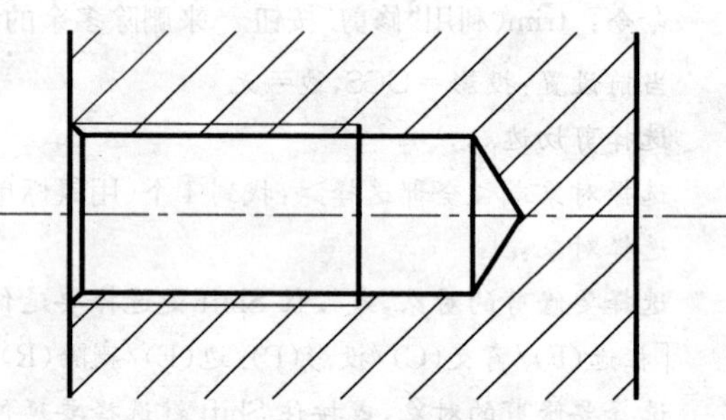

图 4 - 14　编辑后的效果

命令行提示如下：

命令：_erase

对象选择：找到 2 个(用鼠标单击基本体上、下轮廓线)

选择对象：↵(按 Enter 键，完成命令)

3. 绘制左视图

(1) 将“粗实线”层置为当前层，单击“绘图”工具栏上的“圆”按钮，绘制内螺纹小径为 7 的圆，如图 4 - 15 所示。

命令行提示如下：

命令：_circle

指定圆的圆心或[三点(3P)/两点(2P)/相切、相切、半径(T)]：(选择辅助线的交点为圆心)

指定圆的半径或[直径(D)]：3.5 ↵(按 Enter 键，完成命令)

(2) 将“细实线”层置为当前层，单击“绘图”工具栏上的“圆”按钮，绘制内螺纹大径为 8 的圆，如图 4 - 16 所示。

命令行提示如下：

命令：_circle

指定圆的圆心或[三点(3P)/两点(2P)/相切、相切、半径(T)]：(选择辅助线的交点为圆心)

指定圆的半径或[直径(D)]<3.5000>：4 ↵(按 Enter 键，完成命令)

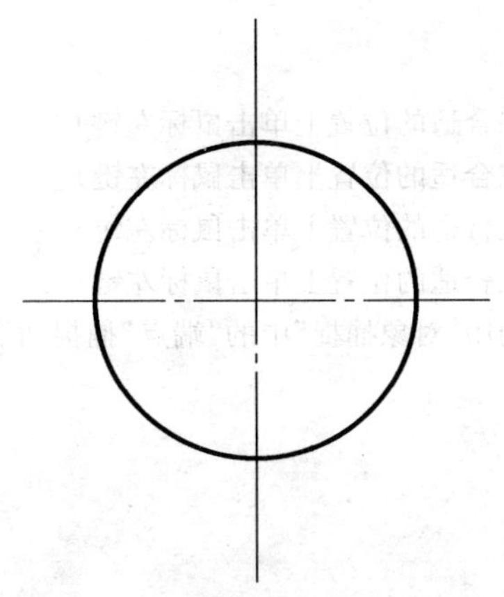

图 4-15　绘制内螺纹小径

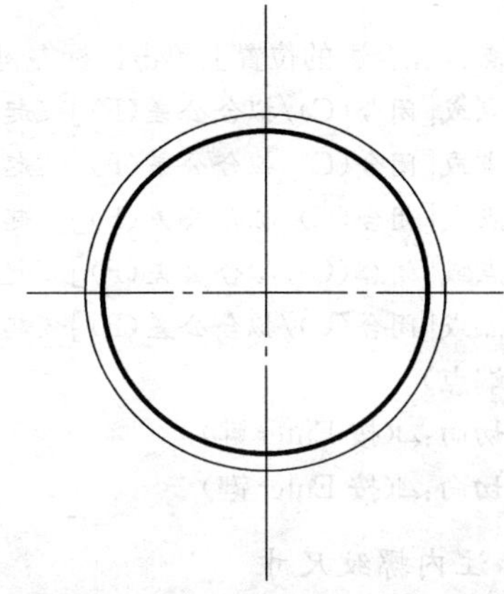

图 4-16　绘制内螺纹大径

(3) 单击“修改”工具栏上的“打断”按钮，剪去细实线圆的大约 1/4 圆，如图 4-17 所示。

命令行提示如下：

命令：_break
选择对象：(在大径圆上需要剪断的地方单击鼠标左键)
指定第二个打断点或[第一点(F)]：(在圆上指定第二个打断点)

(4) 将“粗实线”层置为当前层，绘制基体表示线。利用“直线”按钮，绘制出基体的左、右轮廓线；利用“样条曲线”按钮，绘制出基体的上、下轮廓线，如图 4-18 所示。

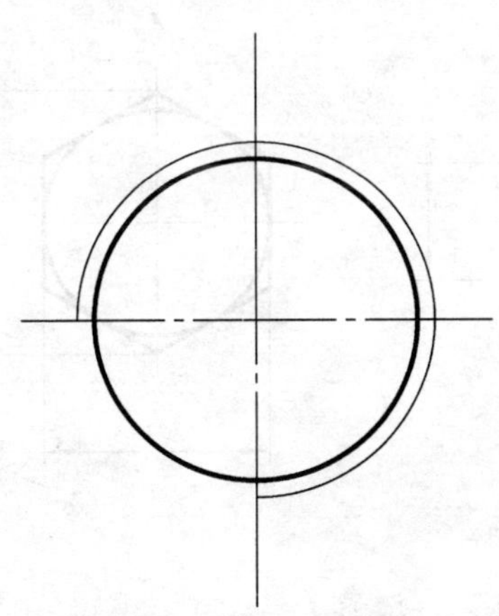

图 4-17　打断后效果

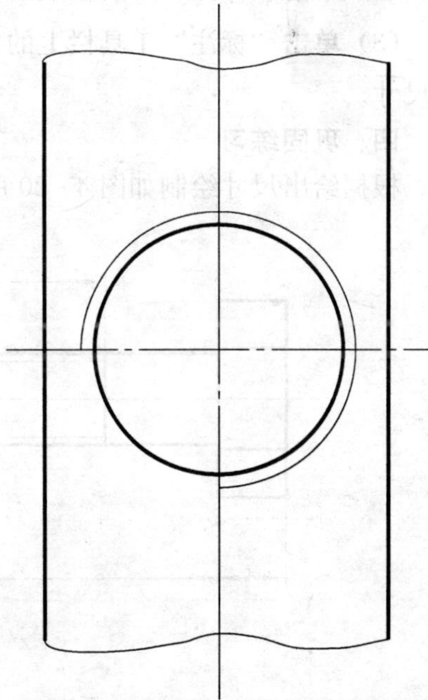

图 4-18　绘制轮廓线及样条曲线

命令行提示如下：

命令：_spline
指定第一个点或[对象(O)]：(利用“对象捕捉”中的“端点”捕捉功能，捕捉轮廓线最左边一条线的上端

点）

指定下一点：（在合适的位置上单击鼠标左键）

指定下一点或[闭合(C)/拟合公差(F)]<起点切向>：（在合适的位置上单击鼠标左键）

指定下一点或[闭合(C)/拟合公差(F)]<起点切向>：（在合适的位置上单击鼠标左键）

指定下一点或[闭合(C)/拟合公差(F)]<起点切向>：（在合适的位置上单击鼠标左键）

指定下一点或[闭合(C)/拟合公差(F)]<起点切向>：（在合适的位置上单击鼠标左键）

指定下一点或[闭合(C)/拟合公差(F)]<起点切向>：（利用“对象捕捉”中的“端点”捕捉功能，捕捉轮廓线最右线的上端点）

指定起点切向：↵（按 Enter 键）

指定起点切向：↵（按 Enter 键）

（三）标注内螺纹尺寸

（1）将“标注”层置为当前层，在“标注”工具栏上，选择“样式名”为“新标注”的标注样式，将其置为当前标注样式，如图 4-19 所示。

图 4-19 标注工具栏

（2）单击“标注”工具栏上的“线性”按钮，标注出内螺纹中的线性尺寸。

（3）单击“标注”工具栏上的“直径”按钮和“半径”按钮，标注出内螺纹大径的尺寸。

四、巩固练习

根据给出尺寸绘制如图 4-20 所示的螺栓两视图。

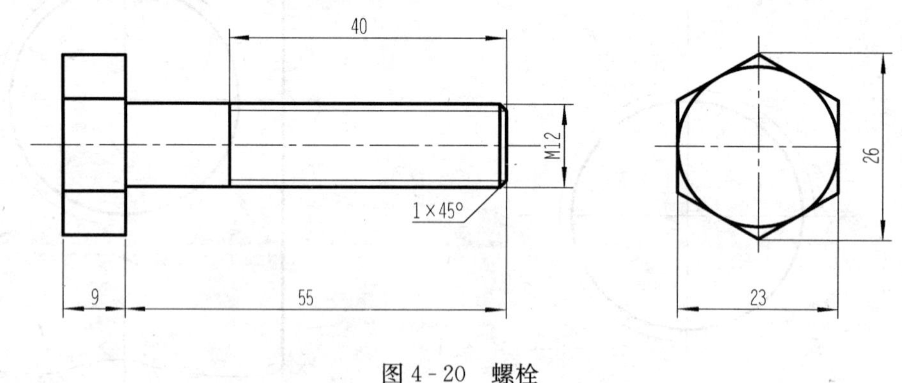

图 4-20 螺栓

五、本节自我心得

（1）____________________

（2）____________________

（3）____________________

第二节　花　　键

花键是一种常见的标准要素，它本身的结构和尺寸都已经标准化，得到广泛的应用。花键的齿形有矩形、渐开线形等，其中，矩形应用最广。图 4-21 所示为矩形外花键。

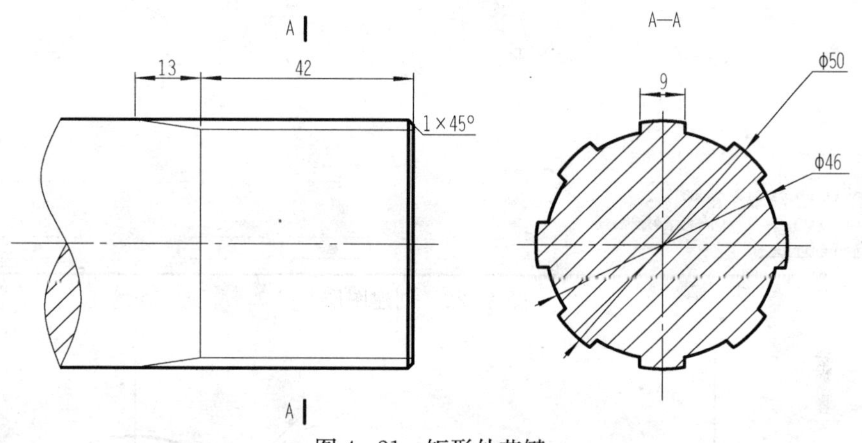

图 4-21　矩形外花键

一、本节任务

通过矩形外花键零件图的绘制，学习创建图层的方法并熟练掌握直线、圆、修剪、偏移、阵列、图案填充、多行文字等命令的操作。

二、本节重点

图层管理器创建图层；直线、圆、修剪、偏移、阵列、图案填充、多行文字等命令的操作。

三、任务实施

（一）创建“外花键 . dwg”图形文件

单击“标准”工具栏的“新建”按钮，新建一张图，打开“acadiso. dwt”文件，以“外花键 . dwg”为图名保存图形文件。

（二）创建图层

单击“图层”工具栏上的“图层”按钮，弹出“图层特性管理器”的对话框，在对话框中创建绘图需要的图层，设置各个图层的线型和线宽，如图 4-22 所示。

（三）绘制视图

1. 绘制中心线

将“点划线”置为当前图层，单击“绘图”工具栏的“直线”按钮，绘制出外花键的中心线，如图 4-23 所示。

2. 绘制左视图

（1）将“粗实线”置为当前图层，单击“圆”按钮，分别绘制出 $\phi 50$ 和 $\phi 46$ 的圆，如图 4-24 所示。

（2）单击“修改”工具栏上的“偏移”按钮，把垂直中心线左、右偏移，得到键齿的作图基准线，如图 4-25 所示。

（3）单击“绘图”工具栏上的“直线”按钮，绘制键齿的轮廓线，如图 4-26 所示。

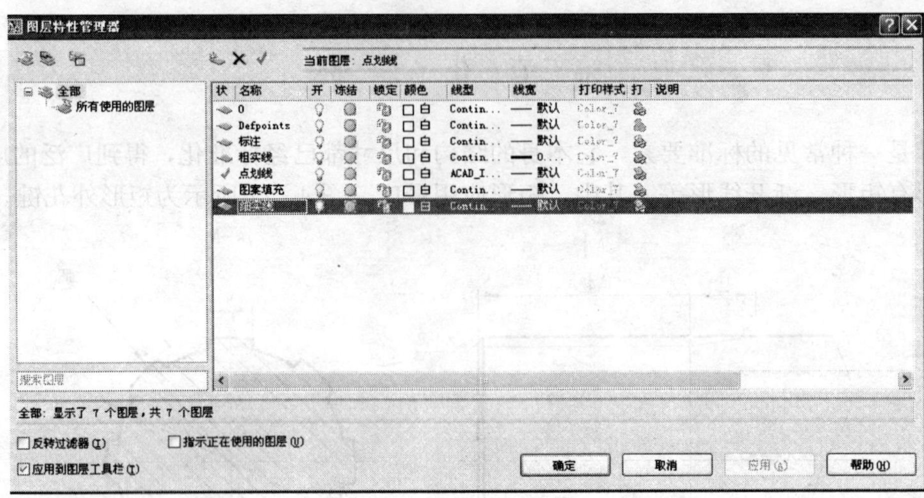

图 4 - 22　创建图层

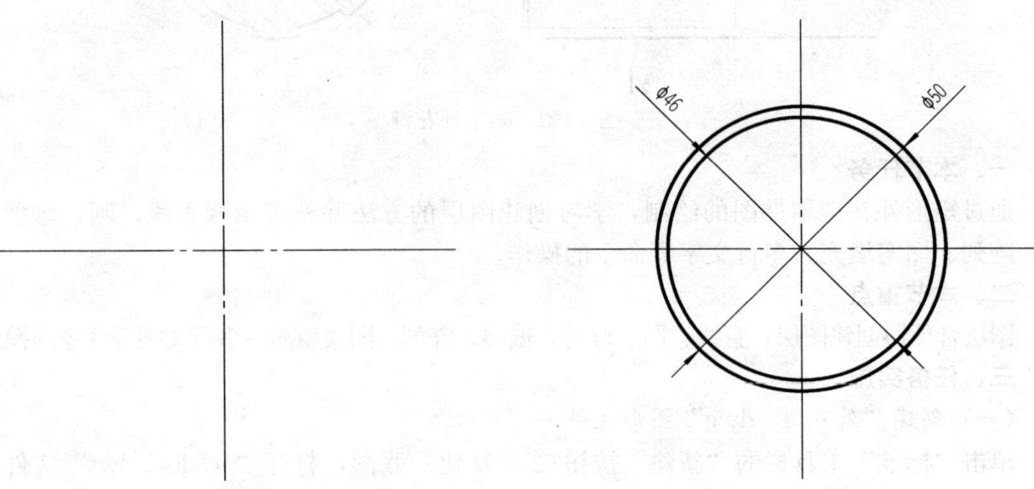

图 4 - 23　绘制中心线　　　　图 4 - 24　绘制圆

图 4 - 25　绘制键齿基准线

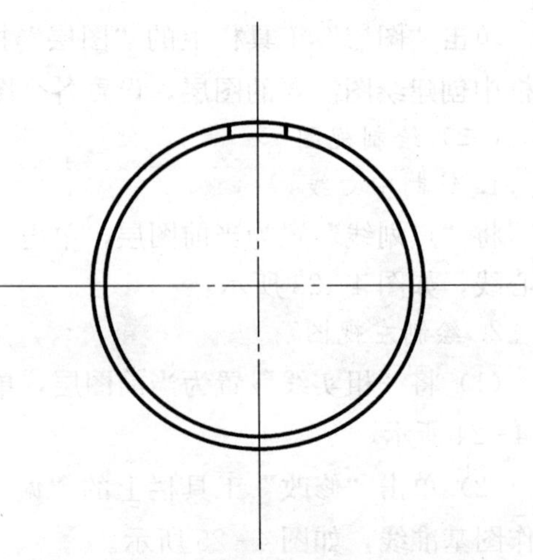

图 4 - 26　绘制键齿轮廓线

(4) 单击“修改”工具栏上的“阵列”按钮，弹出“阵列”对话框。在该对话框中选中“环形阵列”单选按钮，并设置相应的参数，如图4-27所示。

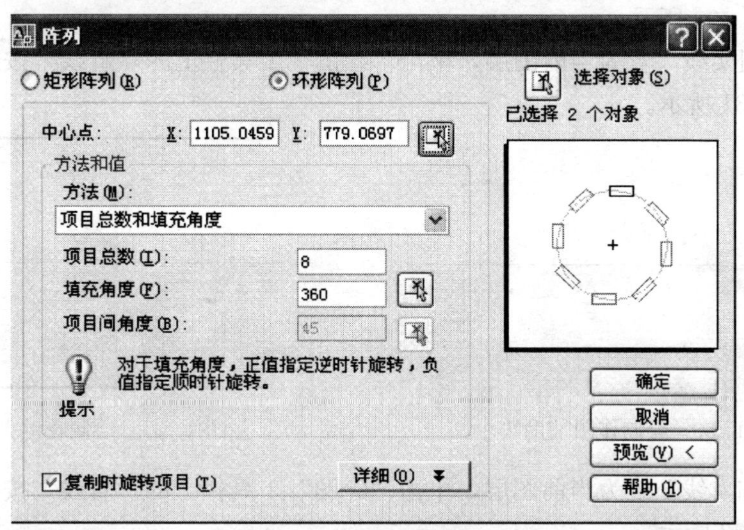

图4-27　设置阵列参数

在“阵列”对话框中单击“中心点”按钮，命令行提示如下：

命令：_array
指定阵列中心点：(利用“对象捕捉”功能，捕捉中心线交点)

单击“阵列”对话框中“选择对象”按钮，命令行提示如下：

选择对象：找到 1 个
选择对象：找到 1 个，总计 2 个(选择阵列对象为直线)
选择对象：↵

(5) 结束对象选择后，返回“阵列”对话框，单击“确定”按钮，完成直线的阵列，如图4-28所示。

(6) 单击“修剪”按钮，修剪掉图线多余的部分，修剪后的效果如图4-29所示。

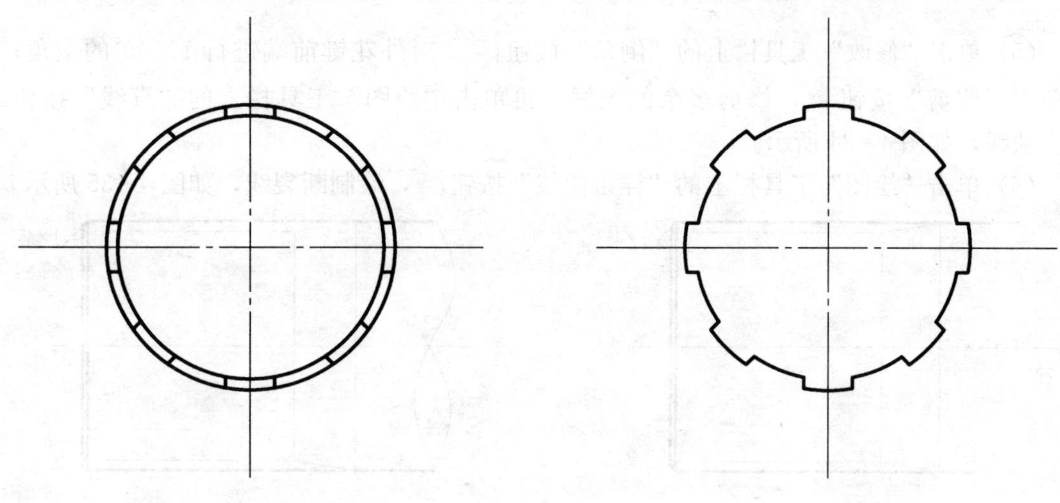

图4-28　完成阵列　　　　图4-29　修剪后效果

3. 绘制主视图

（1）将“点划线”置为当前图层，单击“绘图”工具栏上的“直线”按钮，绘制作图辅助线，如图 4-30 所示。

（2）将“粗实线”置为当前图层，单击“绘图”工具栏上的“直线”按钮，绘制花键大径，如图 4-31 所示。

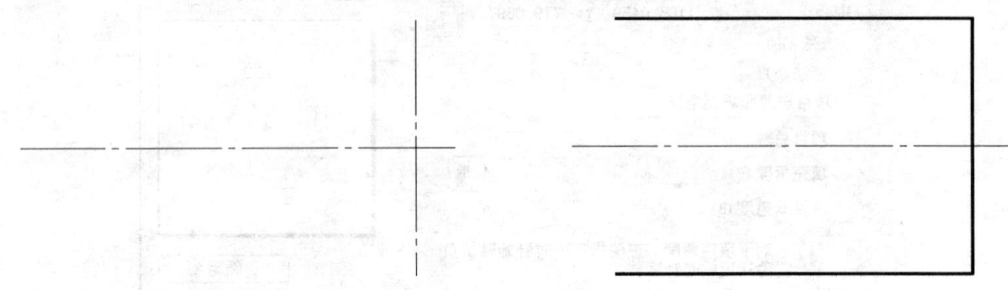

图 4-30　绘制作图辅助线　　　图 4-31　绘制花键大径

（3）将“细实线”置为当前图层，单击“绘图”工具栏上的“直线”按钮，绘制花键小径，如图 4-32 所示。

（4）单击“绘图”工具栏上的“直线”按钮，用细实线绘制花键键齿终止线和尾部末端线，如图 4-33 所示。

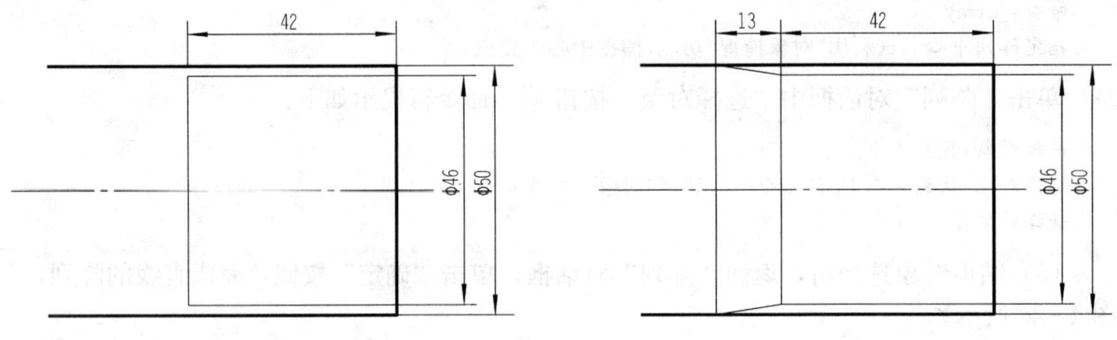

图 4-32　绘制花键小径　　　图 4-33　绘制键齿终止线和尾部末端线

（5）单击“修改”工具栏上的“倒角”按钮，对外花键前端进行 1×45°的倒角；然后单击“修剪”按钮，修剪多余的图线，再单击“绘图”工具栏上的“直线”按钮，补全缺线，如图 4-34 所示。

（6）单击“绘图”工具栏上的“样条曲线”按钮，绘制断裂线，如图 4-35 所示。

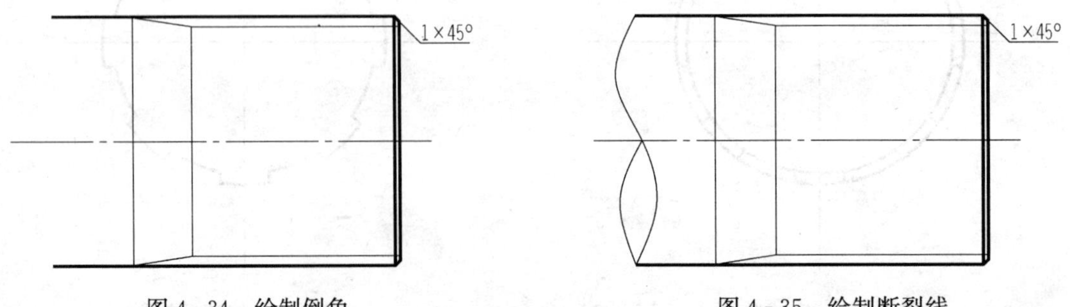

图 4-34　绘制倒角　　　图 4-35　绘制断裂线

（7）单击“绘图”工具栏上的“图案填充”按钮▦，绘制剖面线，如图 4-36 所示。

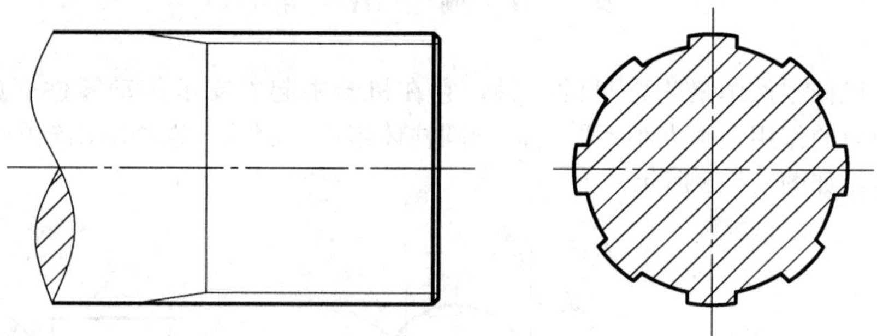

图 4-36　绘制剖面线

（四）标注外花键的尺寸

（1）将“标注”置为当前图层，在“标注”工具栏上选择标注样式。

（2）单击“标注”工具栏上的“线性”按钮⊢⊣，标注花键的线性尺寸。

（3）单击“标注”工具栏上的“直径”按钮⦸，标注花键的大径和小径尺寸。

（4）选择“标注”的“多重引线”命令与单击“绘图”工具栏上的“多行文字”按钮 A 相结合，完成“1×45°”的尺寸标注，尺寸标注完成后，如图 4-21 所示。

四、巩固练习

根据相应尺寸绘制如图 4-37 所示的直齿圆柱齿轮。

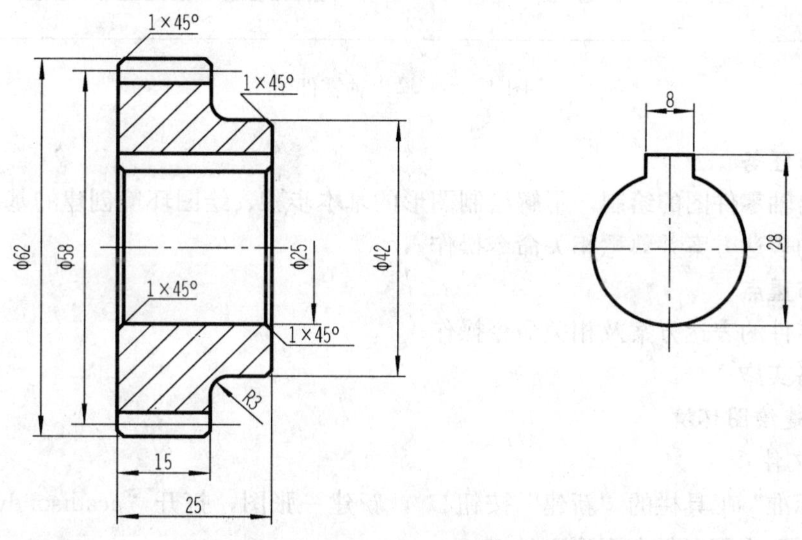

图 4-37　绘制直齿圆柱齿轮

五、本节自我心得

（1）________________

（2）________________

（3）________________

第三节 输 出 轴

输出轴是机械零件中最为常见的一种，它在机器中起着支承传动零件（如带轮、齿轮等）和传递动力的作用，由大小不同的同轴圆柱体组成。因此，选择输出轴的加工位置作为主视图的方向，如图 4 - 38 所示。

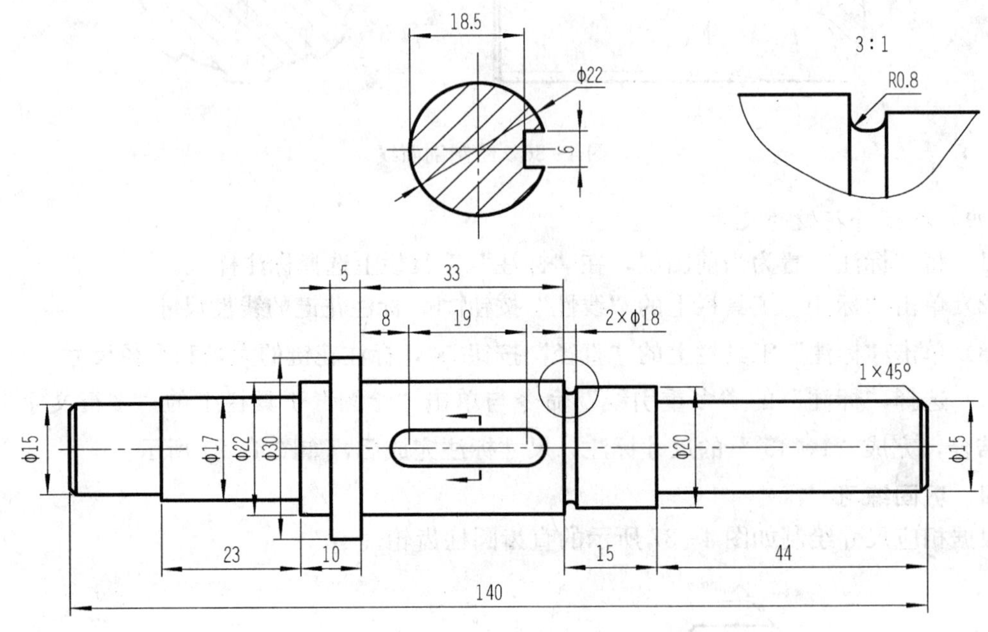

图 4 - 38 输出轴零件图

一、本节任务

通过输出轴零件图的绘制，了解绘制图形的基本步骤、绘图环境创建的基本方法，掌握输出轴零件的表达方案并熟悉相关命令操作。

二、本节重点

输出轴零件的表达方案及相关命令操作。

三、任务实施

（一）创建绘图环境

1. 新建文件

单击“标准”工具栏的“新建”按钮，新建一张图，打开“acadiso. dwt”文件，以“输出轴 . dwg”为图名保存图形文件。

2. 创建图层

单击“图层”工具栏上的“图层”按钮，弹出“图层特性管理器”对话框，在对话框中创建绘图图层，加载线型，设置线宽。

3. 创建文字样式

根据有关国家标准创建文字样式，如图 4 - 39 所示。

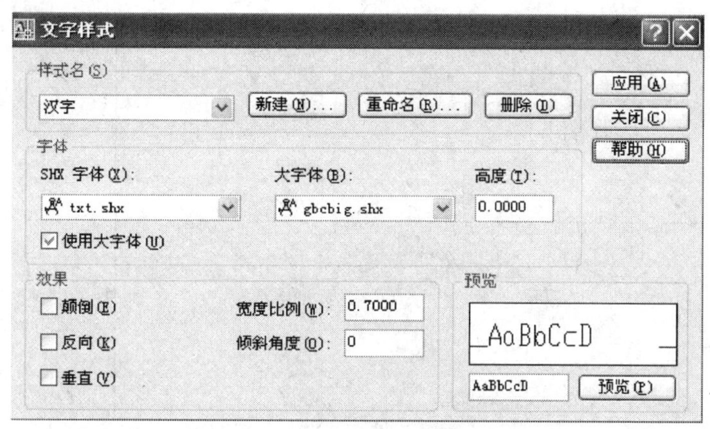

图 4-39　创建文字样式

4. 创建尺寸标注样式

根据有关国家标准创建尺寸标注样式，如图 4-40 所示。

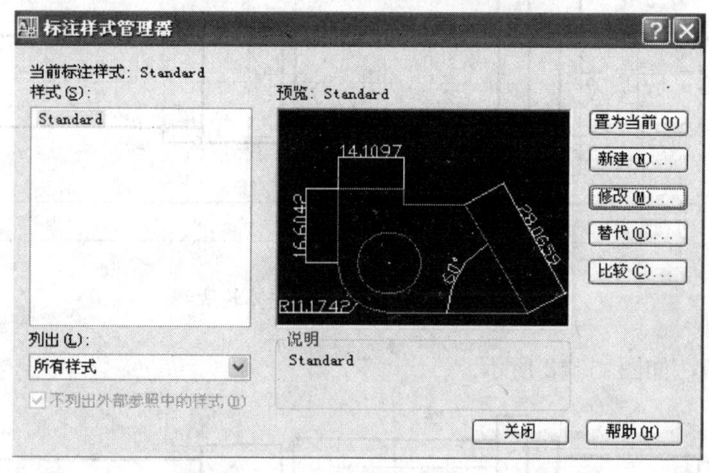

图 4-40　标注样式

（二）绘制零件图视图

输出轴零件图共用了 3 个图形来表达该零件的结构。主视图采用基本视图，并用局部放大图来表达退刀槽的结构细节，用移出的断面图表达输出轴上键槽部位的形状和尺寸。

1. 绘制主视图

(1) 将“点划线”层置为当前图层，单击“绘图”工具栏上的“直线”按钮，绘制出输出轴的轴线和起点，如图 4-41 所示。

(2) 将“粗实线”层置为当前层，打开“对象捕捉”、“极轴”和“对象追踪”功能，单击“绘图”工具栏上的“直线”按钮，在轴线上确定起点，绘制出输出轴的可见主体轮廓线，如图 4-42 所示。

图 4-41 绘制轴线

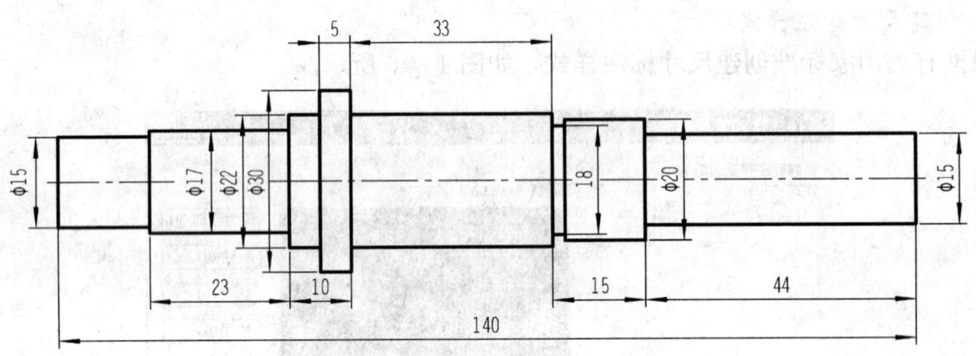

图 4-42 绘制主视图的主体轮廓线

(3) 绘制键槽，如图 4-43 所示。

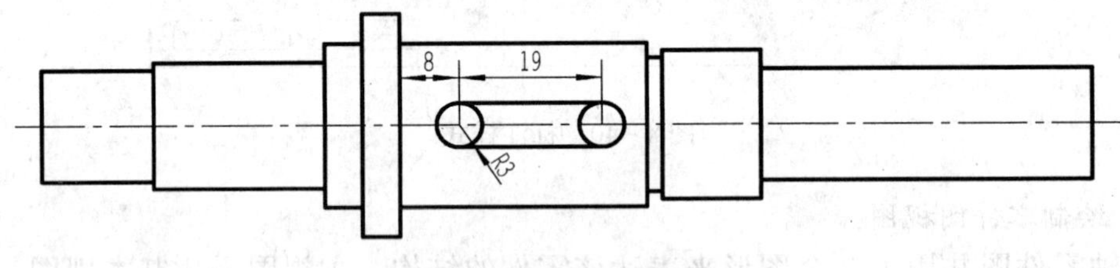

图 4-43 绘制键槽

(4) 单击“修改”工具栏上的“修剪”按钮，修剪多余线条，如图 4-44 所示。

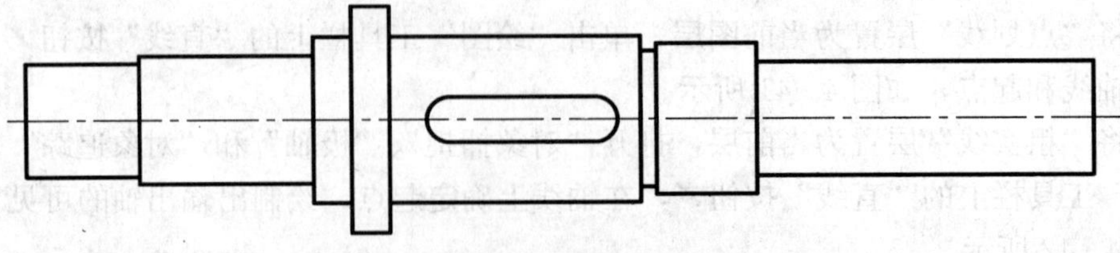

图 4-44 修剪结果

（5）单击“修改”工具栏上的“倒角”按钮，绘制输出轴上 1×45°的倒角，如图 4-45 所示。

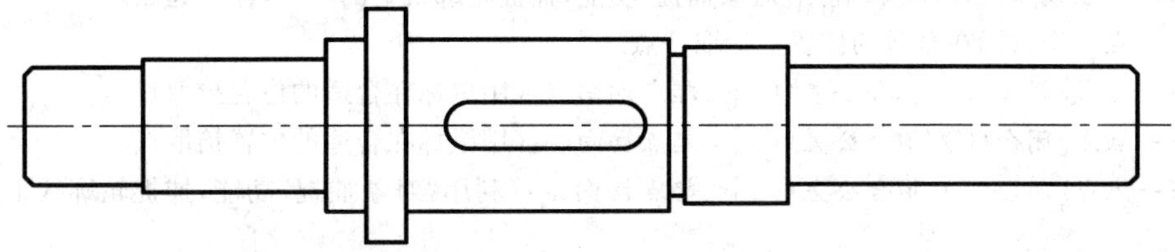

图 4-45　绘制倒角

倒角过程中命令行提示如下：

命令：_chamfer

（“修剪”模式）当前倒角距离 1=0.0000，距离 2=0.0000

选择第一条直线或[放弃(U)/多段线(P)/距离(D)/角度(A)/修剪(T)/方式(E)/多个(M)]：d↵

指定第一个倒角距离<0.0000>：1↵

指定第二个倒角距离<0.0000>：1↵

选择第一条直线或[放弃(U)/多段线(P)/距离(D)/角度(A)/修剪(T)/方式(E)/多个(M)]：(用鼠标选择第一条倒角直线)

选择第二条直线，或按住 Shift 键选择要应用角点的直线：(用鼠标选择第二条倒角直线)

（6）单击“绘图”工具栏上的“直线”按钮，补画出倒角后形成的交线。至此，输出轴主视图绘制基本完成，如图 4-46 所示。

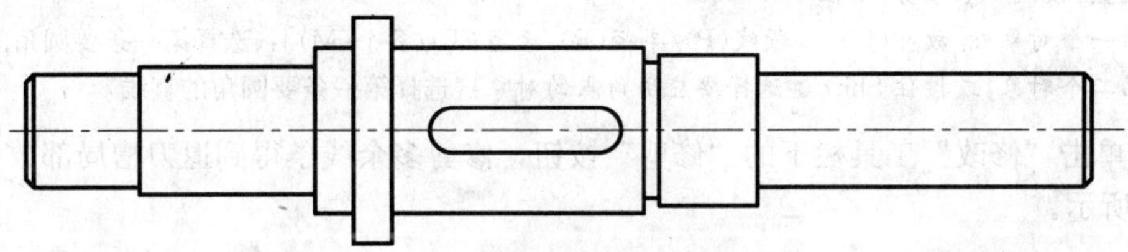

图 4-46　绘制结果

2. 绘制退刀槽的局部放大图

（1）将要放大的区域复制到屏幕的其他位置，如图 4-47 所示。

（2）单击“绘图”工具栏上的“样条曲线”按钮，绘制断裂线，如图 4-48 所示。

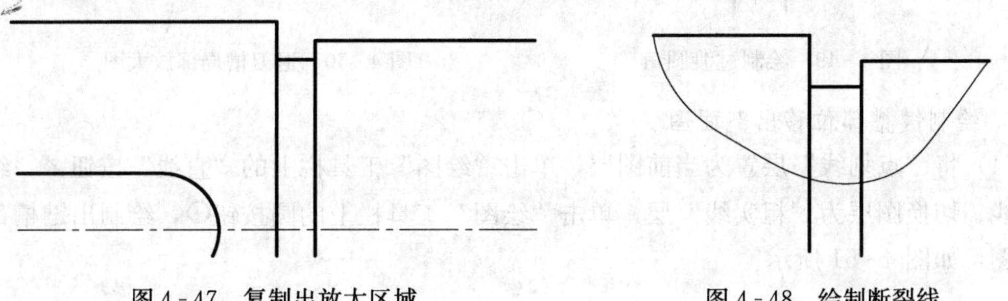

图 4-47　复制出放大区域

图 4-48　绘制断裂线

命令行提示如下：

命令：_spline
指定第一个点或[对象(O)]：(利用“对象捕捉”功能，捕捉轮廓线上的一点，作为起点)
指定下一点：(用鼠标在合适的位置上拾取一点)
指定下一点或[闭合(C)/拟合公差(F)]<起点切向>：(用鼠标在合适的位置拾取点)
指定下一点或[闭合(C)/拟合公差(F)]<起点切向>：(用鼠标在合适的位置拾取点)
指定下一点或[闭合(C)/拟合公差(F)]<起点切向>：(利用“对象捕捉”功能，捕捉轮廓线上的一点，作为终点)
指定起点切向：↵(按 Enter 键，确定起点的切向)
指定端点切向：↵(按 Enter 键，确定终点的切向)

(3) 单击“修改”工具栏上的“圆角”按钮，绘制过渡圆角，如图 4-49 所示。

命令行提示如下：

命令：_fillet
当前设置：模式=修剪，半径=0.0000
选择第一个对象或[放弃(U)/多段线(P)/半径(R)/修剪(T)/多个(M)]：t↵
输入修剪模式选项[修剪(T)/不修剪(N)]<修剪>：n↵
选择第一个对象或[放弃(U)/多段线(P)/半径(R)/修剪(T)/多个(M)]：r↵
指定圆角半径<0.0000>：0.8↵
选择第一个对象或[放弃(U)/多段线(P)/半径(R)/修剪(T)/多个(M)]：(选择第一条要圆角的直线)
选择第二个对象，或按住 Shift 键选择要应用角点的对象：(选择第二条要圆角的直线)
命令：_fillet
当前设置：模式=不修剪，半径=0.8000
选择第一个对象或[放弃(U)/多段线(P)/半径(R)/修剪(T)/多个(M)]：(选择第一条要圆角的直线)
选择第二个对象，或按住 Shift 键选择要应用角点的对象：(选择第一条要圆角的直线)

(4) 单击“修改”工具栏下的“修剪”按钮，修剪多余线条得到退刀槽局部放大图，如图 4-50 所示。

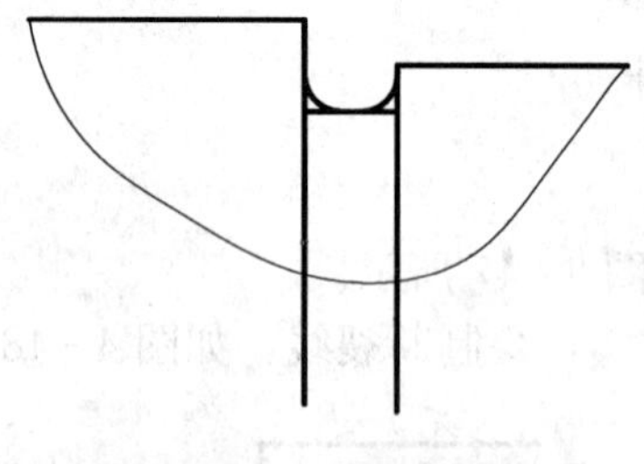

图 4-49 绘制过渡圆角

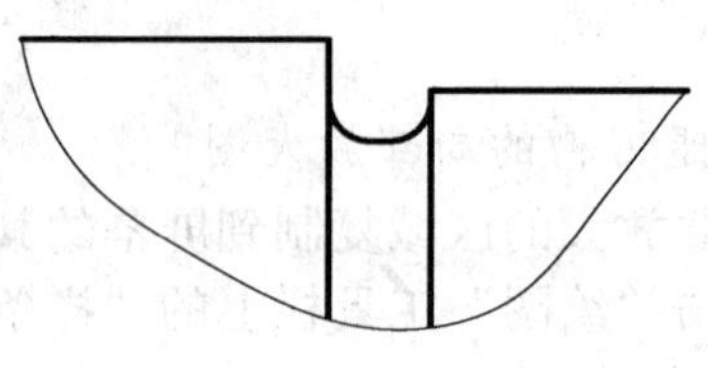

图 4-50 退刀槽局部放大图

3. 绘制键槽部位移出剖面图

(1) 将“点划线”层置为当前图层，单击“绘图”工具栏上的“直线”按钮，绘制出中心线；切换图层为“粗实线”层，单击“绘图”工具栏上的圆按钮，绘制出键槽部位的断面图，如图 4-51 所示。

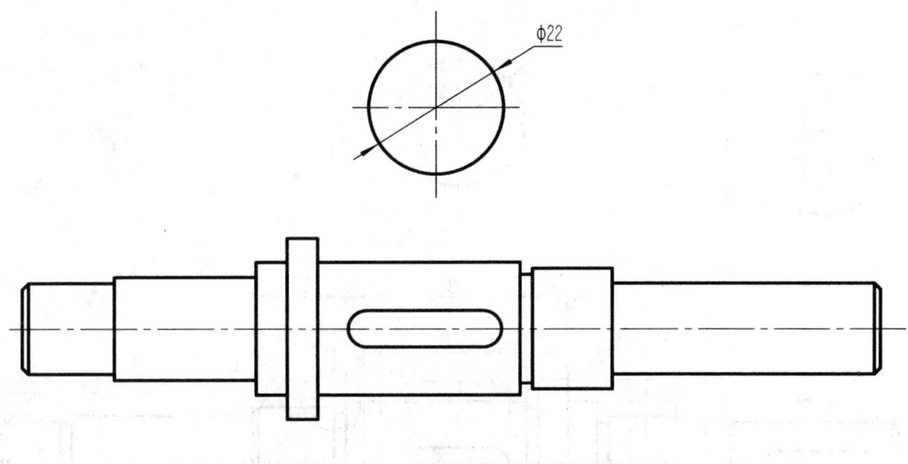

图 4-51　绘制键槽处的断面图

(2) 单击“修改”工具栏上的“偏移”按钮，偏移出键槽缺口的位置和尺寸，如图 4-52 所示。

(3) 单击“绘图”工具栏上的“直线”按钮，绘制键槽缺口，然后单击“修改”工具栏上的“修剪”按钮，剪去多余线条，绘制键槽缺口，如图 4-53 所示。

(4) 单击“绘图”工具栏上的“图案填充”按钮，绘制剖面线，完成键槽部位的移出断面图，如图 4-54 所示。

图 4-52　偏移键槽缺口位置　　图 4-53　绘制键槽缺口　　图 4-54　键槽移出剖面图

（三）标注输出轴的零件尺寸

零件图尺寸的标注既要保证设计要求，又要满足工艺要求，因此应当正确地选择尺寸基准。

(1) 选择尺寸基准。输出轴零件轴向（长度方向）的尺寸基准是基本尺寸为 $\phi15$ 圆柱的右端面，径向（高度方向）的尺寸基准是圆柱轴线。

(2) 标注主视图的尺寸。将“尺寸”设置为当前图层，单击“标注”工具栏上的“线性”按钮，标注输出轴的线性尺寸，结果如图 4-38 所示。

四、巩固练习

根据相应尺寸绘制如图 4-55 所示轴的零件图。

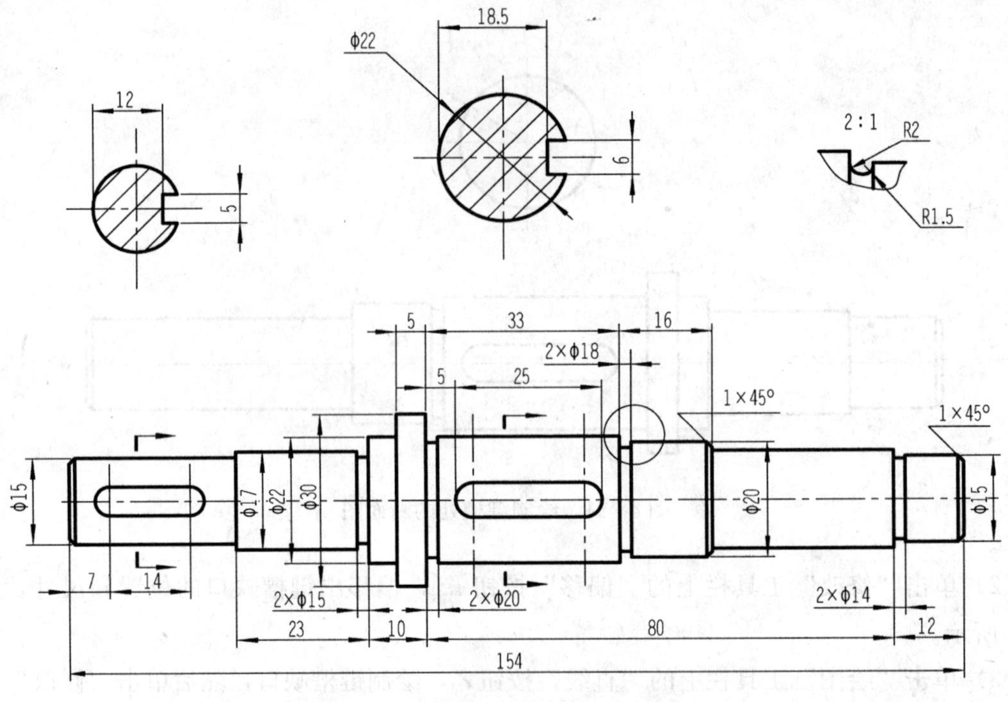

图 4-55 轴的零件图

五、本节自我心得

(1)____________________

(2)____________________

(3)____________________

第四节 支 座

图 4-56 所示为支座三视图。支座由 5 个基本体组合而成，通过 3 个视图来表达它的形状与结构。在组合过程中，形体之间形成了相切、相交的表面连接关系。下面具体介绍支座的绘制方法。

一、本节任务

通过支座图的绘制，掌握三视图的绘制方法并熟悉相关命令操作。

二、本节重点

三视图的画法。

三、任务实施

1. 创建绘图环境

(1) 创建“支座 .dwg”的图形文件。

(2) 利用“图层特性管理器”按照需要设置绘制三视图所需的图层。

2. 画俯视图

(1) 将“点划线”层置为当前图层，单击“绘图”工具栏上的“直线”按钮╱，绘制俯视图的基准线，如图 4-57 所示。

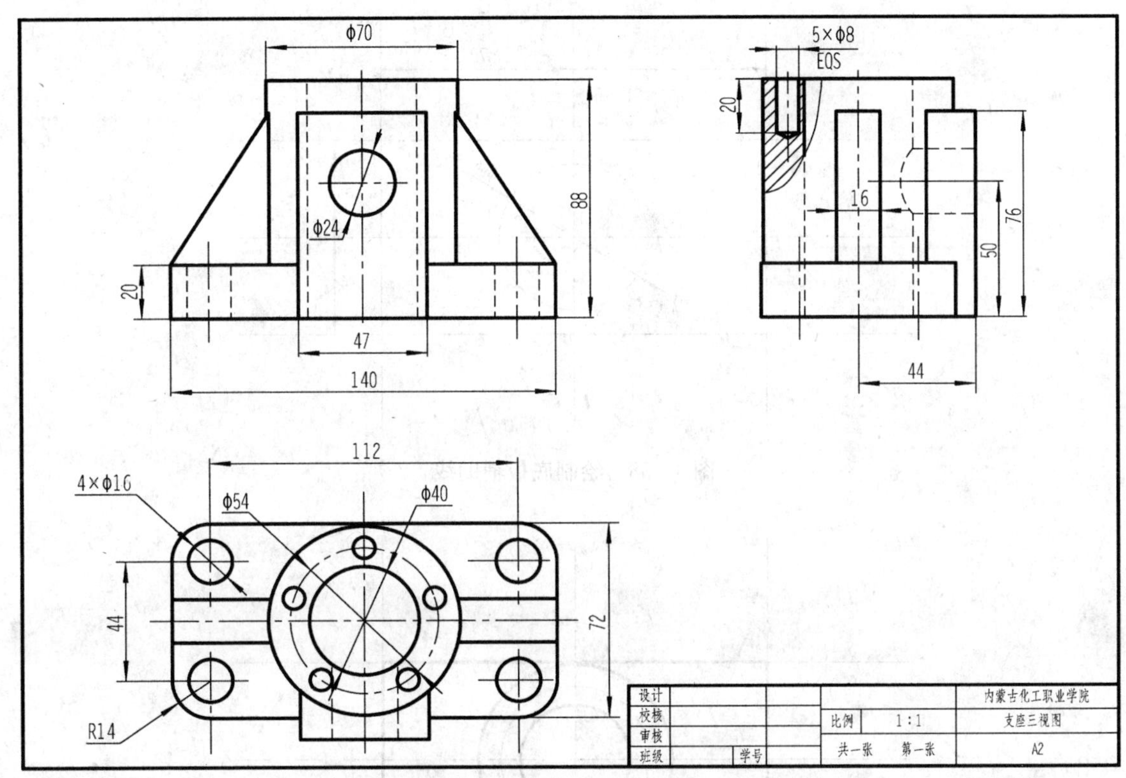

图 4-56　支座三视图

图 4-57　俯视图的基准线

(2) 单击"修改"工具栏上的"偏移"按钮，确定底板的辅助线，如图 4-58 所示。

(3) 将"粗实线"置为当前图层，单击"绘图"工具栏上的"圆"按钮，利用"对象捕捉"功能，捕捉中心线的交点，绘制出 $R20$ 和 $R35$ 的圆。单击"绘图"工具栏上的"直线"按钮，利用"对象捕捉"功能，绘制出底板的俯视图，如图 4-59 所示。

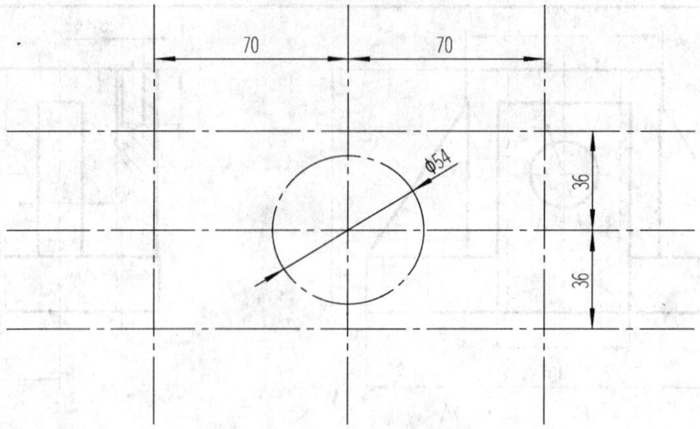

图 4-58 绘制底板辅助线

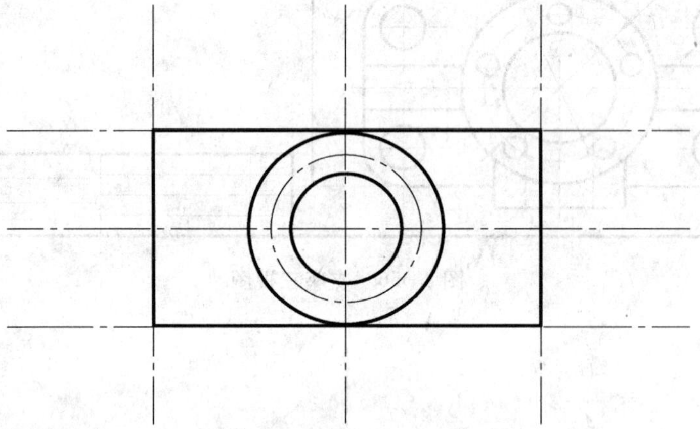

图 4-59 绘制底板的俯视图

（4）单击“修改”工具栏上的“偏移”按钮，绘制底板安装孔的中心线，并单击“圆”按钮，绘制出 4 个 $R8$ 的圆，如图 4-60 所示。

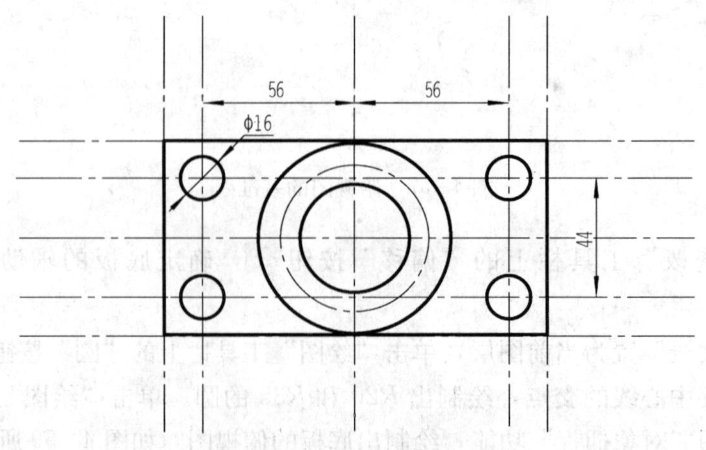

图 4-60 绘制底板的安装孔

（5）继续单击“圆”按钮，利用“对象捕捉”功能，捕捉到垂直中心线与圆中心线的交点，绘制 $R4$ 的圆。单击“修改”工具栏上的“阵列”按钮，出现阵列对话框，如图4-61所示。

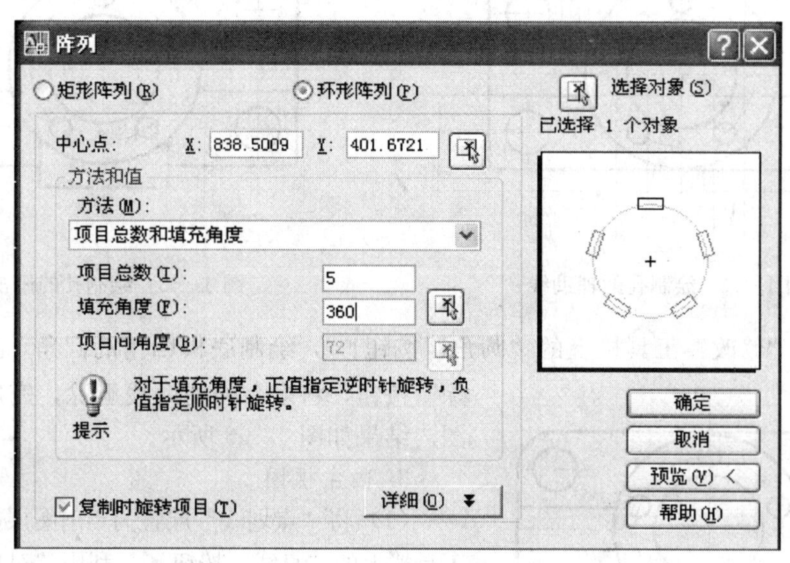

图 4-61　设置阵列参数

选中“环形阵列”单击按钮，中心点拾取中心线的交点，项目数目为 5，填充角度为 360，选择对象为 $R4$ 的圆和中心线，按 Enter 键，单击“确定”按钮，结果如图 4-62 所示。

（6）单击“修改”工具栏上的“偏移”按钮，确定肋板的辅助线，单击“绘图”工具栏上的“直线”按钮，绘制肋板的俯视图，如图 4-63 所示。

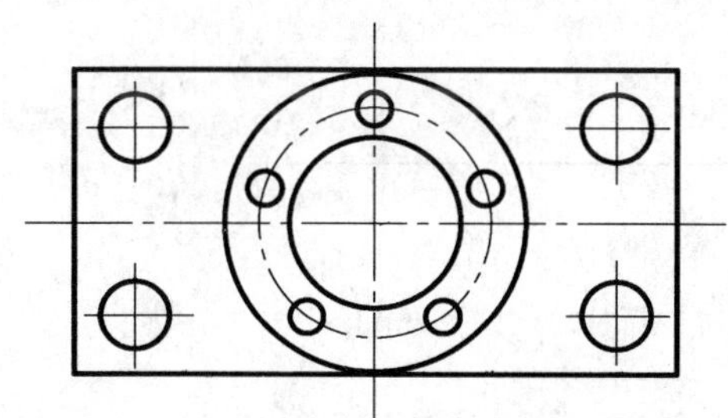

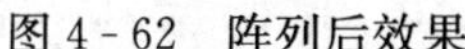

图 4-62　阵列后效果

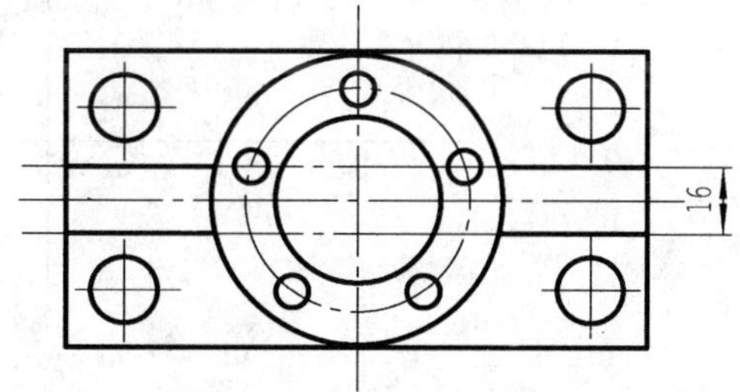

图 4-63　绘制肋板

（7）单击“修改”工具栏上的“偏移”按钮，确定绘制前凸台及 $R12$ 的孔的辅助线，如图 4-64 所示。

单击“绘图”工具栏上的“直线”按钮，绘制前凸台的俯视图，将“虚线”层置为当前图层，绘制孔的俯视图，如图 4-65 所示。

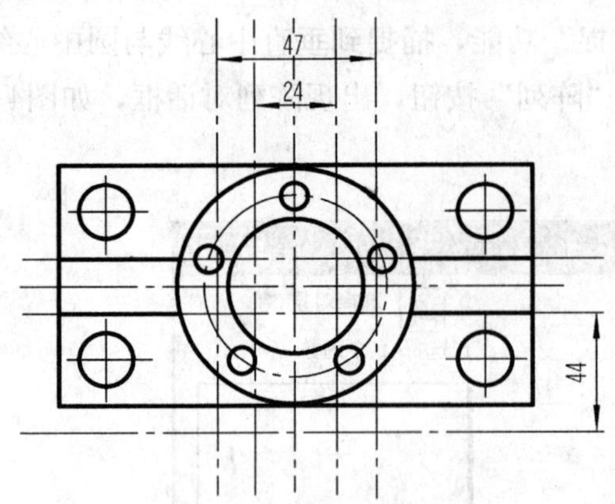

图 4-64　绘制孔的辅助线

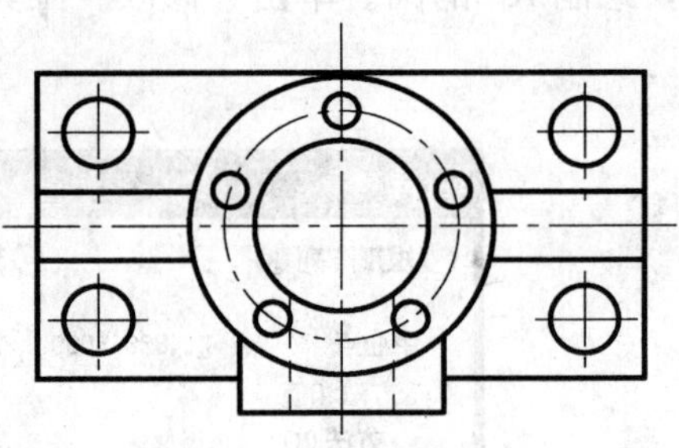

图 4-65　绘制孔的俯视图

(8) 单击"修改"工具栏上的"圆角"按钮，绘制底板四角的圆角，然后单击"删除"按钮，将多余的辅助线删除，完成支座的俯视图。结果如图 4-66 所示。

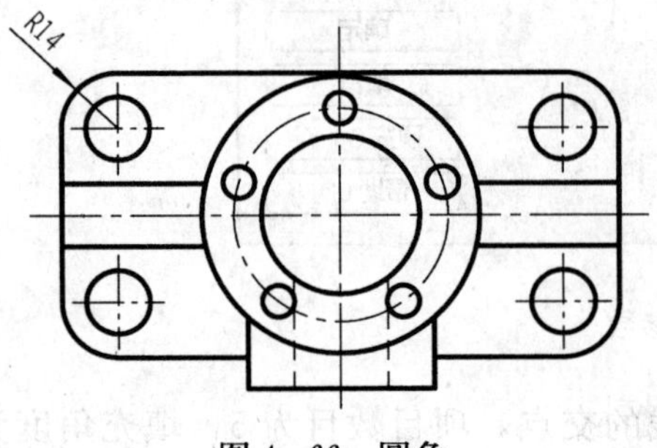

图 4-66　圆角

3. 画主视图

(1) 将"点划线"层置为当前图层，单击"绘图"工具栏上的"直线"按钮，利用"对象捕捉"功能，单击"修改"工具栏上的"偏移"按钮，绘制主视图的基准线，如图 4-67 所示。注意，主视图的基准线应与俯视图的基准线对齐，以保证投影关系正确。

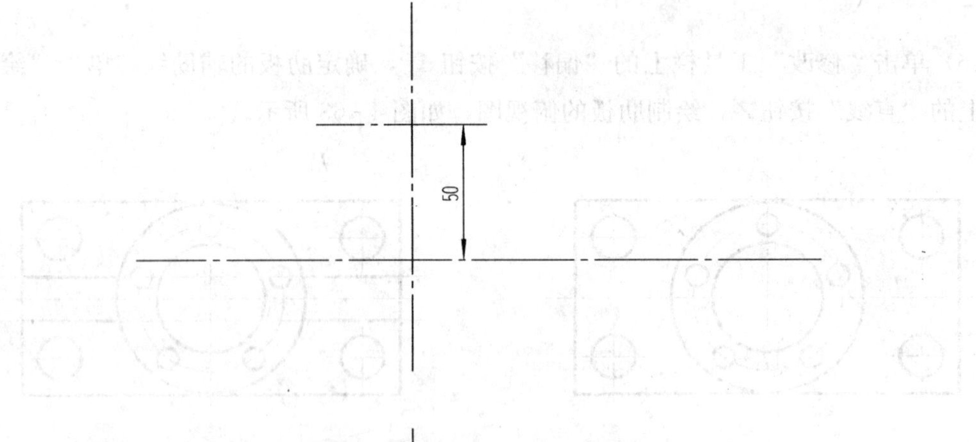

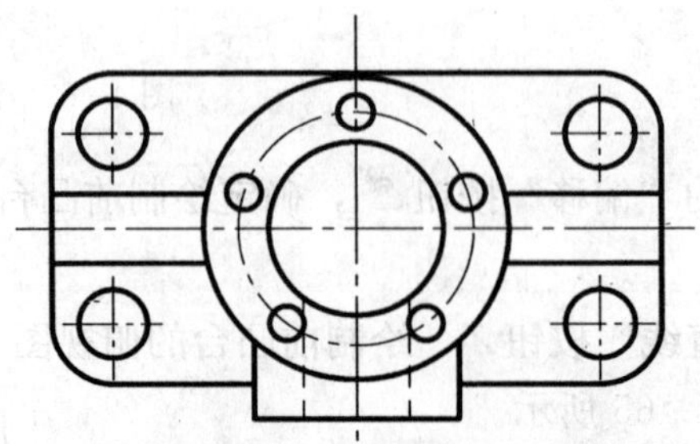

图 4-67　绘制主视图基准线

（2）单击“修改”工具栏上的“偏移”按钮，确定绘制底板和圆筒的辅助线，如图 4-68 所示。

（3）将“粗实线”置为当前层，单击“绘图”工具栏上的“直线”按钮，利用“对象捕捉”功能，绘制底板和圆筒的主视图，如图 4-69 所示。

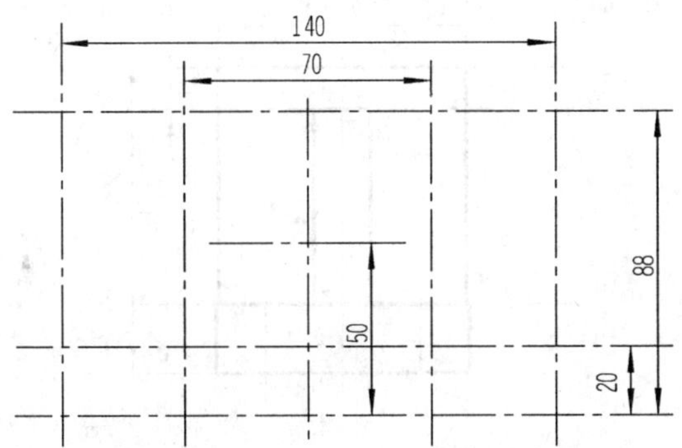

图 4-68　绘制底板和圆筒的辅助线

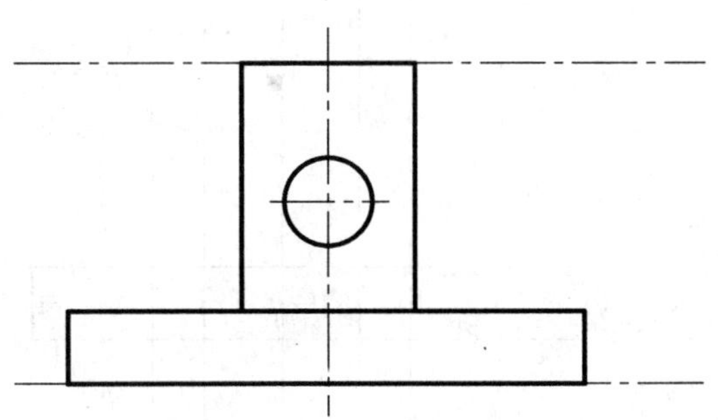
图 4-69　绘制主视图

（4）单击“绘图”工具栏上的“直线”按钮，利用“长对正”的视图规则，绘制肋板的主视图，如图 4-70 所示。

（5）单击“偏移”按钮，确定绘制前凸台的辅助线，单击“直线”按钮，绘制前凸台的主视图，如图 4-71 所示。

（6）单击“偏移”按钮，确定绘制底板安装孔和柱孔的辅助线，将“虚线”层置为当前图层，单击“直线”按钮，绘制安装孔和柱孔的主视图。

（7）单击“删除”按钮，删除辅助线，完成支座的主视图，如图 4-72 所示。

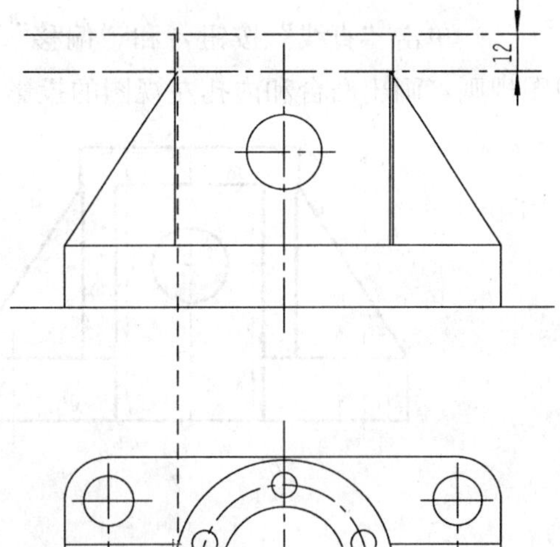

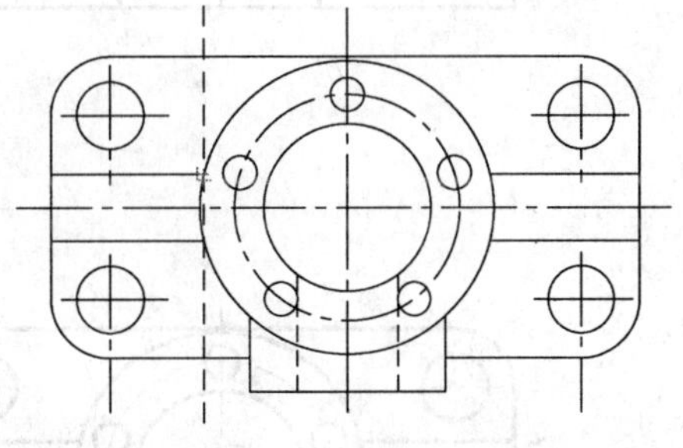
图 4-70　绘制肋板主视图

4. 画左视图

（1）将“点划线”层置为当前层，分别单击“绘图”工具栏上的“直线”按钮和“修改”工具栏上的“偏移”按钮，利用“对象捕捉”功能，与主视图保持“高平齐”的投影关系，绘制出左视图的基准线，如图 4-73 所示。

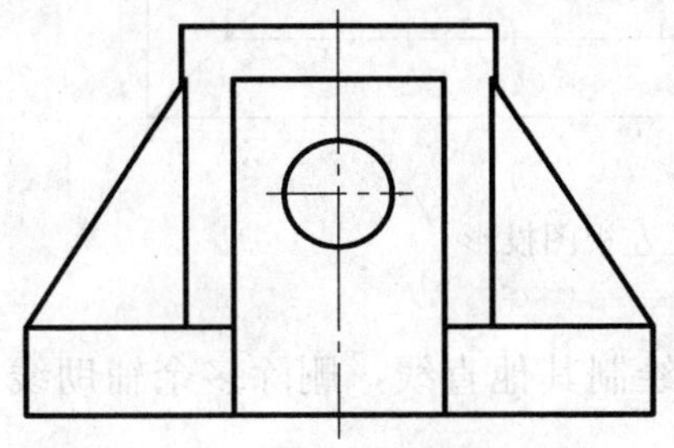
图 4-71　绘制前凸台的主视图

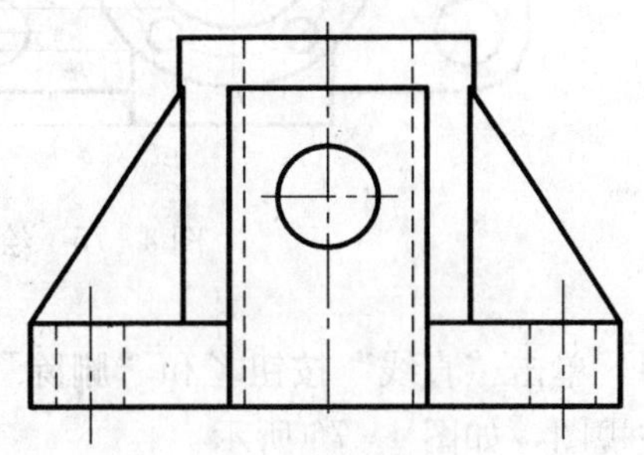
图 4-72　支座的主视图

（2）将“粗实线”置为当前图层，单击“直线”按钮和“偏移”按钮，利用“对象捕捉”功能，画出底板、圆筒、肋板的可见轮廓线，如图 4 - 74 所示。

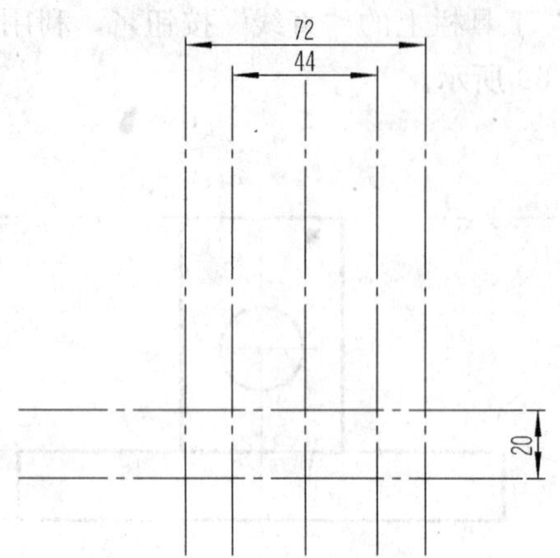

图 4 - 73　绘制左视图基准线

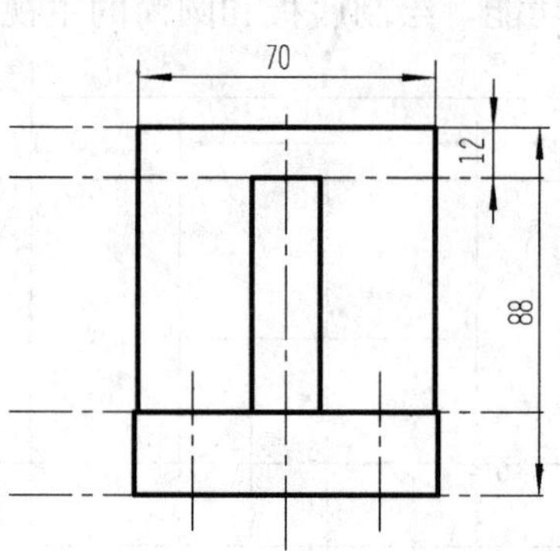

图 4 - 74　绘制轮廓线

（3）单击“直线”按钮和“偏移”按钮，利用“对象捕捉”功能及“宽相等”的视图规则，画出凸台和内孔左视图的投影，如图 4 - 75 所示。

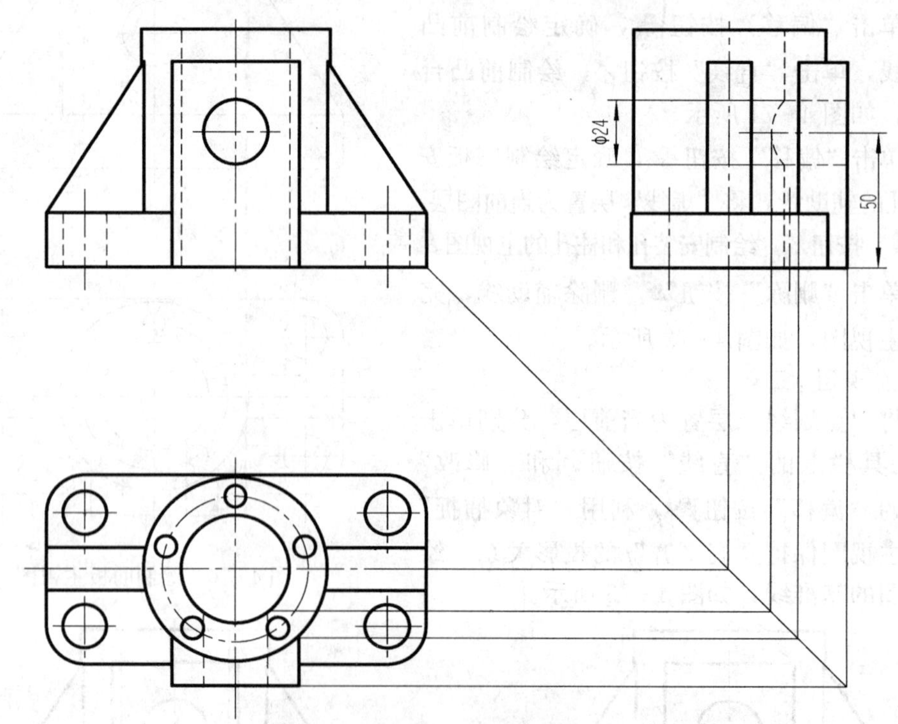

图 4 - 75　绘制凸台和内孔左视图投影

（4）单击“直线”按钮和“删除”按钮，绘制其他直线，删除多余辅助线，绘制支座左视图，如图 4 - 76 所示。

（5）单击“直线”按钮、“样条曲线”按钮及“图案填充”按钮，绘制左视图的局部剖视图，如图 4－77 所示。

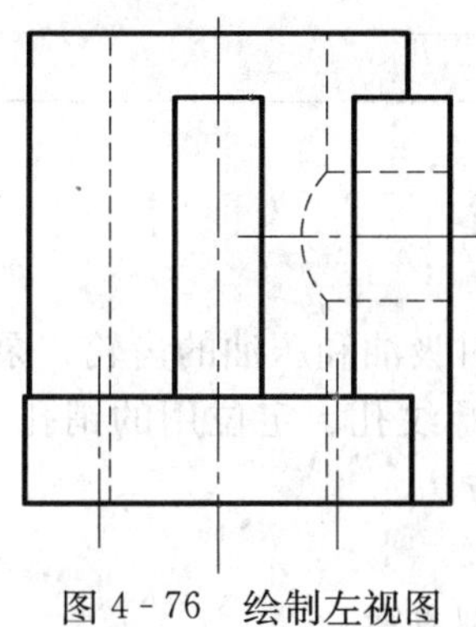

图 4－76　绘制左视图

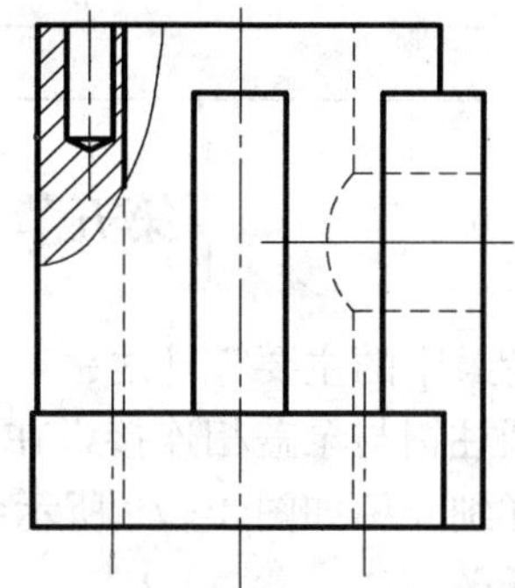

图 4－77　绘制左视图的局部剖视图

5. 标注支座尺寸

（1）将“尺寸”层置为当前图层，在“标注”工具栏上选择“样式名”为“Standard”，将其置为当前标注样式。

（2）单击“标注”工具栏上的“线性”按钮，标注出支座视图中的线性尺寸。

（3）分别选取“直径”、“半径”标注工具，标注出圆的圆弧尺寸。

标注效果如图 4－56 所示。

四、巩固练习

绘制如图 4－78 所示的底座三视图。

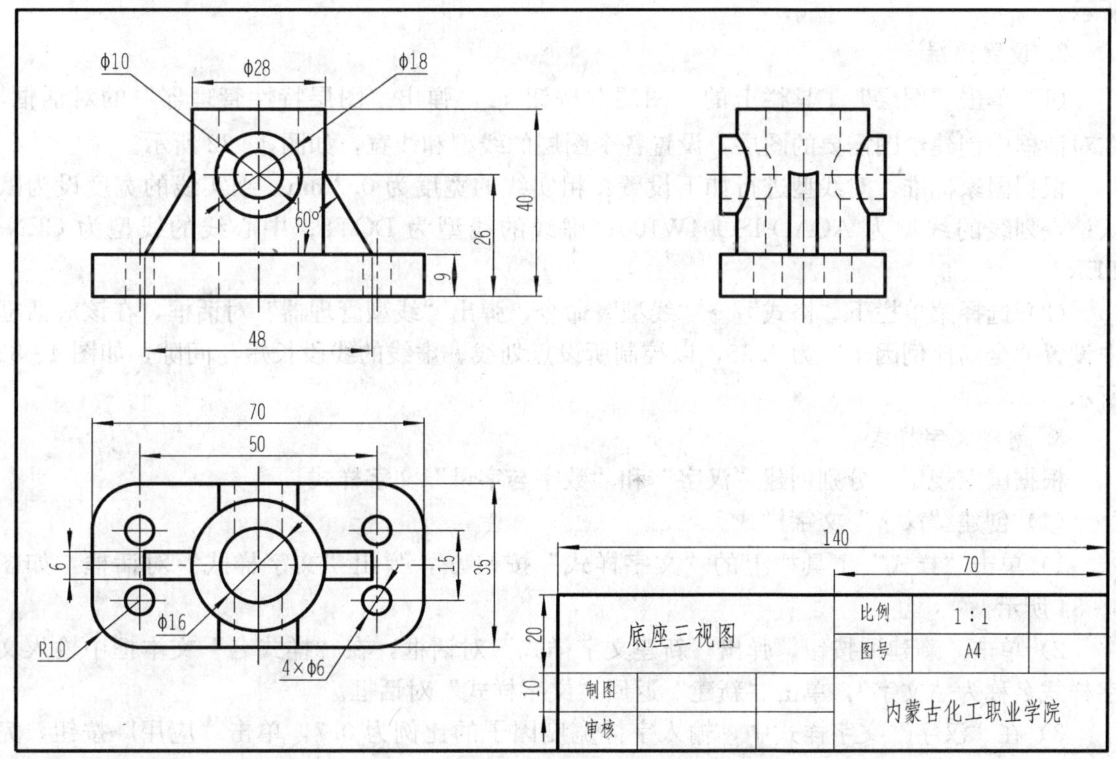

图 4－78　底座三视图

五、本节自我心得

(1)______________________________

(2)______________________________

(3)______________________________

第五节 齿轮泵泵体

泵体是齿轮泵中的主要零件之一，它的内腔要容纳一对吸油和压油的齿轮，泵体的左边将通过螺钉、圆柱销与泵盖相连接，在泵体上有连接用的螺纹孔、定位用的销孔和进油口、出油口。下面详细介绍如图 4-79 所示泵体零件图的绘制方法。

一、本节任务

通过齿轮泵泵体零件图的绘制，掌握复杂零件图的绘制方案。

二、本节重点

复杂零件图的绘制方案。

三、任务实施

(一) 绘图环境的初步设置

1. 设置图纸幅面

(1) 启动 AutoCAD，选择菜单栏下“格式”→“图形界限”命令，设置图纸幅面为 A2，绘图比例为 1∶1，如图 4-80 所示。

(2) 在“状态栏”上单击“栅格”按钮，使“栅格”显示在绘图区域中，如图 4-81 所示。

2. 设置图层

(1) 单击“图层”工具栏上的“图层”按钮，弹出“图层特性管理器”的对话框，在对话框中创建绘图需要的图层，设置各个图层的线型和线宽，如图 4-82 所示。

根据国家标准，对线型进行如下设置：粗实线的宽度为 0.3mm，细实线的宽度设为默认；点划线的线型为 ACAD-ISO04W100；虚线的线型为 DOT2；中心线的线型为 CENTER2。

(2) 选择菜单栏下“格式”→“线型”命令，弹出“线型管理器”对话框，在该对话框中设置“全局比例因子”为 0.35，以控制所设点划线、虚线的线段长短与间隙，如图 4-83 所示。

3. 创建文字样式

根据国家规定，分别创建“汉字”和“数字与字母”文字样式。

(1) 创建“汉字”文字样式。

1) 单击“样式”工具栏上的“文字样式”按钮，弹出“文字样式”对话框，如图 4-84 所示。

2) 单击“新建”按钮，弹出“新建文字样式”对话框，在“样式名”文本框中输入文字样式名称为“文字”，单击“新建”返回“文字样式”对话框。

3) 在“汉字”文字样式中，输入字体宽度因子的比例为 0.7，单击“应用”按钮，完成“汉字”文字样式的创建。

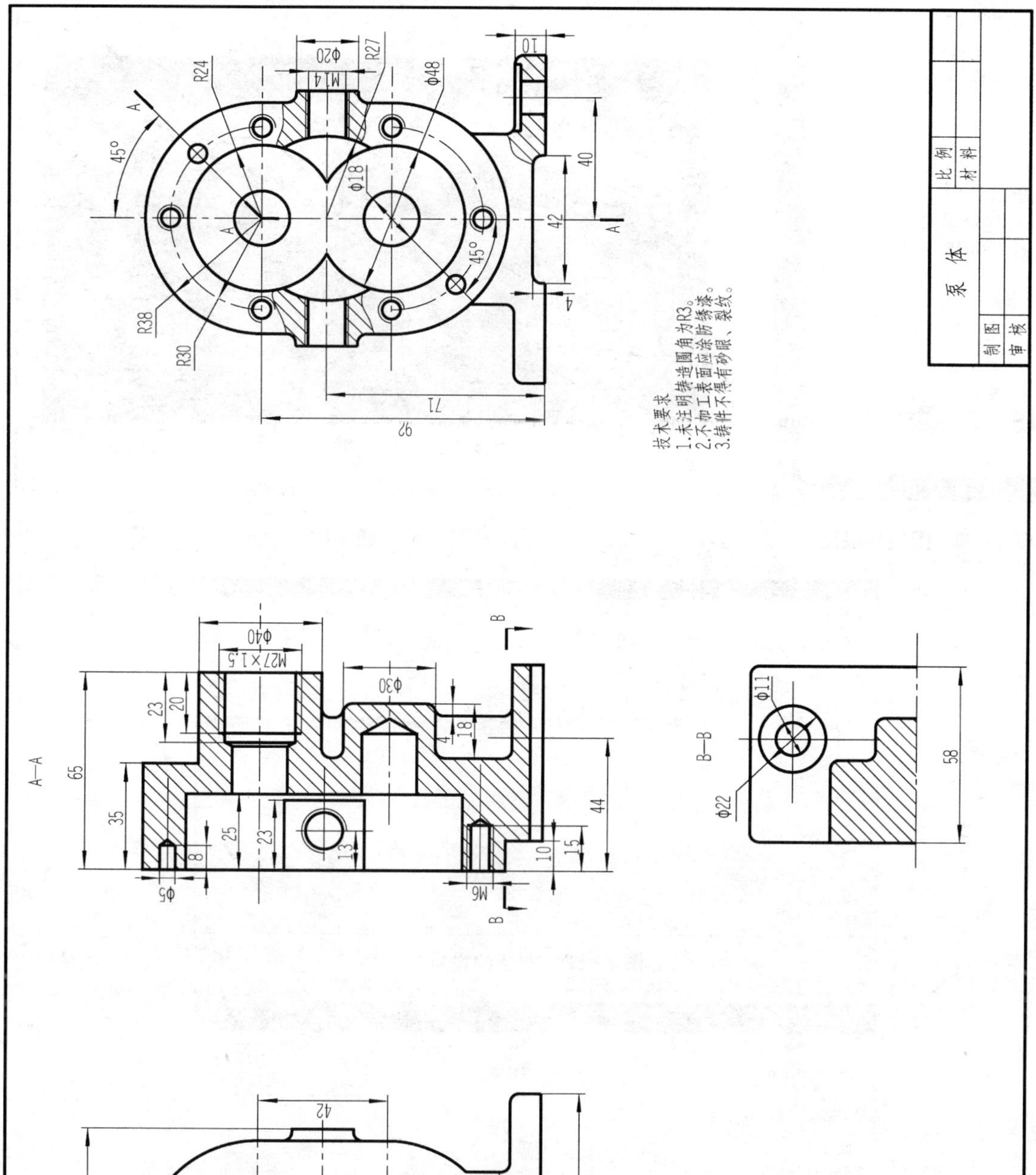

A—A
B—B
技术要求
1.未注明铸造圆角为R3。
2.不加工表面应涂防锈漆。
3.铸件不得有砂眼、裂纹。
泵　体
比例
材料
制图
审核

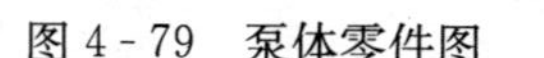

图 4-79　泵体零件图

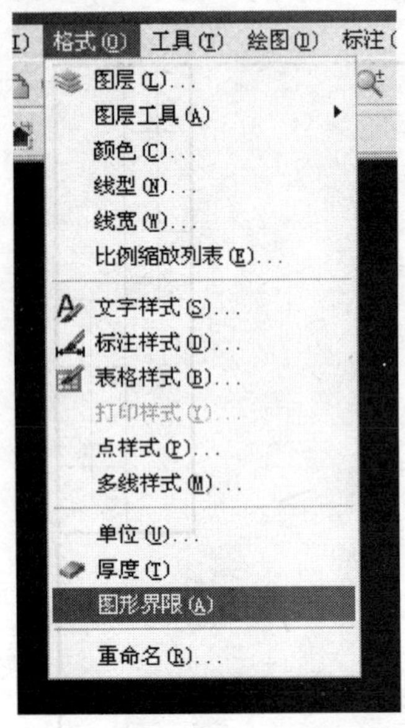

图 4-80 图层界限设置

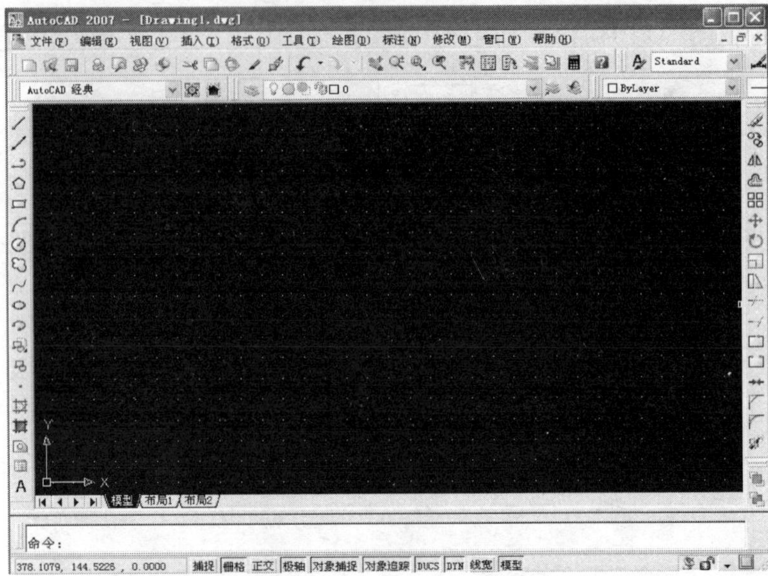

图 4-81 栅格的显示

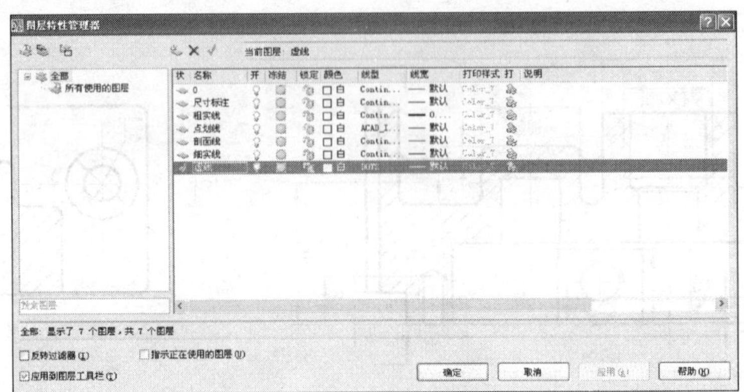

图 4-82 图层的设置

线型管理器

线型过滤器

显示所有线型

反向过滤器(I)

加载(L)... 删除

当前(C) 隐藏细节(D)

当前线型: ByLayer

线型	外观	说明
ByLayer		
ByBlock		
ACAD_ISO04W100		ISO long-dash dot
Continuous		Continuous
DOT2		Dot (.5x)

详细信息

名称(N):

说明(E):

缩放时使用图纸空间单位(U)

全局比例因子(G): 0.35

当前对象缩放比例(O): 1.0000

ISO 笔宽(P): 1.0 毫米

确定 取消 帮助(H)

图 4-83 设置全局比例因子

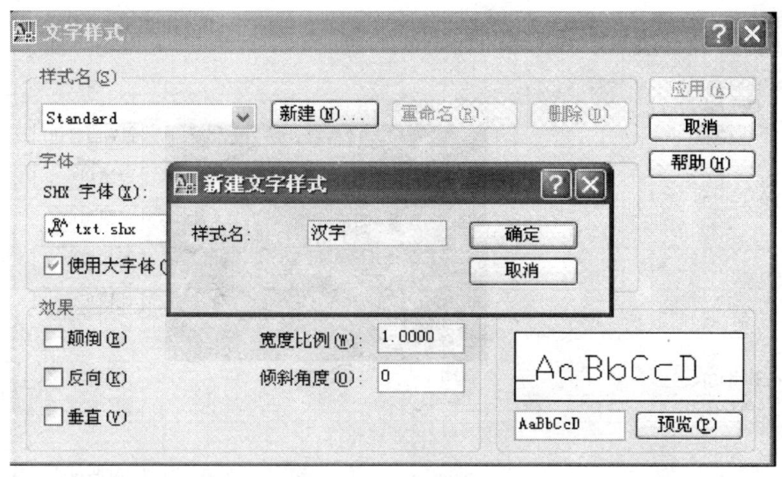

图 4-84 “文字样式”对话框

(2) 创建“数字和字母”书写样式。

1) 单击“新建”按钮，弹出“新建文字样式”对话框，在“样式名”文本框中输入文字样式名称为“数字和字母”，单击“新建”返回“文字样式”对话框。

2) 在“数字”文字样式中，选择字体的类型为 isocp.shx ，输入字体宽度比例为1.0000，倾斜角度为15，如图 4-85 所示。

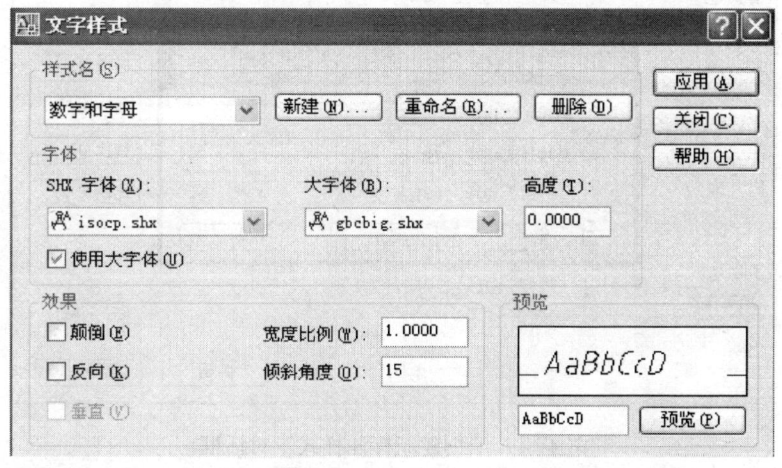

图 4-85 “数字和字母”文字样式

3) 单击“应用”按钮，完成“数字和字母”文字样式的创建。

4. 创建尺寸标注样式

根据国家规定，创建“直线”和“圆与圆弧”尺寸标注样式。

(1) 创建“直线”尺寸标注样式。

1) 单击“样式”工具栏上的按钮，弹出“标注样式管理器”对话框，如图 4-86 所示。

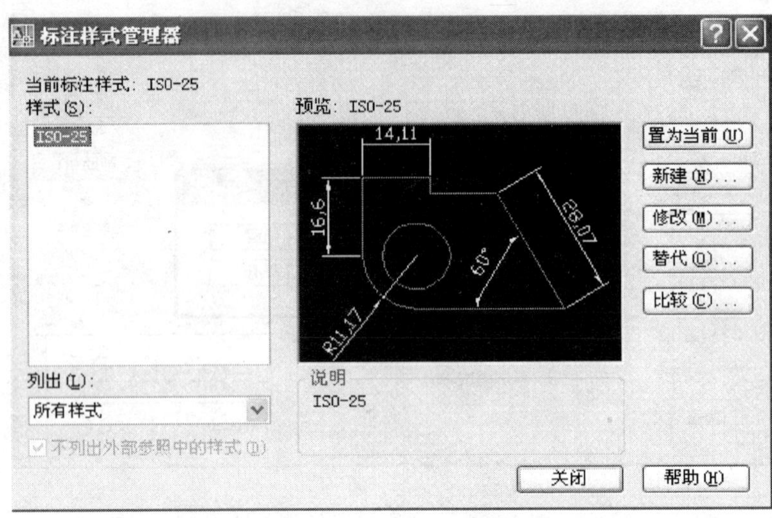

图 4-86 “标注样式管理器”对话框

2）单击“标注样式管理器”对话框中的“新建”按钮，弹出“创建新标注样式”对话框，如图 4-87 所示。

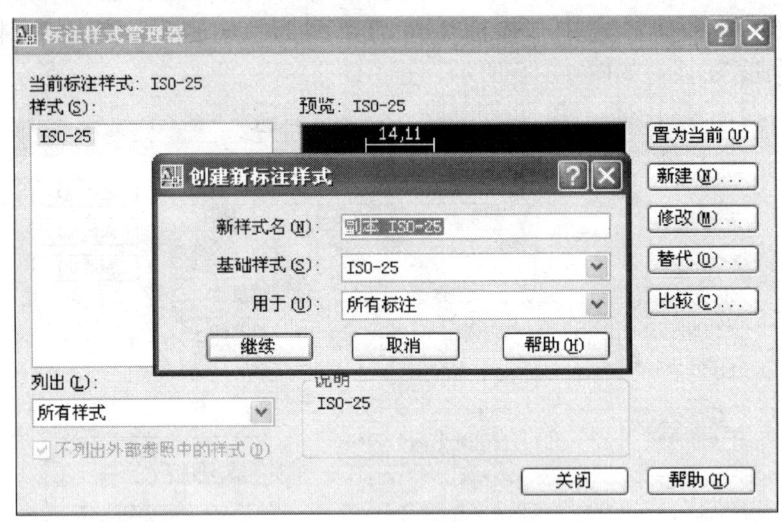

图 4-87 “创建新标注样式”对话框

3）在“新样式名”文本框中输入标注样式的名称为“直线”。

4）单击“继续”按钮，弹出“新建标注样式：直线”对话框。

5）在“新建标注样式：直线”对话框中进行参数设置，如图 4-88～图 4-92 所示。

（2）创建“圆与圆弧”标注样式。

“圆与圆弧”标注样式的创建在“直线”标注样式基础上进行，创建过程与“直线”标注样式完全相同。

1）单击“标注样式管理器”对话框中的“新建”按钮，弹出“创建新标注样式”对话框。

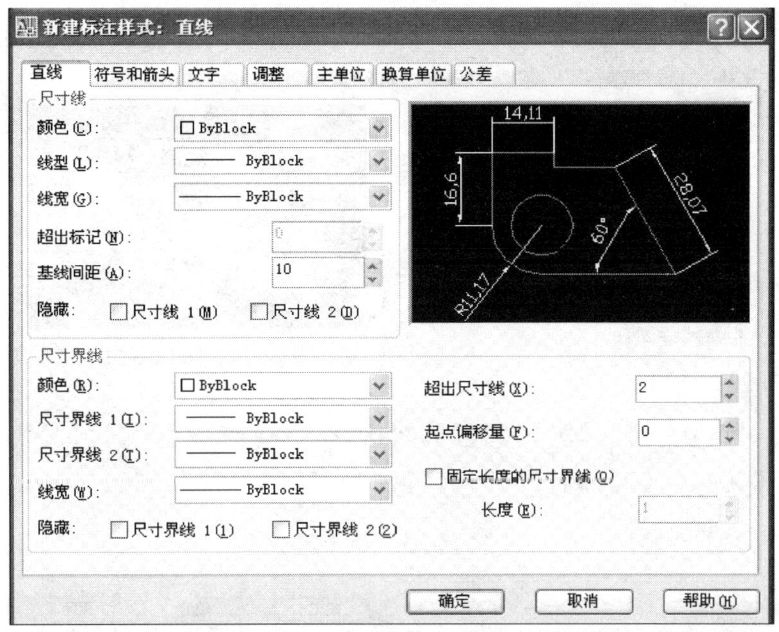

图 4 - 88　尺寸线和尺寸界线的设置

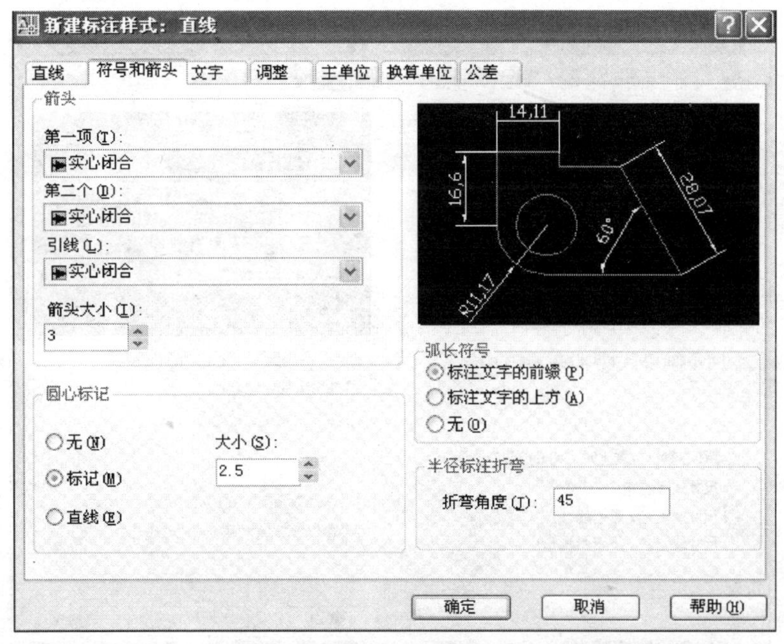

图 4 - 89　尺寸起止符号的设置

2）在“新样式名”文本框中输入标注样式的名称“圆与圆弧”。

3）单击“继续”按钮，弹出“新建标注样式：圆与圆弧”对话框。

4）“圆与圆弧”标注样式与“直线”标注样式有两处不同，只要在“直线”标注样式基础上，进行修改即可。

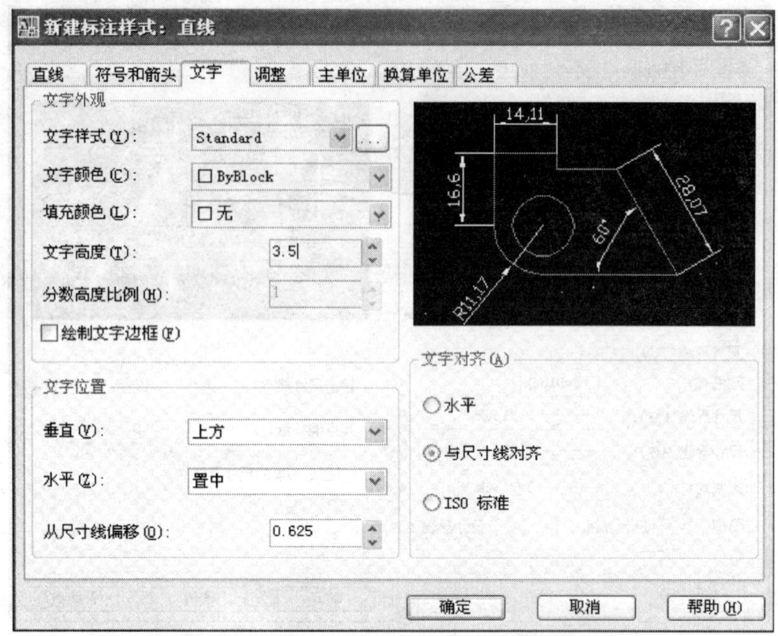

图 4-90　文字选项的设置

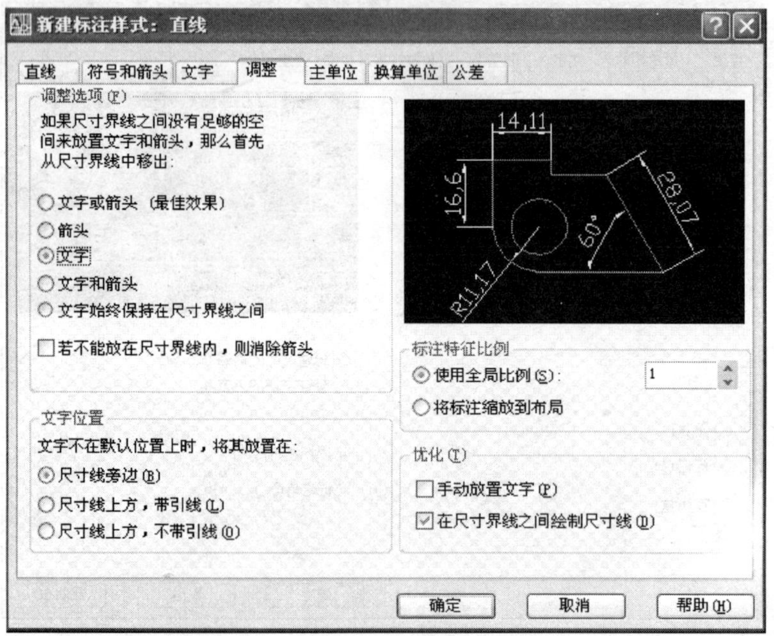

图 4-91　调整选项的设置

“文字”选项卡：在“文字对齐”选项中，选中“水平”单选按钮，如图 4-93 所示。

“调整”选项卡：在“优化”选项中，选中“手动放置文字”复选框，如图 4-94 所示。

5）单击“确定”按钮，完成创建，返回“标注样式管理器”对话框。

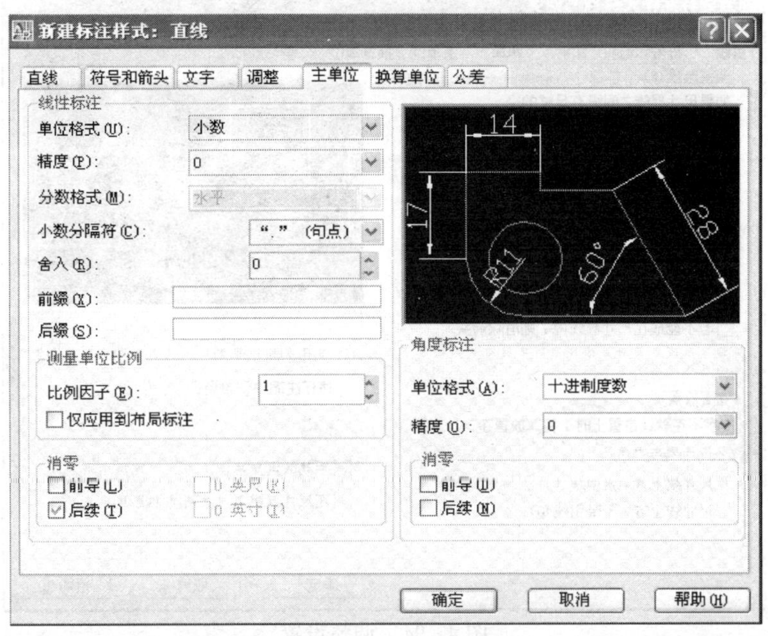

图 4-92　主单位选项的设置

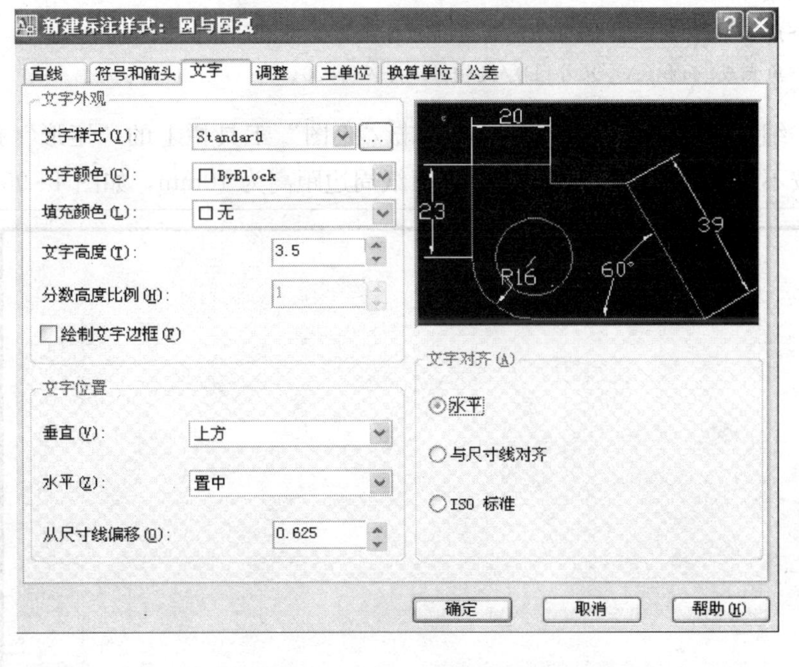

图 4-93　文字设置

（二）绘制齿轮泵泵体主要视图的基准线

（1）将“细实线”层置为当前图层，单击“绘图”工具栏上的“矩形”按钮□，绘制图纸边界线。

图 4-94 调整设置

绘制图框过程中命令行提示如下：

```
命令:_rectang
指定第一个角点或[倒角(C)/标高(E)/圆角(F)/厚度(T)/宽度(W)]:0,0↵
指定另一个角点或[面积(A)/尺寸(D)/旋转(R)]:594,420↵
```

(2) 将“细实线”层置为当前图层，单击“绘图”工具栏上的“矩形”按钮□，绘制图框。图框按不留装订边的格式绘制，A2 图纸周边距离为 10mm，如图 4-95 所示。

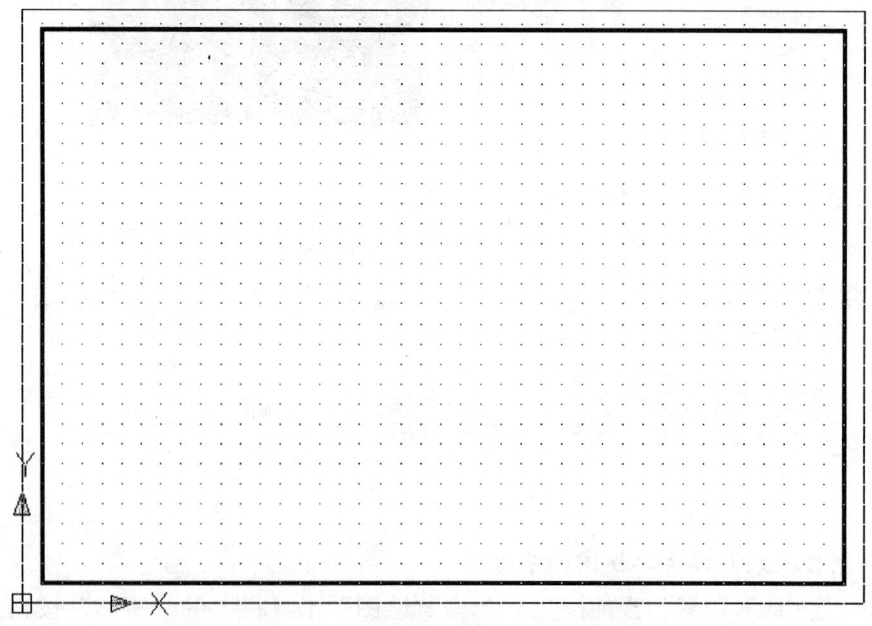

图 4-95 绘制图纸边界线和图框

绘制图框过程中命令行提示如下：

命令：_rectang
指定第一个角点或[倒角(C)/标高(E)/圆角(F)/厚度(T)/宽度(W)]：10,10↵
指定另一个角点或[面积(A)/尺寸(D)/旋转(R)]：574,400↵

(3) 单击“绘图”工具栏上的“直线”按钮，绘制标题栏，如图 4-96 所示。

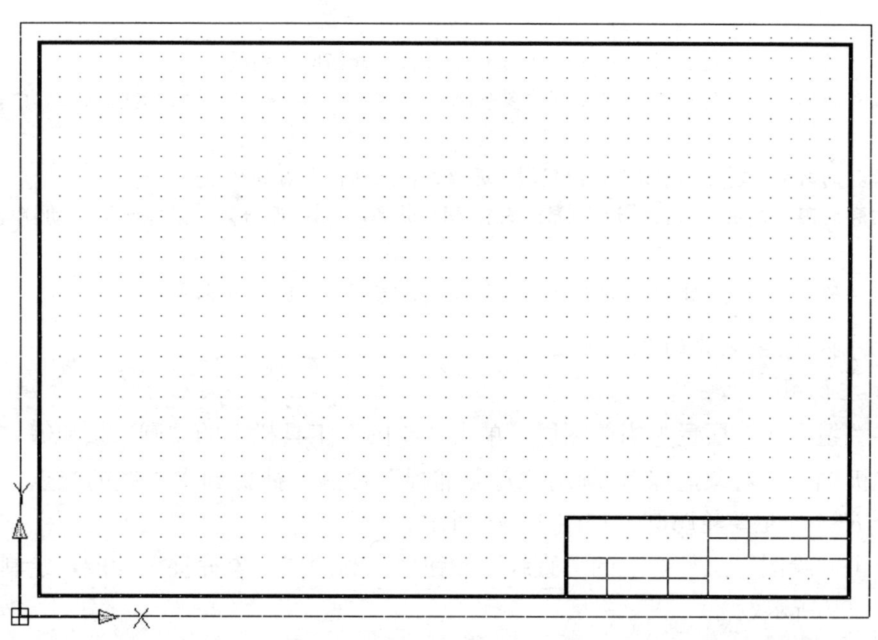

图 4-96　绘制标题栏

(4) 选择菜单栏下“文件”→“另存为”命令，将图形保存为“泵体 .dwg”的图形文件。

(5) 将“点划线”层置为当前图层，单击“绘图”工具栏上的“直线”按钮，绘制视图的基准线。

(6) 单击“修改”工具栏上的“偏移”按钮，偏移得到从动齿轮部位孔的中心线和轴线，如图 4-97 所示。

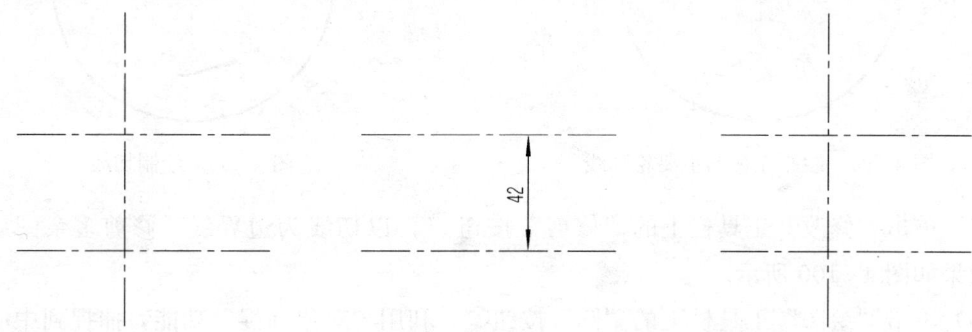

图 4-97　绘制中心线和轴线

绘制基准线中命令行内容如下：

命令：_offset

当前设置：删除源＝否　图层＝源　OFFSETGAPTYPE＝0

指定偏移距离或[通过(T)/删除(E)/图层(L)]＜通过＞：42↵

选择要偏移的对象，或[退出(E)/放弃(U)]＜退出＞：(选择横向点划线)

指定要偏移的那一侧上的点，或[退出(E)/多个(M)/放弃(U)]＜退出＞：(鼠标向下移动，单击鼠标的左键)

选择要偏移的对象，或[退出(E)/放弃(U)]＜退出＞：(选择横向点划线)

指定要偏移的那一侧上的点，或[退出(E)/多个(M)/放弃(U)]＜退出＞：(鼠标向下移动，单击鼠标的左键)

选择要偏移的对象，或[退出(E)/放弃(U)]＜退出＞：(选择横向点划线)

指定要偏移的那一侧上的点，或[退出(E)/多个(M)/放弃(U)]＜退出＞：(鼠标向下移动，单击鼠标的左键)

选择要偏移的对象，或[退出(E)/放弃(U)]＜退出＞：(按 Enter 键，结束命令)

（三）绘制齿轮泵泵体的基本视图

1. 绘制左视图

(1) 将“粗实线”层置为当前图层，单击“绘图”工具栏上的“圆”按钮，打开“对象捕捉”、“极轴”、“对象追踪”。利用“对象捕捉”功能，捕捉到中心线的交点，绘制左视图中的两个 $R38$ 的主要轮廓圆，如图 4 - 98 所示。

(2) 单击“绘图”工具栏上的“直线”按钮，利用“对象捕捉”功能，绘制两圆的切线，如图 4 - 99 所示。

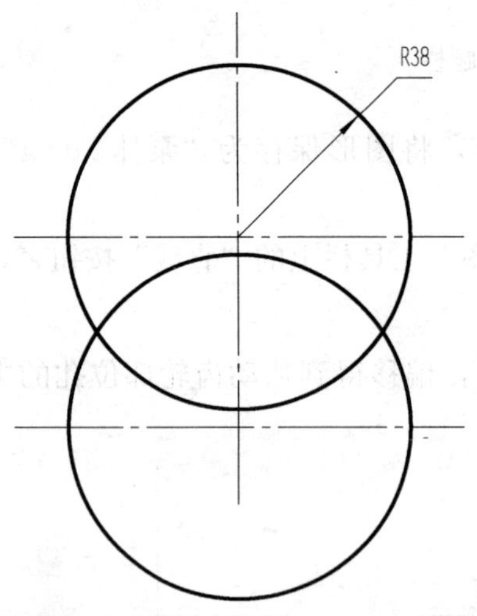

图 4 - 98　绘制左视图主要轮廓线

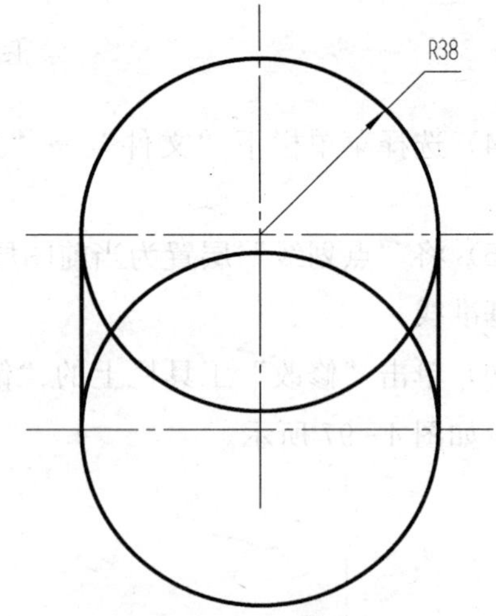

图 4 - 99　绘制切线

(3) 单击“修改”工具栏上的“修剪”按钮，以切线为边界线，修剪多余图线，修剪后效果如图 4 - 100 所示。

(4) 单击“绘图”工具栏上的“圆”按钮，利用“对象捕捉”功能，捕捉到中心线的交点，绘制左视图中 $R24$ 和 $R9$ 的圆，如图 4 - 101 所示。

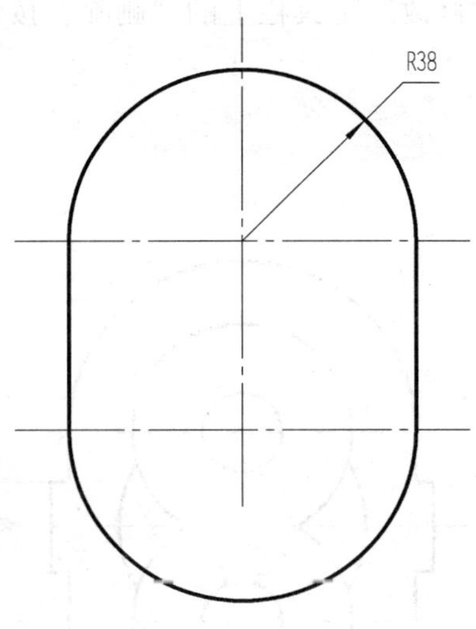

图 4-100　修剪后的图形

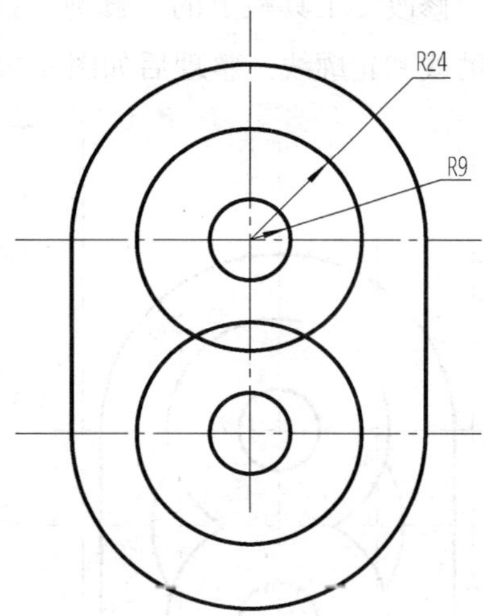

图 4-101　绘制的圆

(5) 单击“修改”工具栏上的“偏移”按钮，分别将中心线偏移，画出 7 条辅助线，如图 4-102 所示。

(6) 单击“绘图”工具栏上的“圆”按钮，利用“对象捕捉”功能，绘制齿轮泵泵体内腔的轮廓线，半径为 $R27$，如图 4-103 所示。

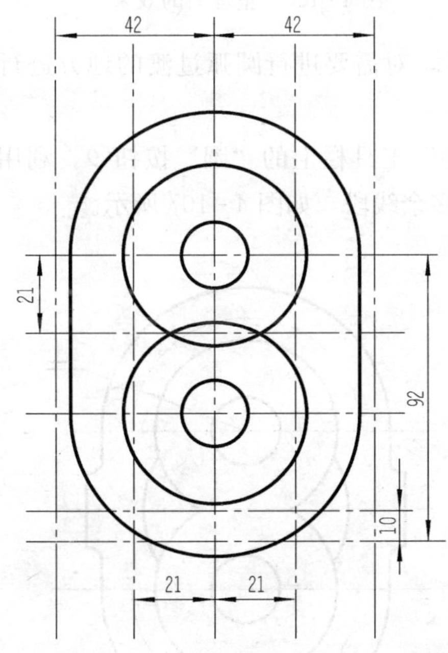

图 4-102　偏移得到的 7 条辅助线

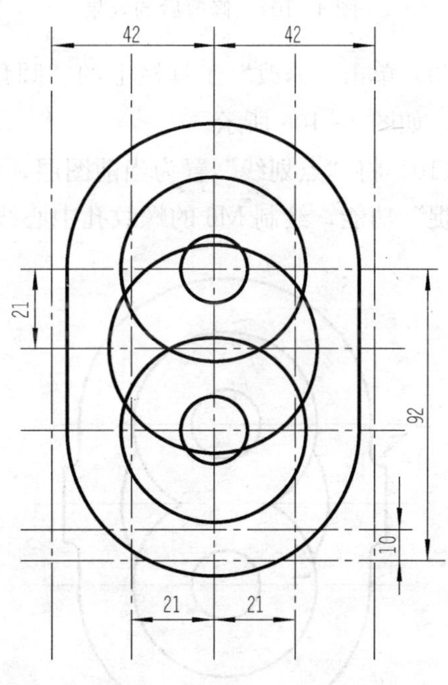

图 4-103　绘制泵体内腔轮廓线

(7) 单击“修改”工具栏上的“修剪”按钮，以轮廓线为边界线，修剪多余图线，修剪后如图 4-104 所示。

(8) 单击“绘图”工具栏上的“直线”按钮，依次画出底座与进、出油口的轮廓线；

然后单击“修改”工具栏上的“修剪”按钮和“修改”工具栏上的“删除”按钮，删去多余辅助线和轮廓线。整理后如图 4 - 105 所示。

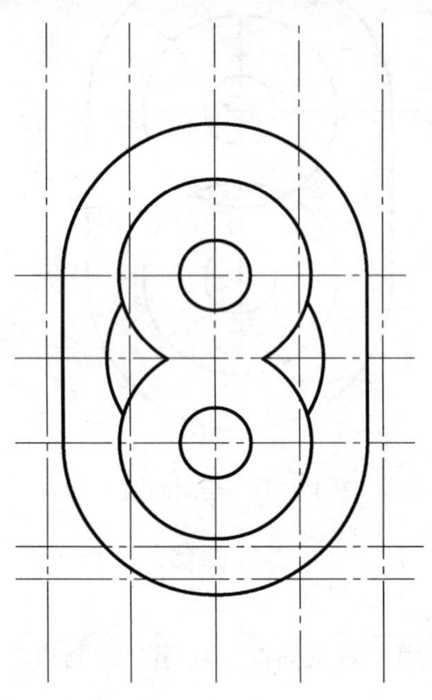

图 4 - 104 修剪后的效果

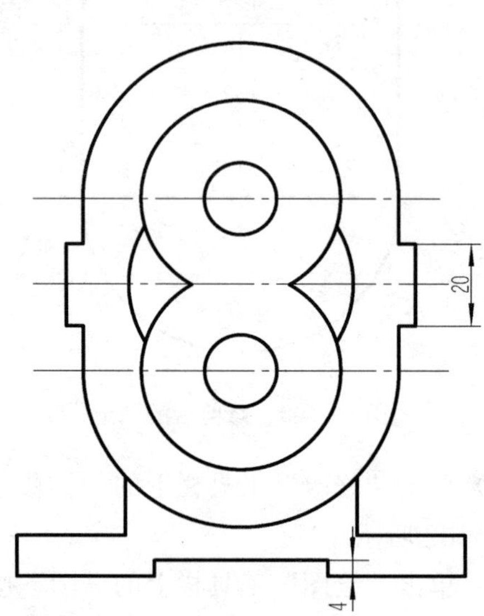

图 4 - 105 整理后的效果

(9) 单击“修改”工具栏上的“圆角”按钮，对需要进行圆弧过渡的地方进行圆角整理，如图 4 - 106 所示。

(10) 将“点划线”置为当前图层，单击“绘图”工具栏上的“圆”按钮，利用“对象捕捉”功能，绘制 M6 的螺纹孔中心线，并修剪多余线段，如图 4 - 107 所示。

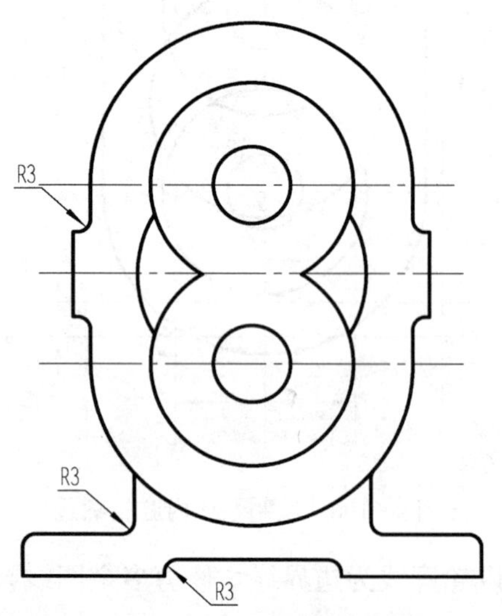

图 4 - 106 倒圆角后的效果

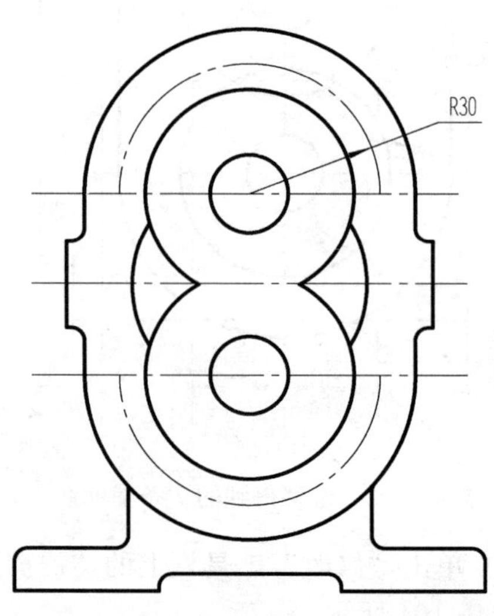

图 4 - 107 绘制出 M6 的螺纹孔中心线

（11）单击“绘图”工具栏上的“多段线”按钮，利用“极轴”功能，绘制出于垂直中心线呈45°夹角的斜线，确定ϕ5销孔的位置，如图4-108所示。

（12）单击“绘图”工具栏上的“圆”按钮，绘制出M6螺纹孔和ϕ5的销孔，单击“修改”工具栏上的“复制”按钮，绘制其他的螺纹孔，效果如图4-109所示。国家标准规定，在绘制螺纹孔时，大径（D）用细实线绘制，约3/4圆，小径（D_1）用粗实线绘制。

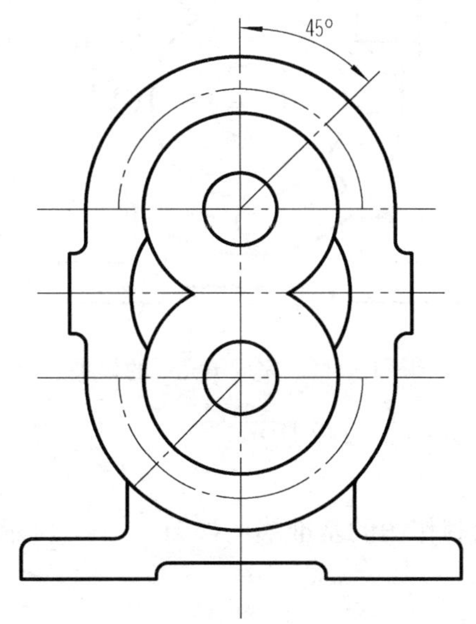

图4-108　确定销孔的位置

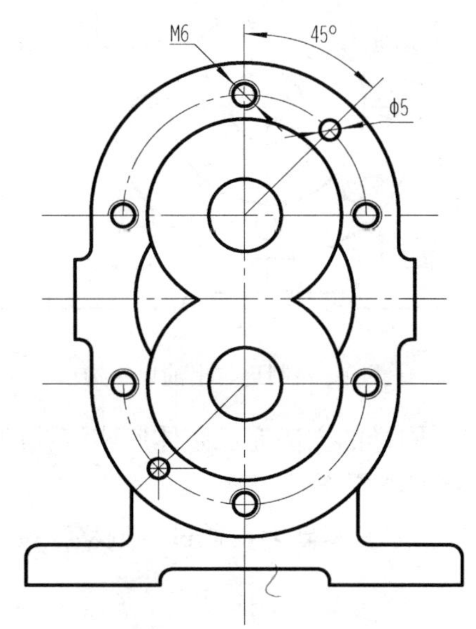

图4-109　复制后的效果图

复制过程中命令行提示如下：

命令：_copy

选择对象：找到1个（选择已经绘制螺纹孔的圆心）

选择对象：↵

指定基点或[位移(D)]<位移>：指定第二个点或<使用第一个点作为位移>：（捕捉螺纹孔位置中心线的交点）

指定第二个点或[退出(E)/放弃(U)]<退出>：（捕捉下一个螺纹孔位置中心线的交点）

指定第二个点或[退出(E)/放弃(U)]<退出>：（捕捉下一个螺纹孔位置中心线的交点）

指定第二个点或[退出(E)/放弃(U)]<退出>：（捕捉下一个螺纹孔位置中心线的交点）

指定第二个点或[退出(E)/放弃(U)]<退出>：（捕捉下一个螺纹孔位置中心线的交点）

指定第二个点或[退出(E)/放弃(U)]<退出>：↵（按Enter键，结束命令）

（13）单击“修改”工具栏上的“偏移”按钮，偏移水平中心线，确定进、出油口结构位置，绘制进、出油口结构。注意，进、出油口为内螺纹孔，绘图时要分清内螺纹的画法，螺纹大径为细实线，螺纹小径为粗实线，剖切部分用细实线。效果如图4-110所示。

（14）单击“绘图”工具栏上“图案填充”按钮，填充剖切区域，如图4-111所示。

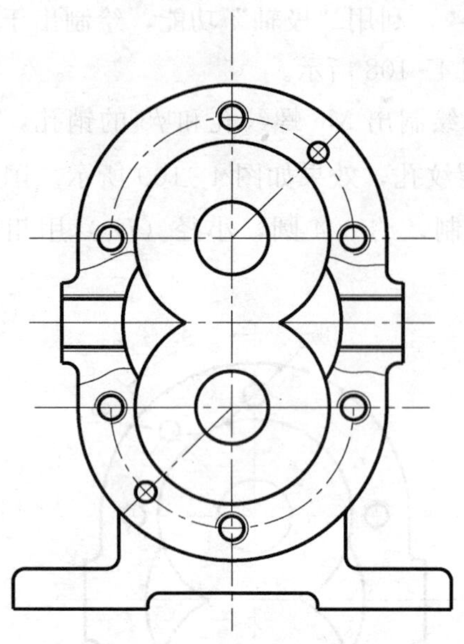

图 4-110　绘制进、出油口结构

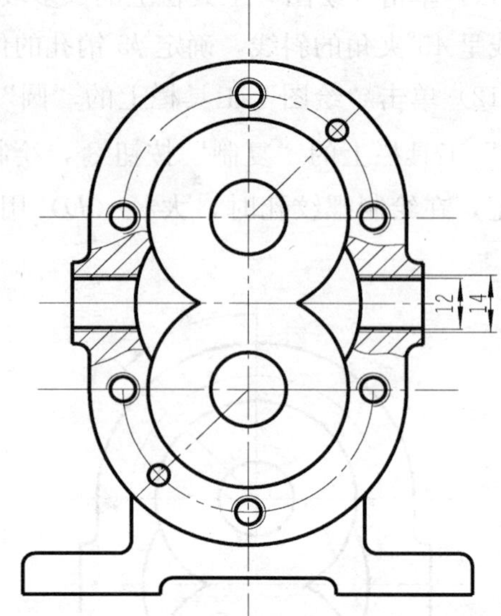

图 4-111　完成填充后的效果

（15）同样的方法完成泵体底座沉孔的结构图，如图 4-112 所示。

2. 绘制右视图

（1）在原有基础上，通过“偏移”按钮，绘制作图的基准线，如图 4-113 所示。

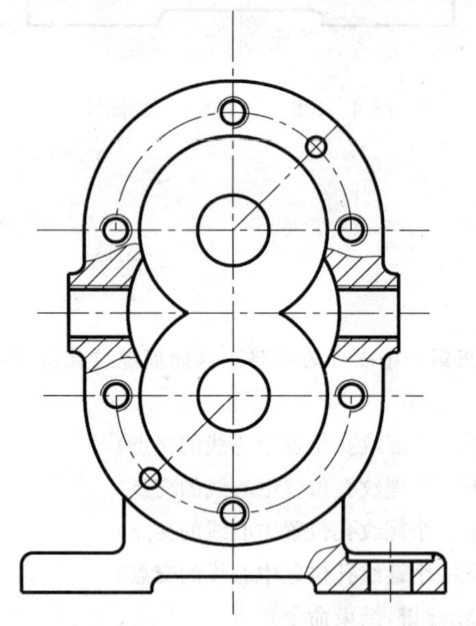

图 4-112　完成后的左视图

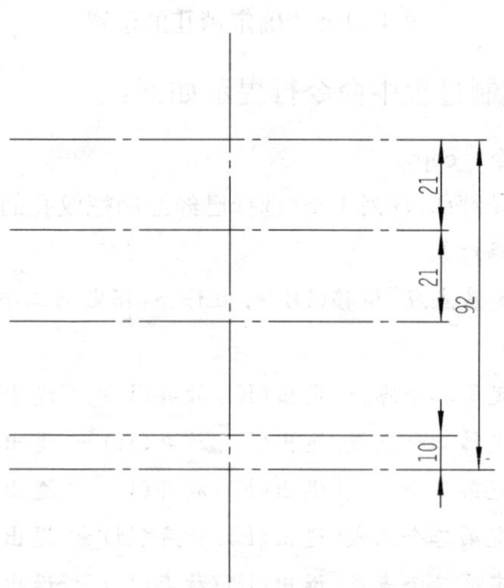

图 4-113　右视图的基准线

（2）将“粗实线”置为当前图层，单击“绘图”工具栏上的“直线段”按钮和“圆”按钮，再单击“修改”工具栏上的“偏移”按钮和“删除”按钮，绘制泵体右端的主体轮廓线，如图 4-114 所示。

（3）继续单击“绘图”工具栏上的“圆”按钮，绘制 M27 螺纹孔、$\phi18$ 圆孔及 $\phi30$ 和

$\phi40$ 的圆形，如图 4 - 115 所示。

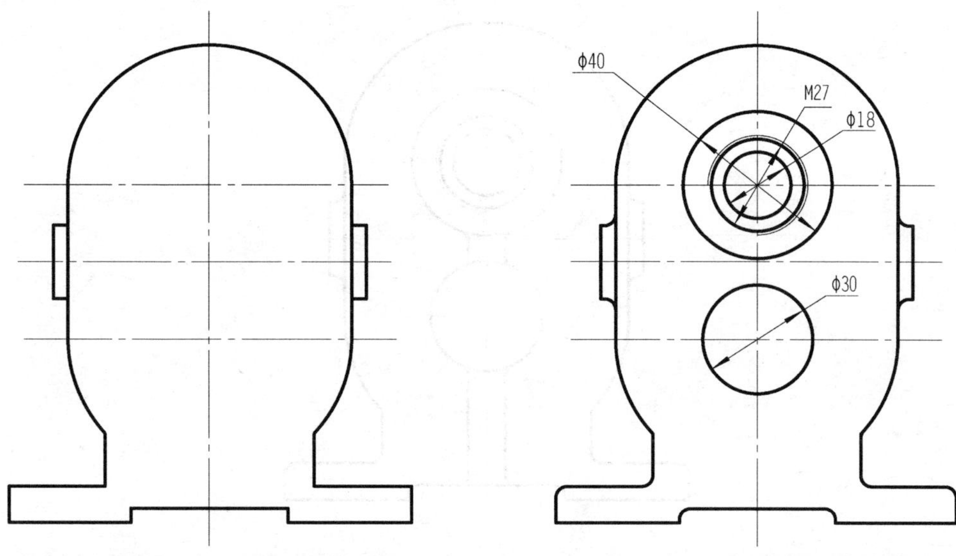

图 4 - 114　右视图的轮廓线　　图 4 - 115　绘制出螺纹孔和圆孔

（4）单击“修改”工具栏上的“偏移”按钮，偏移中心线，确定肋板的位置，如图 4 - 116 所示。单击“绘图”工具栏上的“直线”按钮，绘制出肋板的外形，然后单击“修改”工具栏上的“删除”按钮，删除辅助线，整理后结果如图 4 - 117 所示。

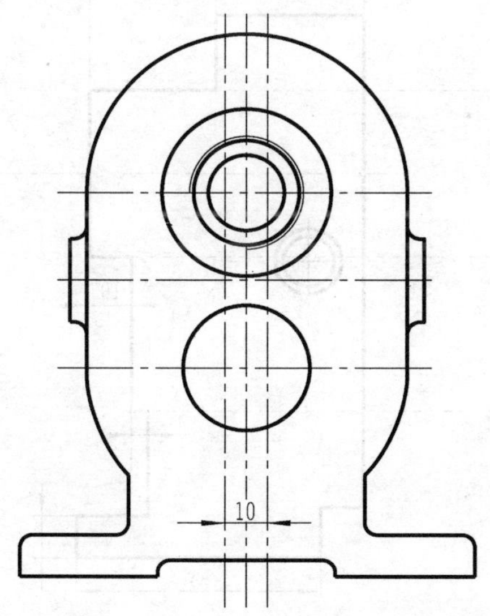

图 4 - 116　肋板偏移辅助线

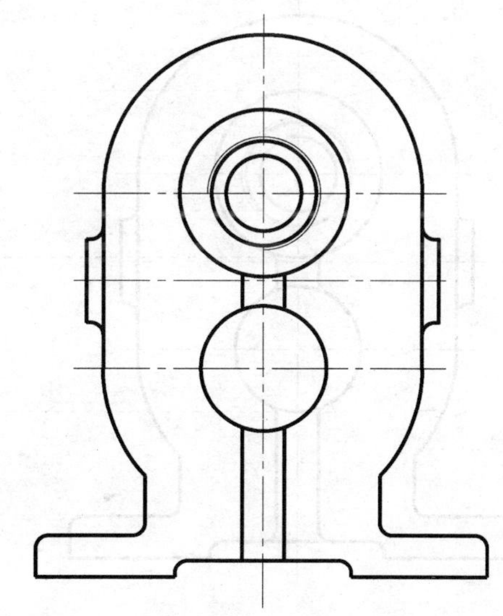

图 4 - 117　肋板整理后的效果图

（5）单击“修改”工具栏上的“圆角”按钮，对需要进行圆弧过渡的地方进行圆角整理，效果如图 4 - 118 所示。

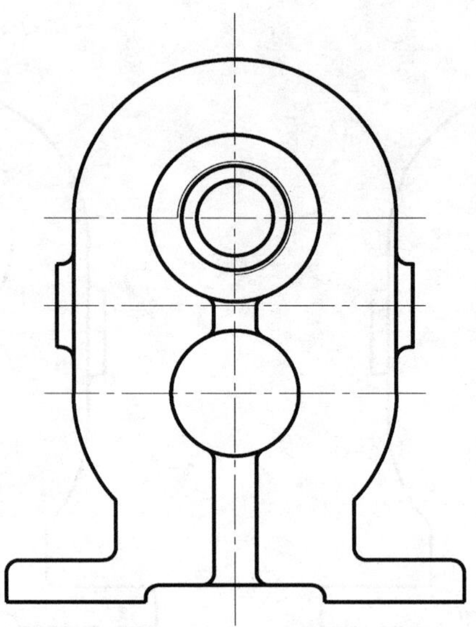

图 4-118 圆角后的效果图

3. 绘制主视图

(1) 单击“绘图”工具栏上的“直线”按钮，绘制出泵体的主体外形，如图 4-119 所示。

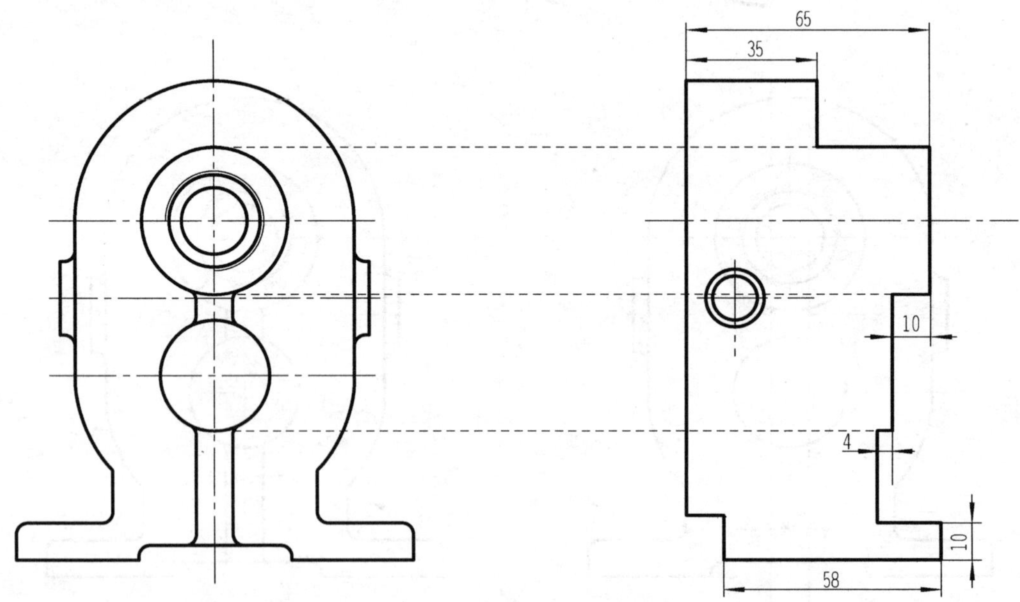

图 4-119 泵体的主体外形

(2) 单击“绘图”工具栏上的“圆”按钮，绘制出进油口凸台在主视图的投影，如图 4-120 所示。

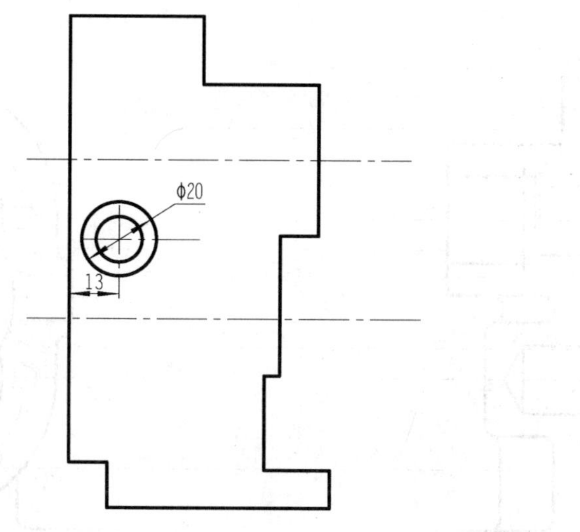

图 4-120 绘制进油口凸台的结构

4. 绘制齿轮泵泵体的剖视图

为了更好地表达出齿轮泵泵体内部结构，现将主视图改画为剖视图。

(1) 确定剖切平面的位置、绘制剖切符号、注写字母，如图 4-121 所示。

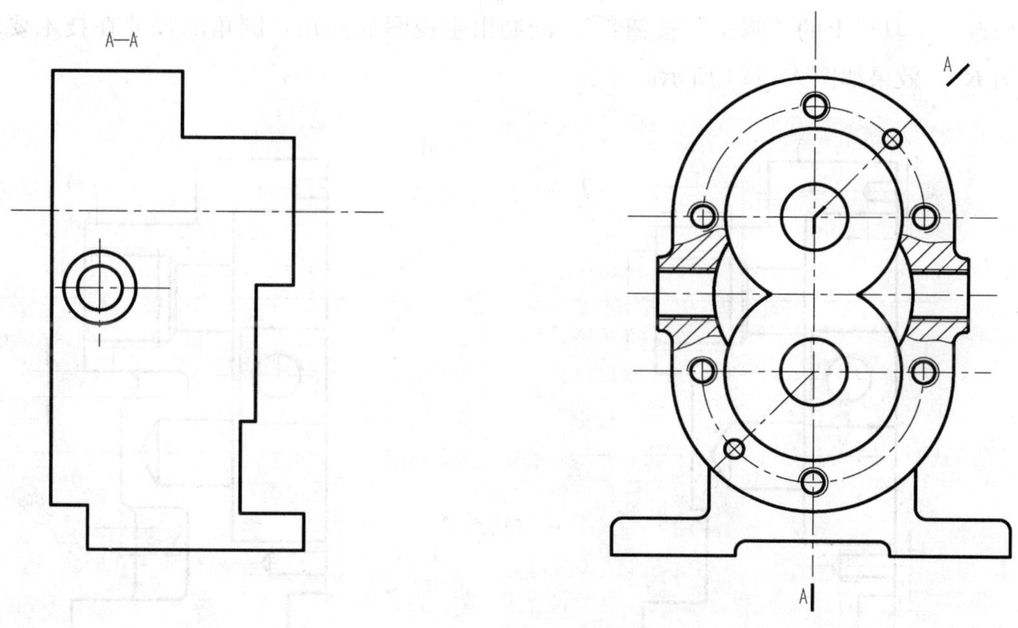

图 4-121 确定剖切位置

(2) 单击“绘图”工具栏上的“直线”按钮⟋，绘制齿轮泵泵体的内腔结构，在绘制的过程中要保证正确的投影关系，如图 4-122 所示。

(3) 继续单击“绘图”工具栏上的“直线”按钮⟋，绘制出齿轮轴孔的内部结构，该处有退刀槽、螺纹等，效果如图 4-123 所示。

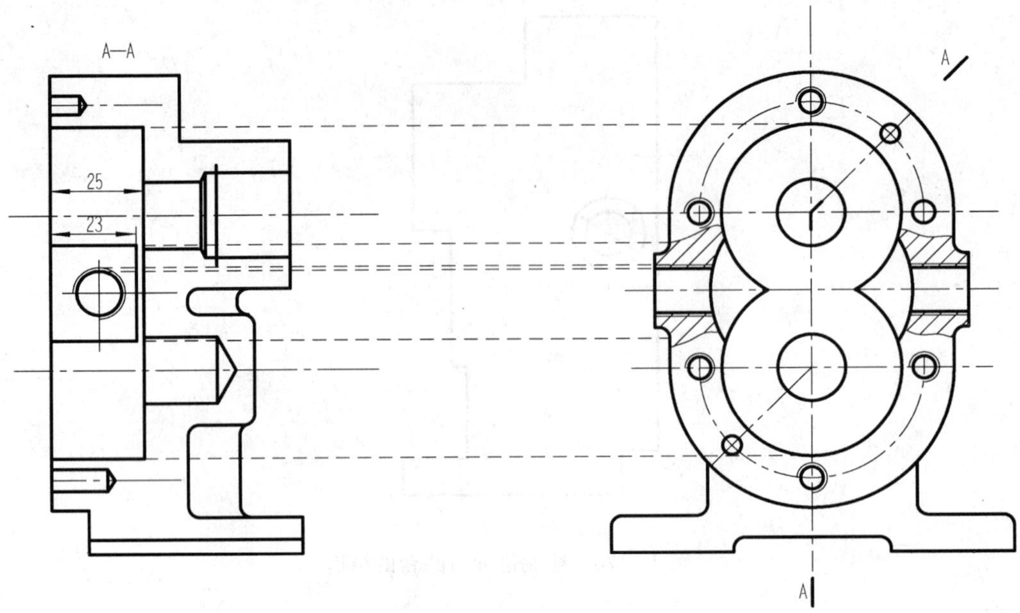

图 4 - 122 绘制泵体内腔的结构

(4) 继续单击“绘图”工具栏上的“直线”按钮，绘制出肋板宽度和底座形状。再单击“修改”工具栏上的“圆角”按钮，绘制出主视图的圆角，圆角的尺寸在技术要求中可知为 $R3$。效果如图 4 - 124 所示。

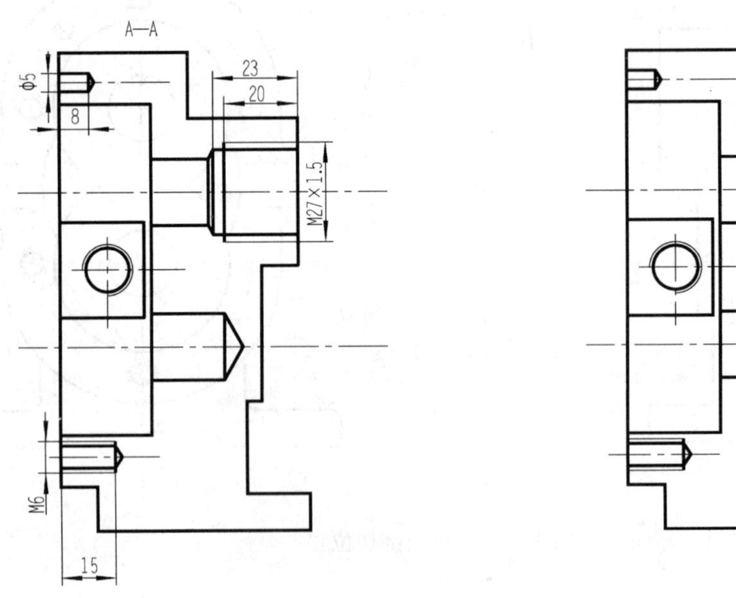

图 4 - 123 绘制螺纹孔、圆柱销孔等结构

图 4 - 124 绘制肋板和圆角

(5) 将“细实线”置为当前图层，单击“绘图”工具栏上的“图案填充”按钮，弹出“图案填充和渐变色”对话框，对主视图进行剖面线的填充。效果如图 4 - 125

所示。

5. 绘制齿轮泵底座剖视图

为了把齿轮泵底座的结构形状和尺寸表达清楚，需要绘制一个底座的剖视图来表达其结构和尺寸，剖切位置如图 4 - 126 所示。

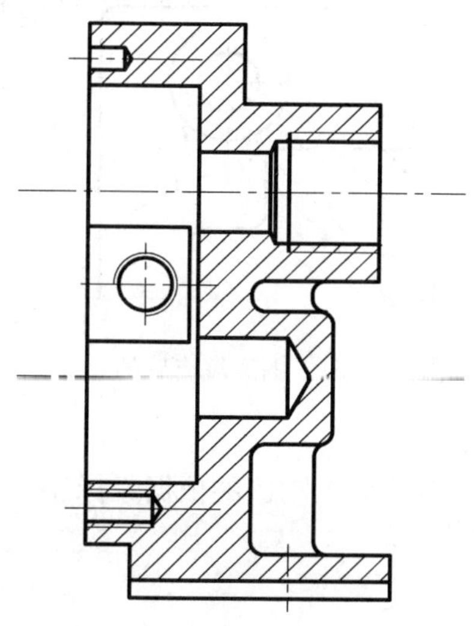
图 4 - 125　图案填充的效果

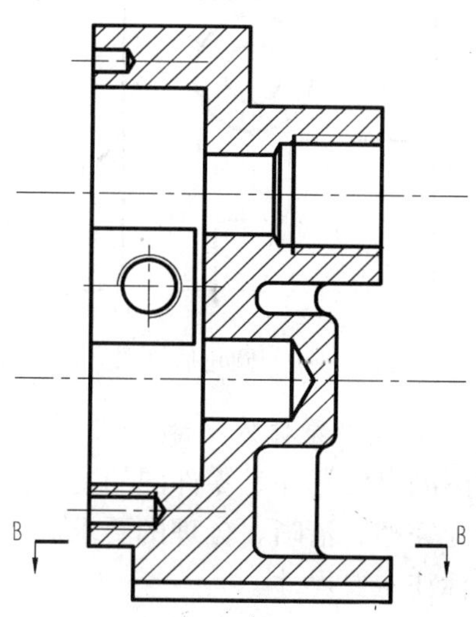

图 4 - 126　确定剖切位置

（1）将“点划线”层置为当前图层，单击“绘图”工具栏上的“直线”按钮，绘制底座的对称中心线，如图 4 - 127所示。

图 4 - 127　绘制中心线

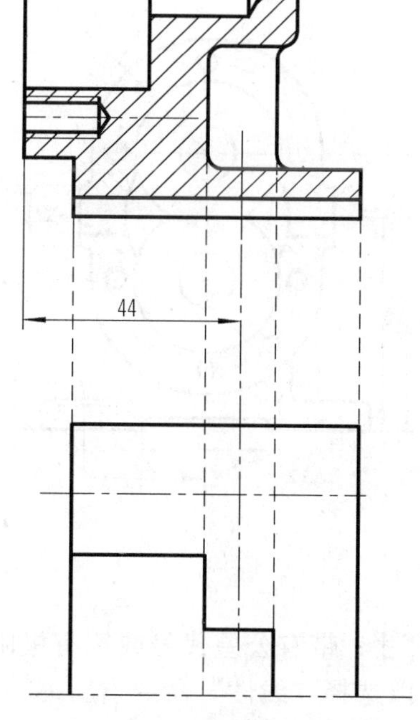

图 4 - 128　绘制底座外形图

（2）根据与主视图的投影关系绘制外轮廓线，如图 4 - 128所示。

（3）将“粗实线”置为当前图层，单击“绘图”工具栏上的“圆”按钮，绘制底座尺寸为 $\phi22$ 和 $\phi11$ 的沉孔位置，如图 4 - 129 所示。

（4）单击“修改”工具栏上的“圆角”按钮，对底座外形倒圆角，效果如图 4 - 130 所示。

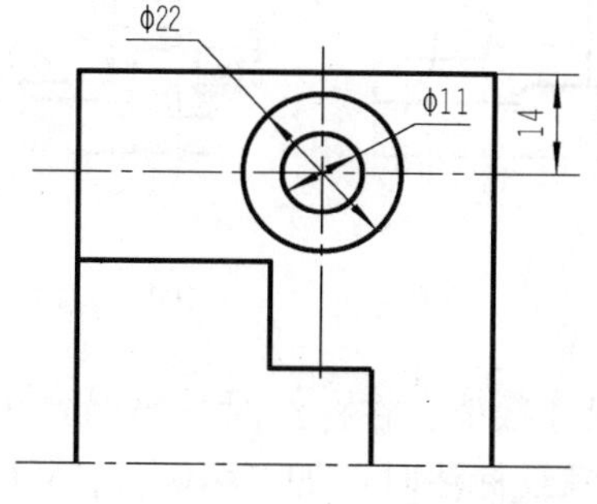

图 4 - 129　绘制沉孔

(5) 将“细实线”层置为当前层，单击“绘图”工具栏上的“图案填充”按钮，完成图案填充，效果如图 4 - 131 所示。

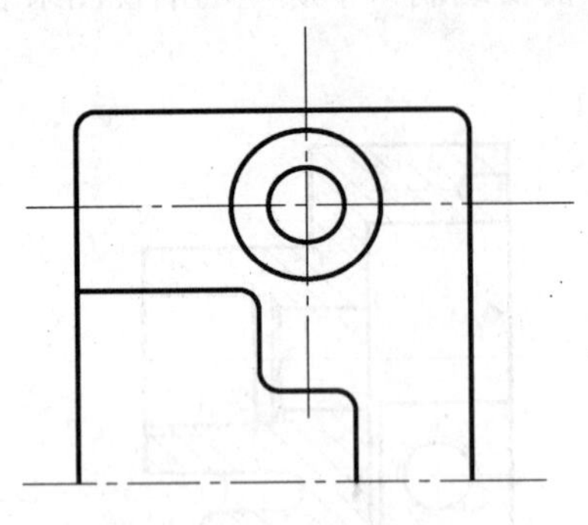

图 4 - 130 圆角后效果

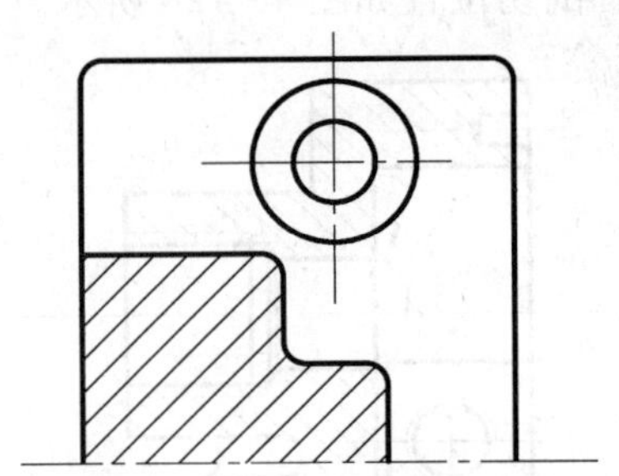

图 4 - 131 图案填充后的效果

6. 标注齿轮泵泵体的尺寸

零件图的尺寸标注是零件图的主要内容之一，是零件加工制造的依据。标注尺寸时必须满足正确、完整、清晰、合理的要求。

(1) 标注主要尺寸。

1) 将“尺寸标注”层置为当前图层，在“样式”工具栏上选择标注样式为“直线”，单击“标注”工具栏上的“线性”按钮，标注出主要尺寸，如图 4 - 132 所示。

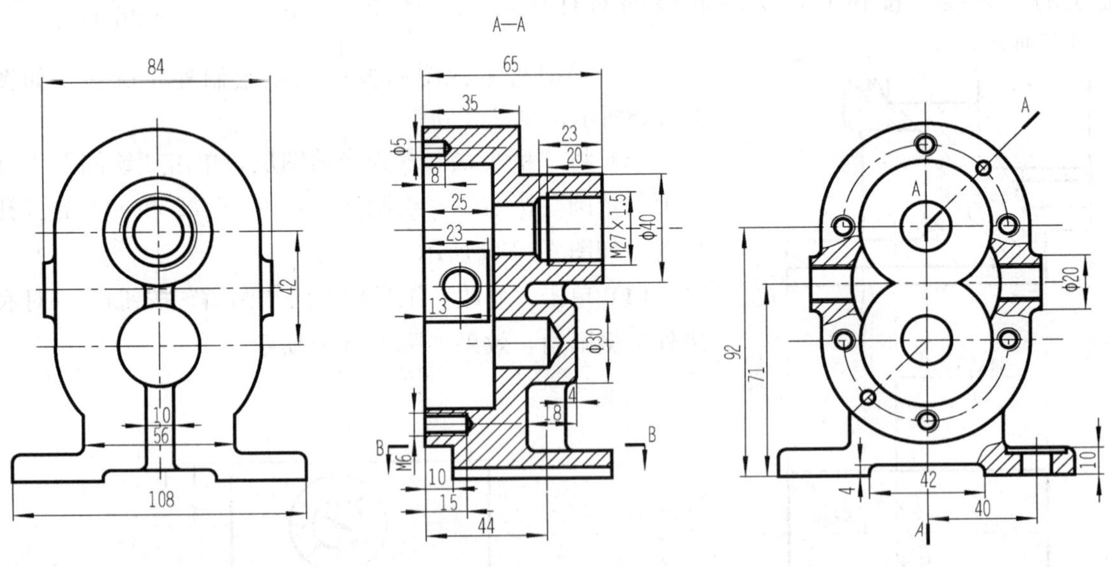

图 4 - 132 主要尺寸标注

2) 修改尺寸数值。在标注时，当遇到线性标注的直径尺寸、带有公差代号或标有极限偏差的尺寸及螺纹标注时，如“ϕ40”，“M17×1.5”等，可以选择“线性”命令重新编写，还可以通过特性窗口进行修改。

以 ϕ40 为例，命令行提示如下：

命令：_dimlinear

指定第一条尺寸界线原点或＜选择对象＞：(捕捉第一条尺寸界线起点)

指定第二条尺寸界线原点：(捕捉第二条尺寸界线起点)

指定尺寸线位置或

[多行文字(M)/文字(T)/角度(A)/水平(H)/垂直(V)/旋转(R)]：t↵

输入标注文字＜40＞：%%c40↵

指定尺寸线位置或

[多行文字(M)/文字(T)/角度(A)/水平(H)/垂直(V)/旋转(R)]：(指定尺寸线位置)

常用的特殊符号如下：

注写“ϕ”直径符号——输入“%%C”；

注写“°”角度符号——输入“%%D”；

注写“±”上下偏差符号——输入“%%P”；

注写“%”百分号——输入“%%%”。

(2) 标注其余尺寸。在“样式”工具栏上选择标注样式为“圆与圆弧”，单击“标注”工具栏上的“半径”按钮或“直径”按钮，标注其余尺寸，如图 4 - 133 所示。

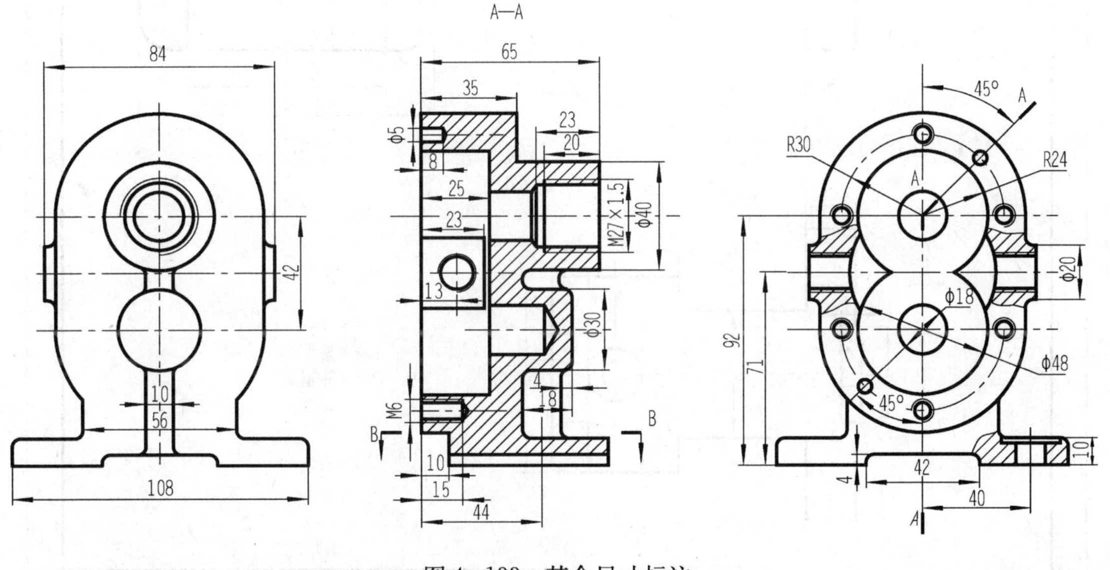

图 4 - 133　其余尺寸标注

四、巩固练习

绘制如图 4 - 134 所示的脚踏支座零件图。

五、本节自我心得

(1)________________________________

(2)________________________________

(3)________________________________

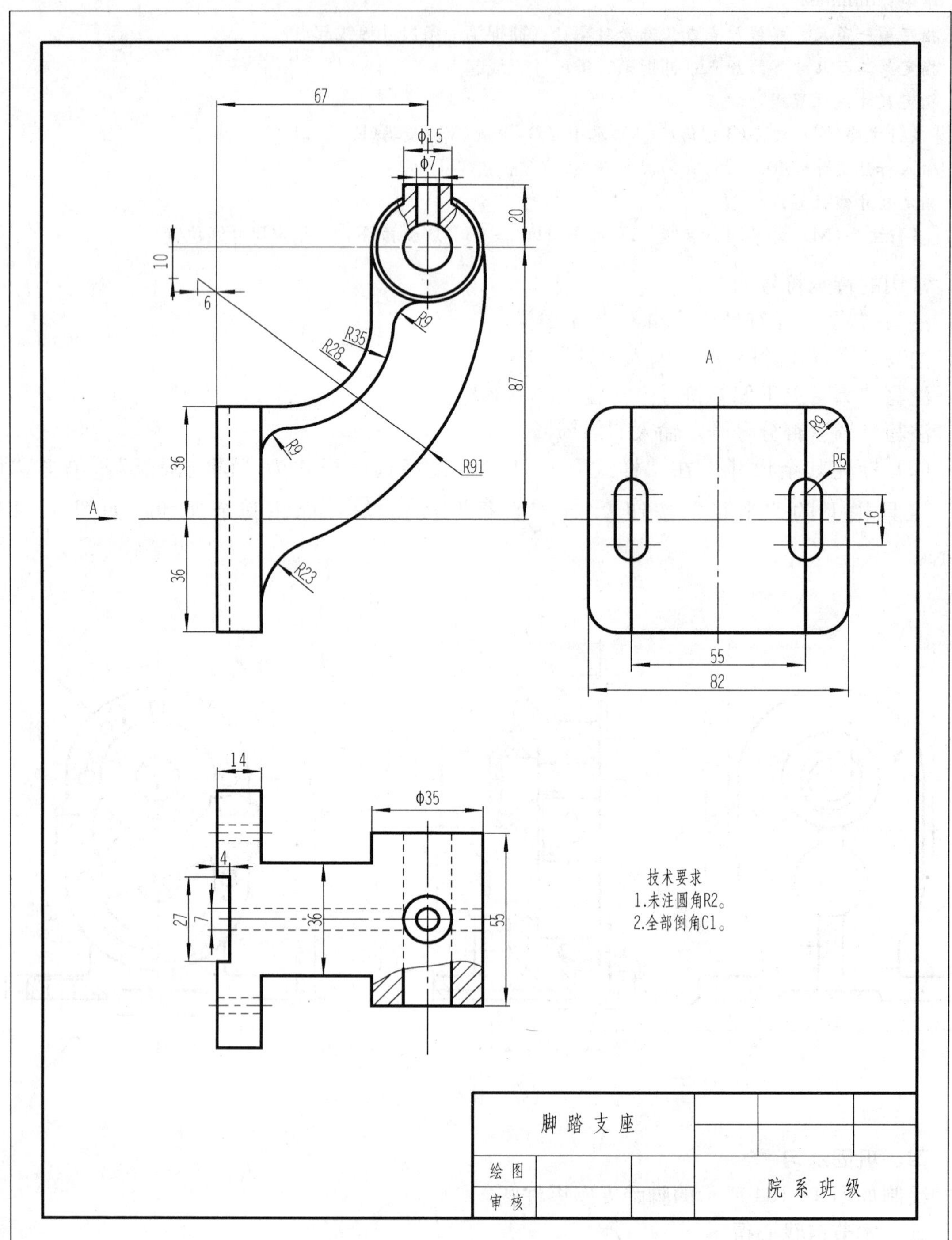

图 4-134 脚踏支座零件图

第六节　综合绘图练习

一、根据尺寸要求绘制如图 4 - 135 所示组合体的两视图。

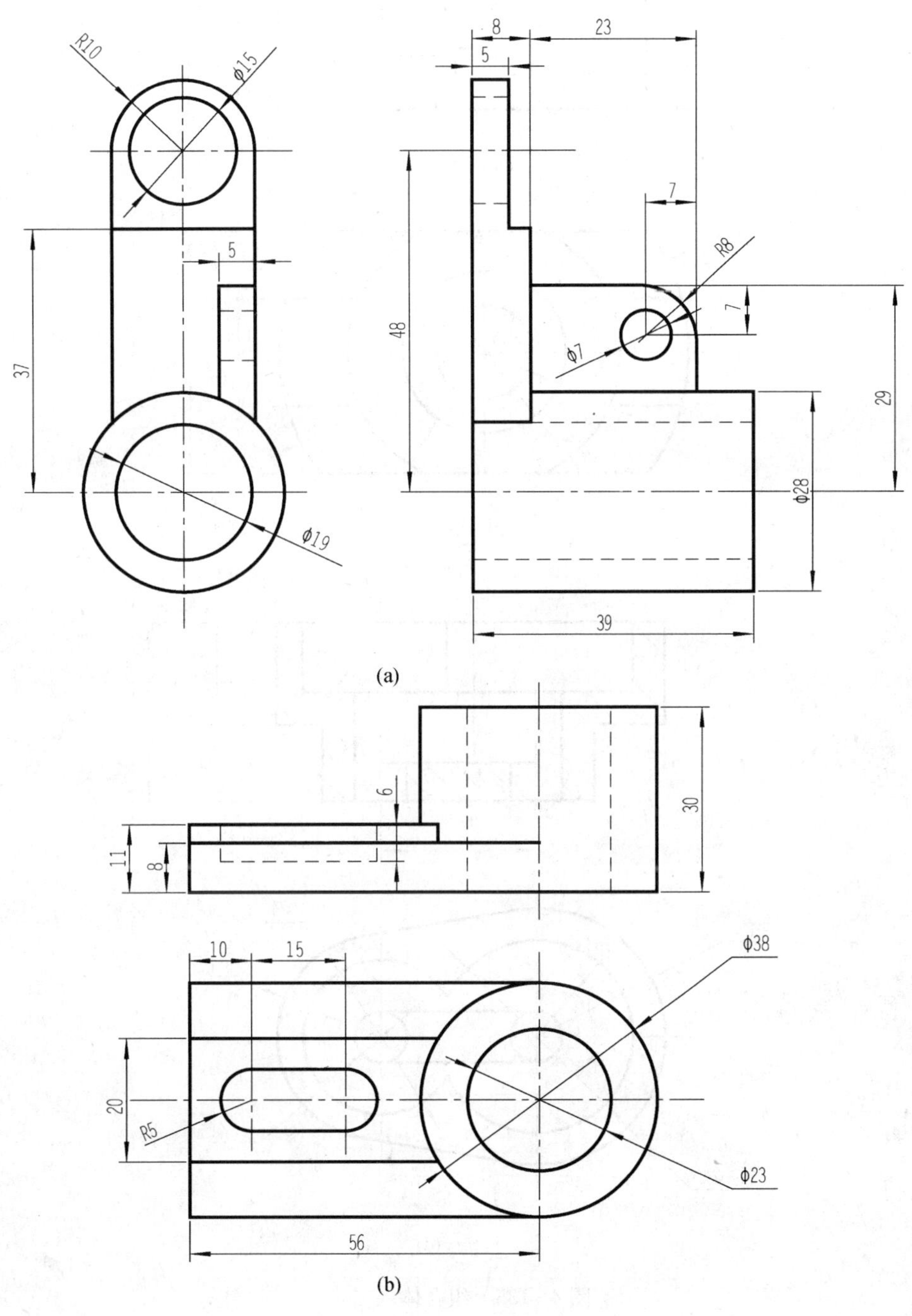

图 4 - 135　组合体（一）

30
15
8
Φ24
Φ40
Φ60
16
36
Φ14
(c)
11
11
16
28
24
R9
R20
Φ24
R16
2×Φ8
Φ30
(d)

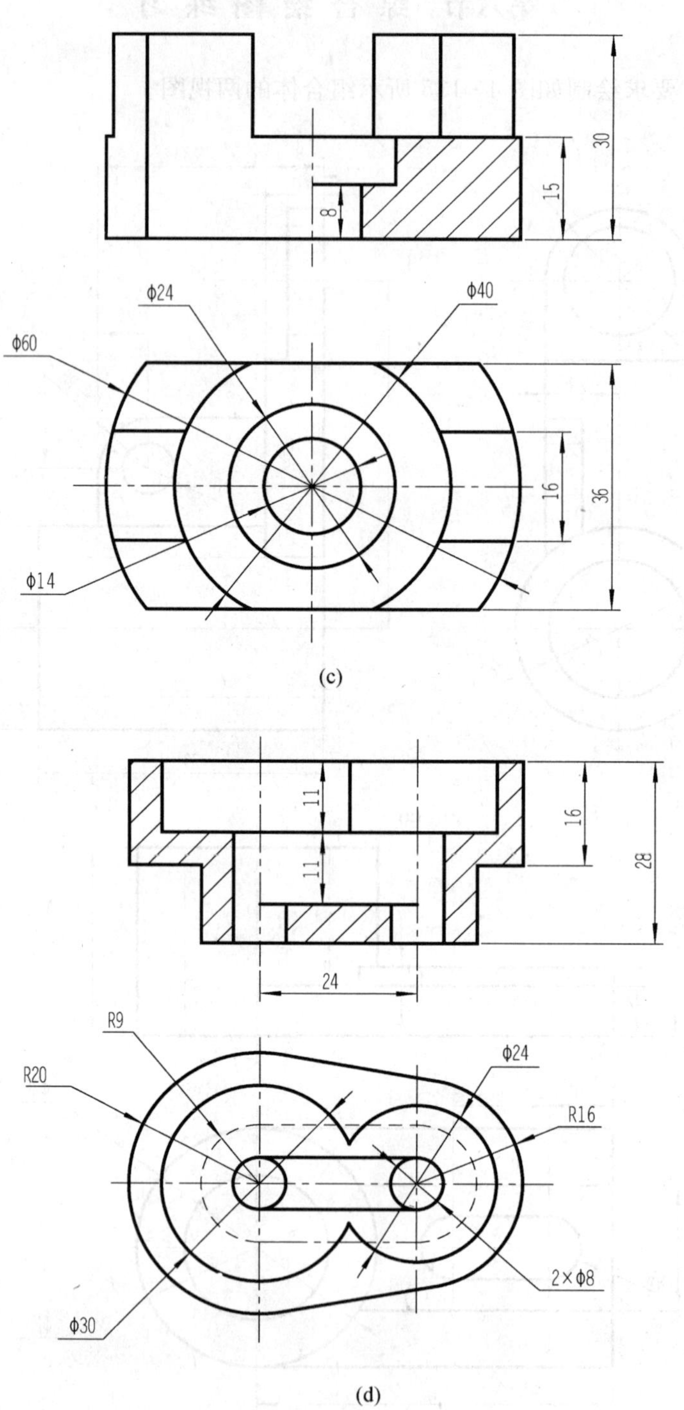

图 4-135 组合体（二）

ϕ15
8
18
28
20
13
10
13
8
3
ϕ50
R24
R18
ϕ20
ϕ11
(e)
20
8
40
20
75
54
ϕ19
ϕ36
18
2×ϕ11
15
(f)

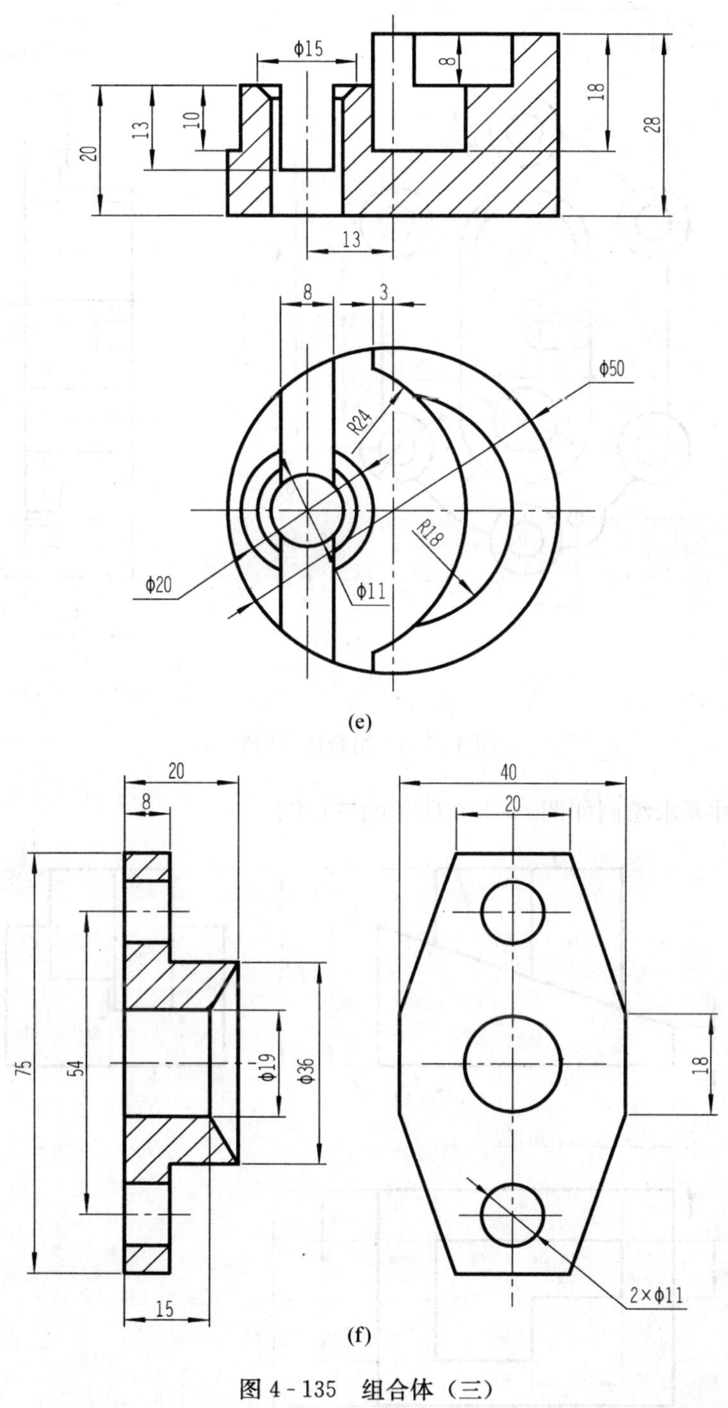

图 4-135 组合体（三）

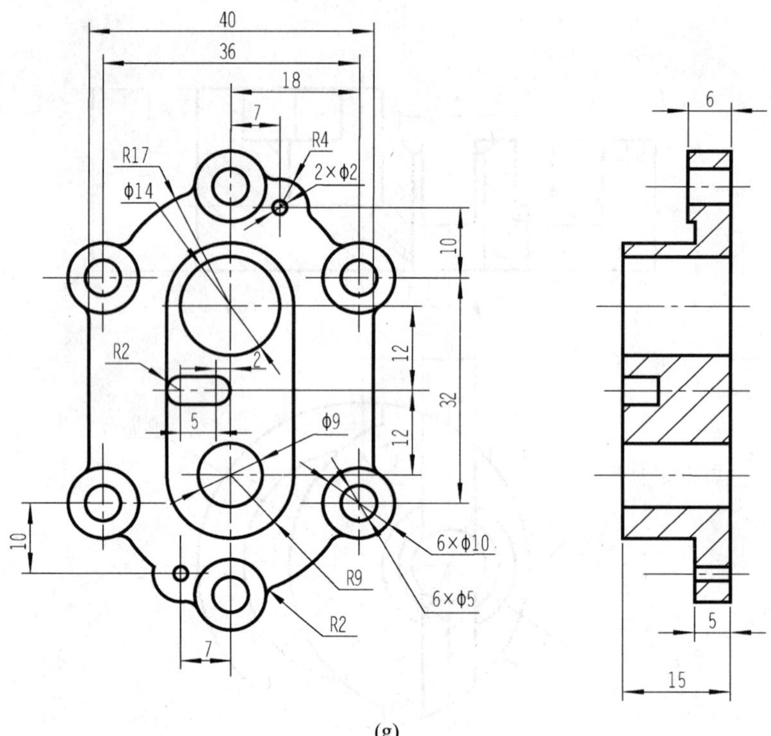

(g)

图 4-135 组合体（四）

二、根据尺寸要求绘制如图 4-136 所示的三视图。

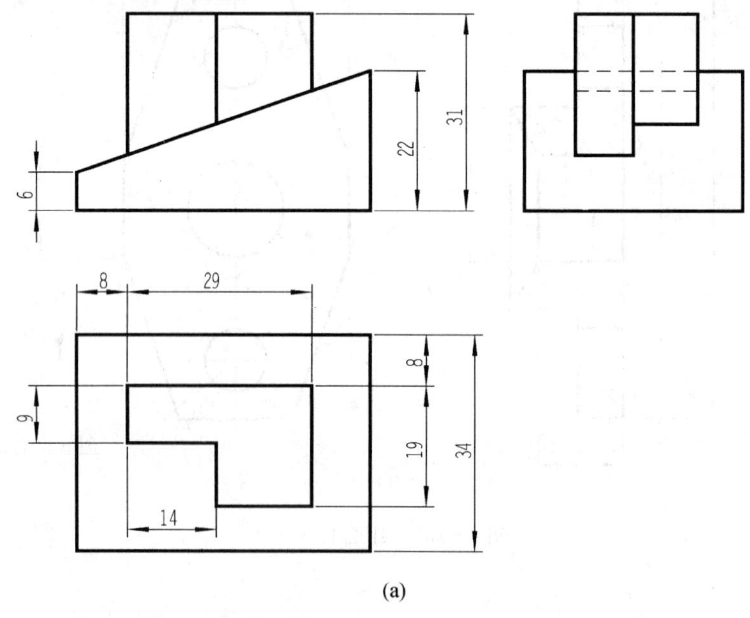

(a)

图 4-136 三视图（一）

φ32
11
11
27
22
45°
5
φ11
38
31
22
φ22
27
R6
(b)
34
24
20
10
42
R30
R20
R25
15
60
R15
3
15
50
100
11
5
80
60
40
4×φ14
4xφ6
100
(c)

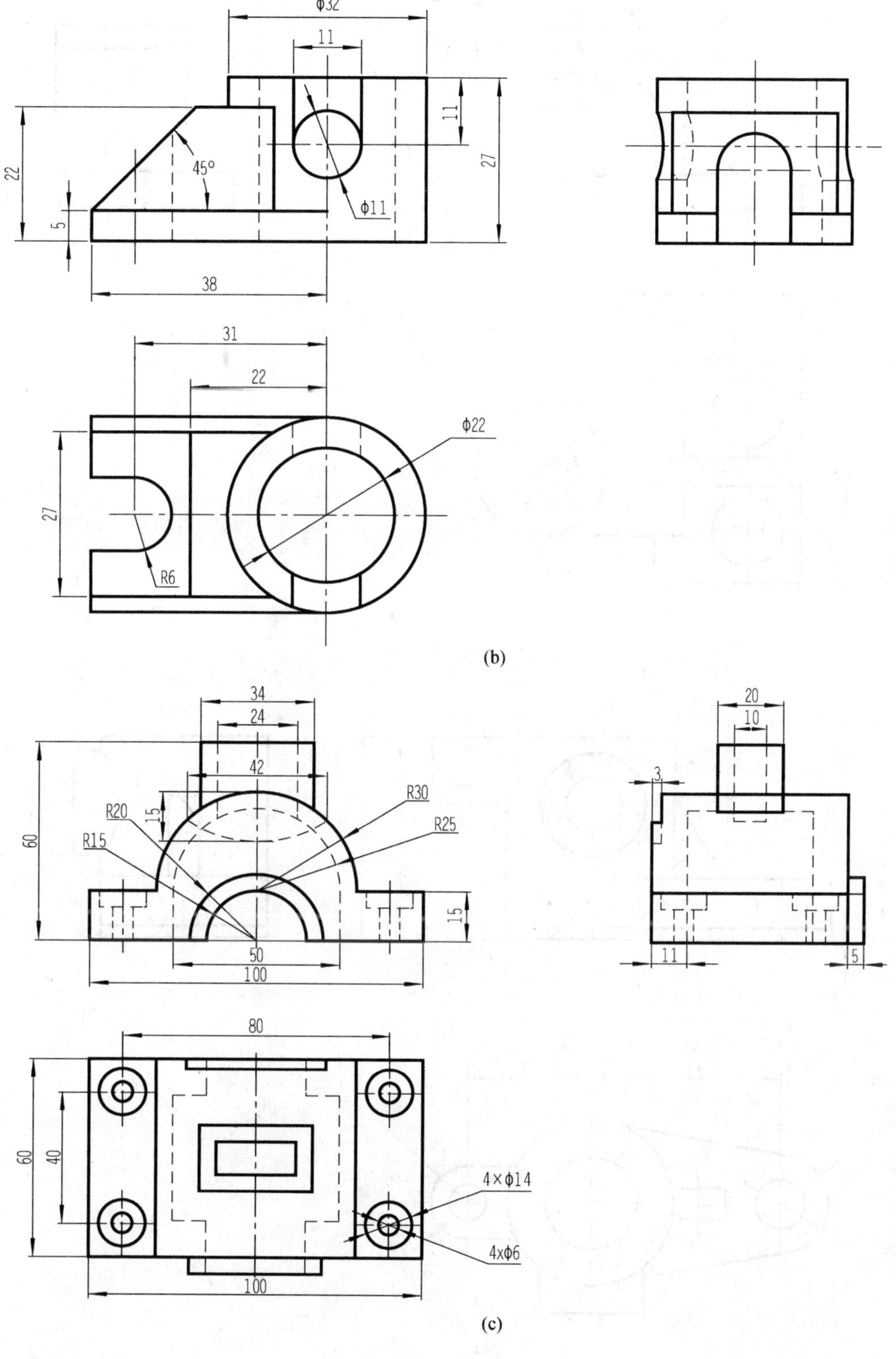

图 4-136　三视图（二）

R9
R5
4
14
31
5
6
5
25
19
16
Φ12
38
20
Φ22
(d)
22
18
8
13
8
2
33
22
Φ9
Φ17
Φ15
Φ27
31
20
R8
R6
5
Φ8
Φ6
(e)

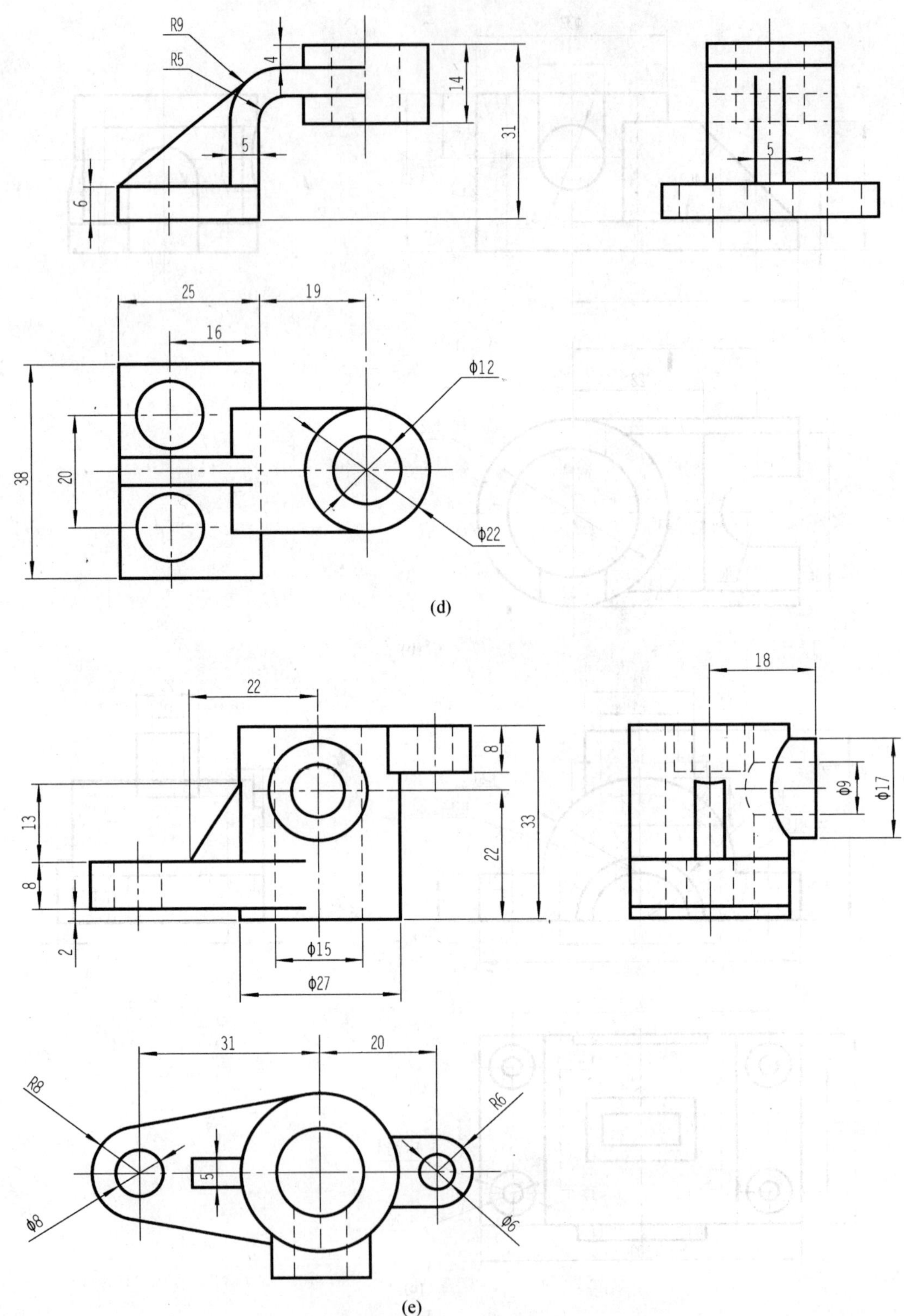

图 4 - 136 三视图（三）

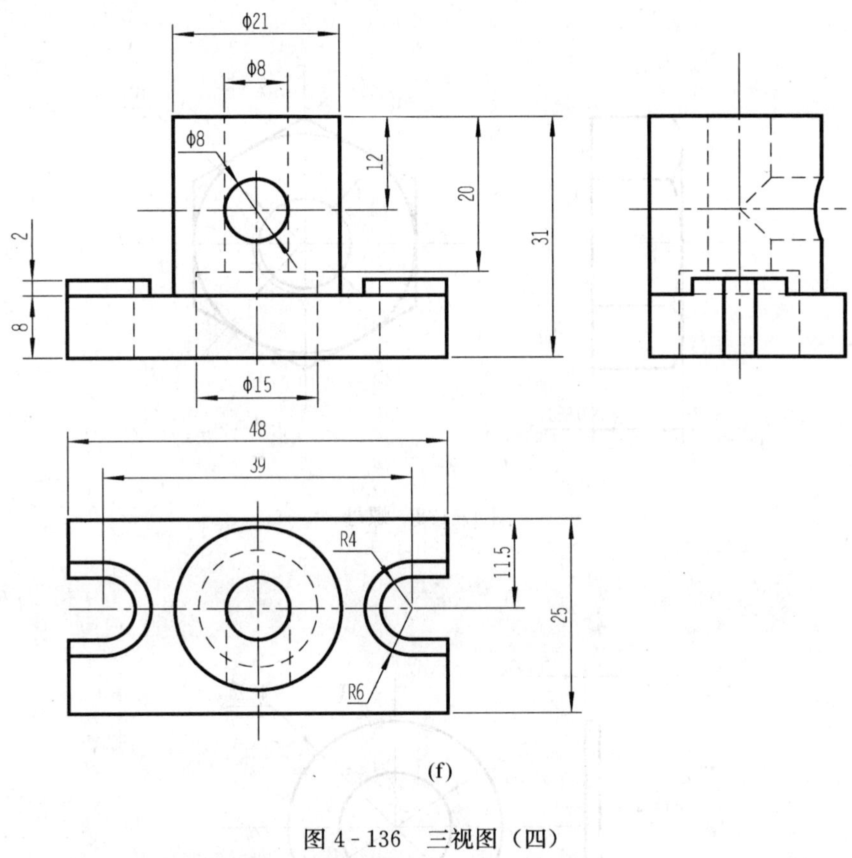

(f)

图 4-136　三视图（四）

三、根据尺寸要求绘制如图 4-137～图 1-143 所示的零件图。

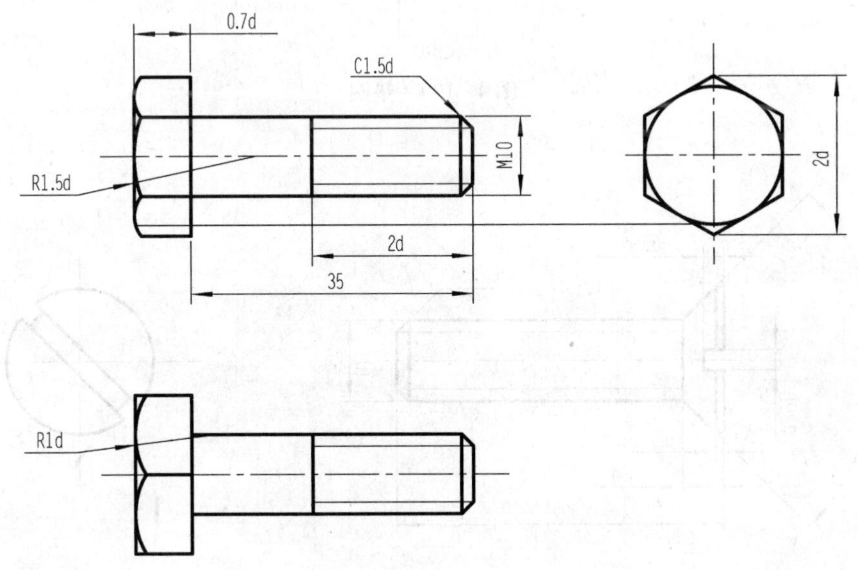

图 4-137　螺栓

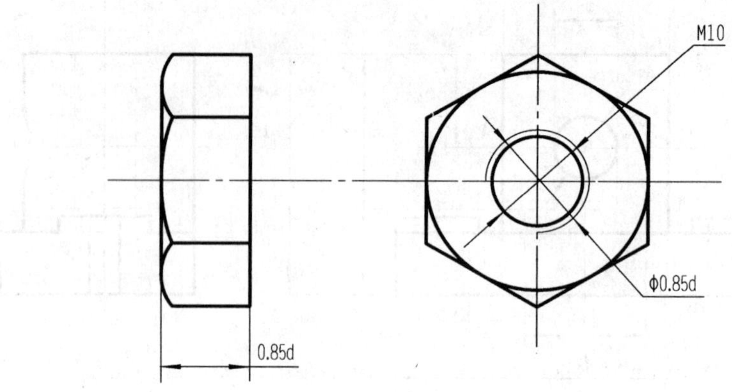

图 4-138 螺母

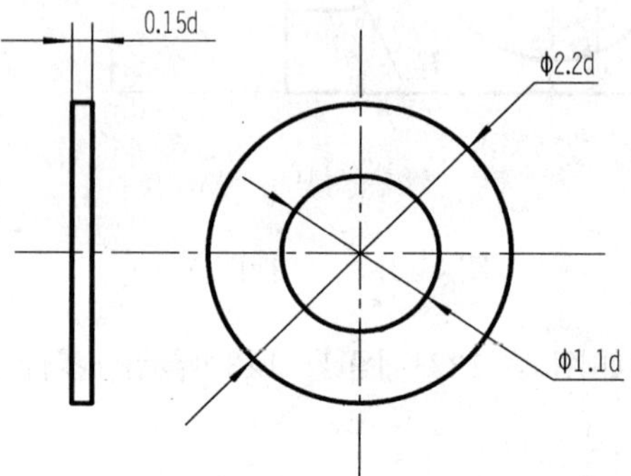

图 4-139 垫圈

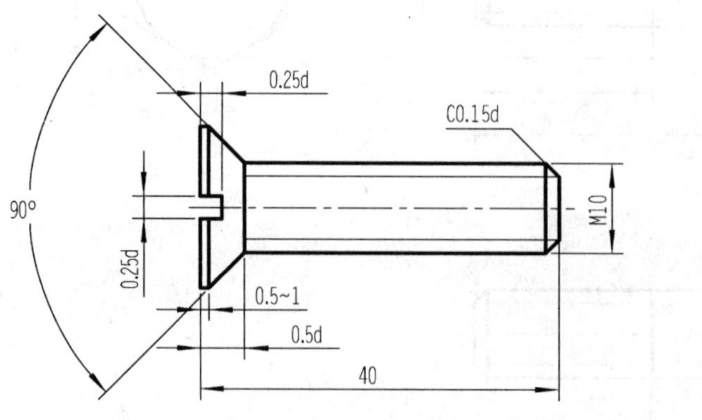

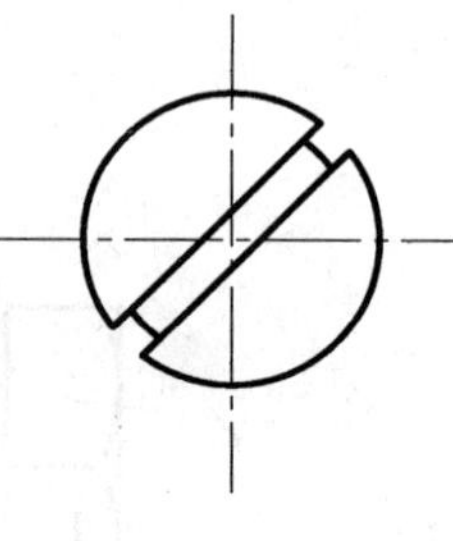

图 4-140 螺钉

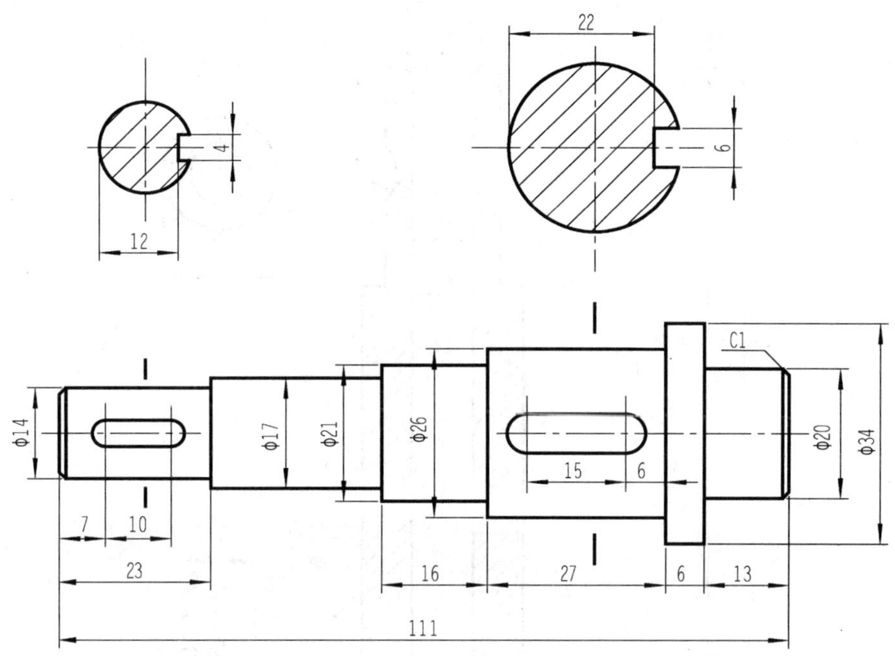

图 4-141　简单轴

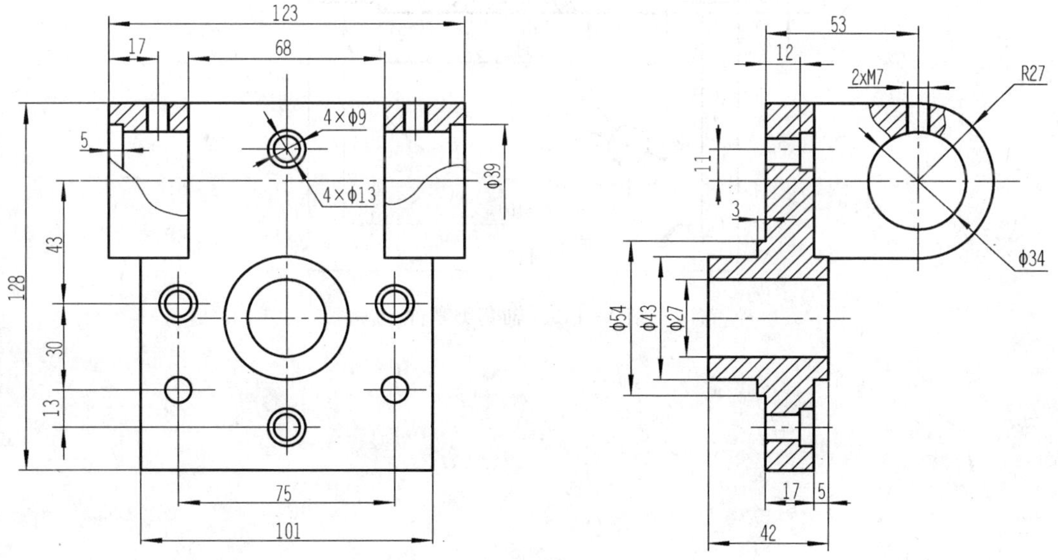

图 4-142　绘制叉架类零件

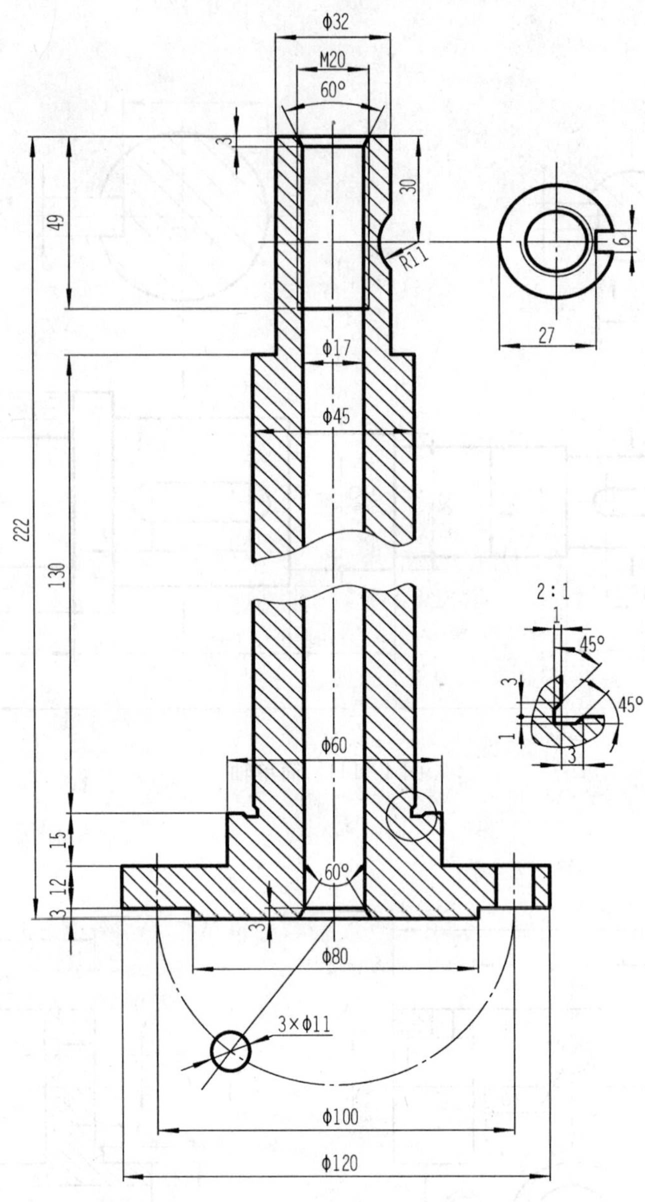

Φ32
M20
60°
3
30
49
R11
6
27
Φ17
Φ45
222
130
2:1
1
45°
3
45°
1
3
Φ60
15
12
3
60°
3
Φ80
3×Φ11
Φ100
Φ120

图 4-143 轴套类零件

模块五 三维实体建模基础

三维实体造型是客观物体的三维图形，它是一个真实的实体。AutoCAD 系统可以生成基本的三维实体，也可以通过对二维图形的拉伸、旋转等生成三维实体，还可以对三维实体进行“交”、“并”、“差”等布尔运算，而构成复合实体。

第一节 基本三维实体造型

本节将以长方体为例，进行基本三维实体造型。长方体、圆锥体、圆柱体、球体、圆环体等都属于基本三维实体，对于这些基本体，可直接利用系统中的命令造型。

一、本节任务

掌握在基本实体的基础上，有孔、槽、凸台等结构的画法。

二、本节重点

在基本实体的基础上，有孔、槽、凸台等结构的画法。

三、任务实施

根据如图 5-1 所示的长方体实体，进行三维造型。

1. 设置三维绘图环境

选择菜单栏下“视图”→“三维视图”→“西南等轴侧”命令，启动三维视图。

2. 画长方体

```
命令：_box
指定第一个角点或[中心(C)]：<正交开>0,0,0↵
指定其他角点或[立方体(C)/长度(L)]：l↵
指定长度：200↵
指定宽度：100↵
指定高度或[两点(2P)]：70↵
```

此命令完成后如图 5-2 所示。

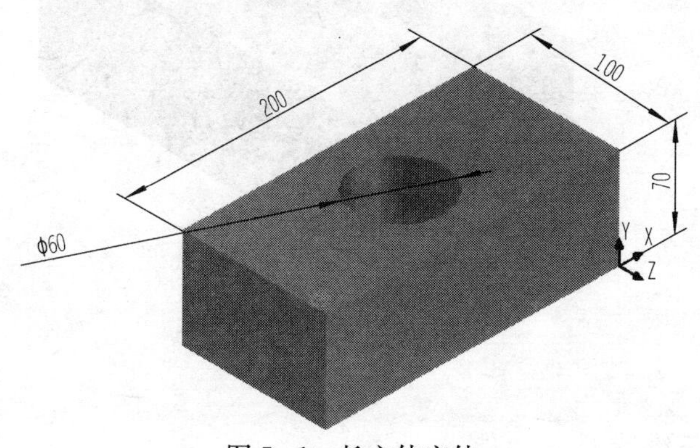

图 5-1 长方体实体

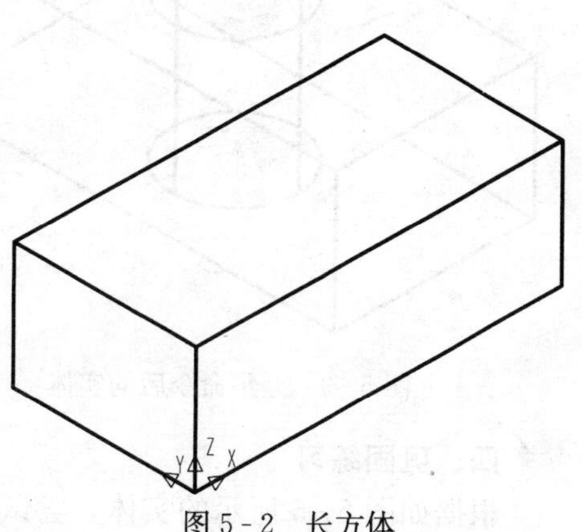

图 5-2 长方体

3. 做圆柱形孔

命令：ucs

当前 UCS 名称：*世界*

指定 UCS 的原点或[面(F)/命名(NA)/对象(OB)/上一个(P)/视图(V)/世界(W)/X/Y/Z/Z 轴(ZA)]<世界>：o↵

指定新原点<0,0,0>：100,50,0↵

命令：_cylinder↵

当前线框密度：ISOLINES=4

指定圆柱体底面的中心点或[三点(3P)/两点(2P)/相切、相切、半径(T)/椭圆(E)]<0,0,0>：0,0,0↵

指定圆柱体底面的半径或[直径(D)]：30↵

指定圆柱体高度或[另一个圆心(C)]：70↵

命令：_subtract

选择要从中减去的实体或面域...

选择对象：找到 1 个(选择长方体)

选择对象：↵

选择要减去的实体或面域...

选择对象：找到 1 个(选择圆柱体)

选择对象：↵

此命令完成后如图 5-3 所示。

4. 用实体样式进行显示

命令：_shademode

当前模式：三维线框↵

输入选项[二维线框(2D)/三维线框(3D)/消隐(H)/平面着色(F)/体着色(G)/带边框平面着色(L)/带边框体着色(O)]<三维线框>：g↵

把当前黑色改为 253 的灰色。

此命令完成后如图 5-4 所示。

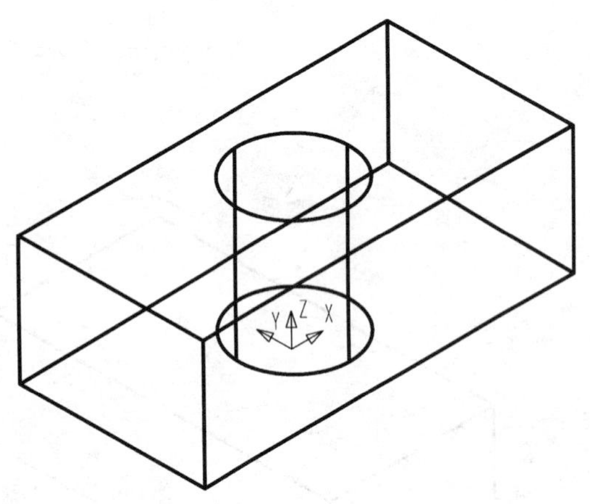

图 5-3 差集命令后的实体

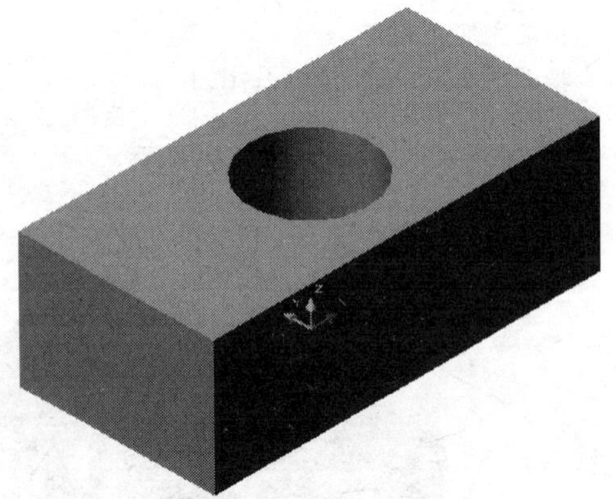

图 5-4 长方体实体

四、巩固练习

根据如图 5-5 所示的实体，尝试进行三维造型。

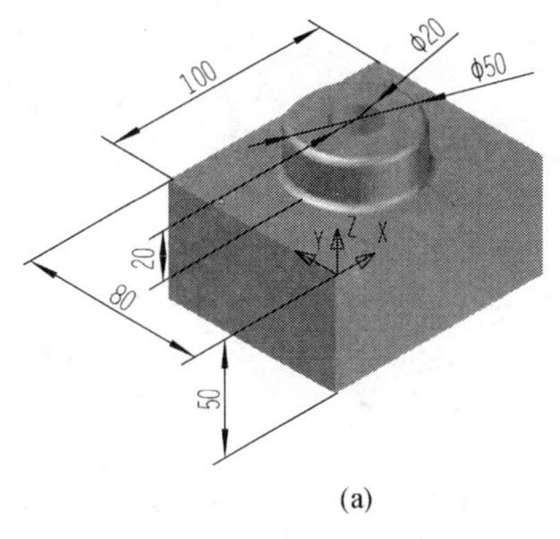

(a)

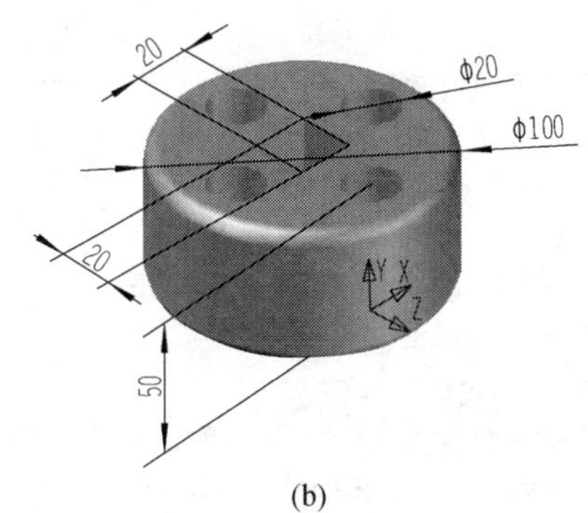

(b)

图 5-5　实体

五、本节自我心得

(1) ____________________

(2) ____________________

(3) ____________________

第二节　拉伸进行三维实体造型

本节将以五角星为例，用拉伸的方法，由二维平面图形生成三维实体。

一、本节任务

掌握用拉伸的方法，由二维平面图形生成三维实体。

二、本节重点

用拉伸的方法，由二维图形生成三维实体。

三、任务实施

根据已知五角星二维平面图形（见图 5-6），用拉伸方法进行三维造型，如图 5-7 所示。

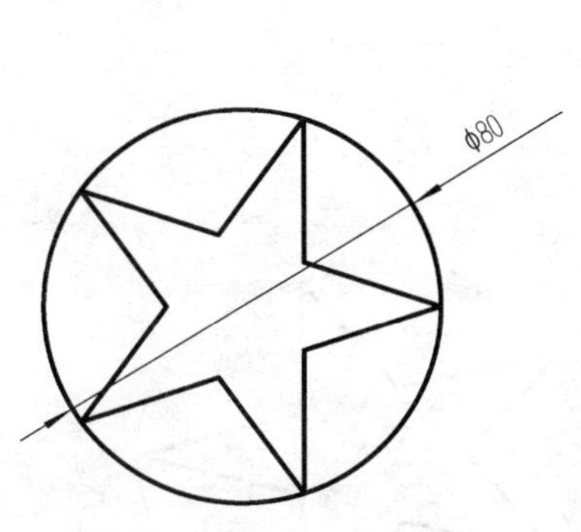

图 5-6　五角星平面图形

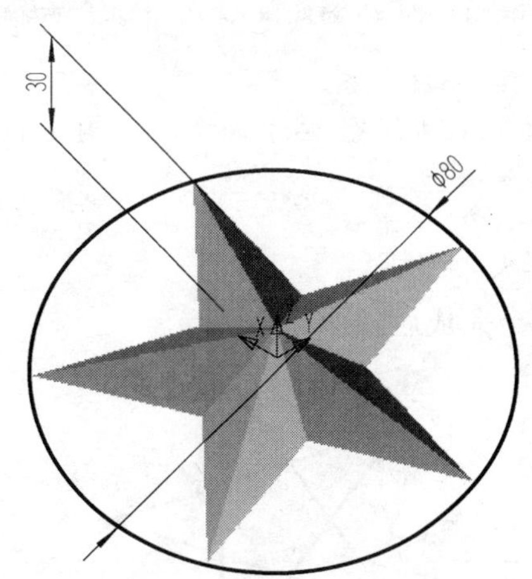

图 5-7　五角星三维造型

(1) 绘制平面图形。

```
命令:_limits↵
重新设置模型空间界限:
指定左下角点或[开(ON)/关(OFF)]<0.0000,0.0000>:↵
指定右上角点<420.0000,297.0000>:100,100↵
命令:zoom↵
指定窗口的角点,输入比例因子(nX或nXP),或者
[全部(A)/中心(C)/动态(D)/范围(E)/上一个(P)/比例(S)/窗口(W)/对象(O)]<实时>:a↵
正在重生成模型。
命令:_circle
指定圆的圆心或[三点(3P)/两点(2P)/相切、相切、半径(T)]:0,0↵
指定圆的半径或[直径(D)]:40↵
命令:_divide↵
选择要定数等分的对象:(选择已做好的圆)
输入线段数目或[块(B)]:5↵
命令:_line
指定第一点:(按照一笔画五角星顺序地选择圆上的五个等分点)
指定下一点或[放弃(U)]:
指定下一点或[放弃(U)]:
指定下一点或[闭合(C)/放弃(U)]:
指定下一点或[闭合(C)/放弃(U)]:
指定下一点或[闭合(C)/放弃(U)]:c↵
```

此命令完成后如图 5-8 所示。

下面把连好的五角星用打断命令，只留下五角星的外轮廓线，中间的线条去掉。

```
命令:_break
选择对象:(选择直线)↵
指定第二个打断点或[第一点(F)]:f↵
指定第一个打断点:(选择两直线交点)
指定第二个打断点:(选择两直线交点)
```

重复此命令将其余四条直线打断。

下面把只留外轮廓线的五角星进行面域。

```
命令:_region↵
选择对象:找到10个,总计10个(选择构成五角星的10条直线)
选择对象:↵
已提取1个环。
已创建1个面域
```

此命令完成后如图 5-9 所示。

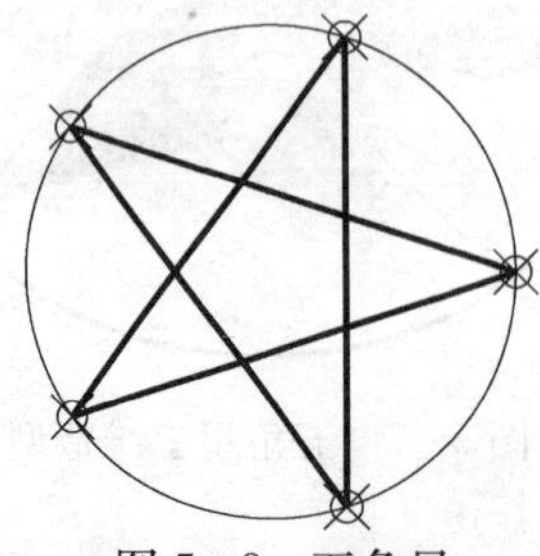

图 5-8　五角星

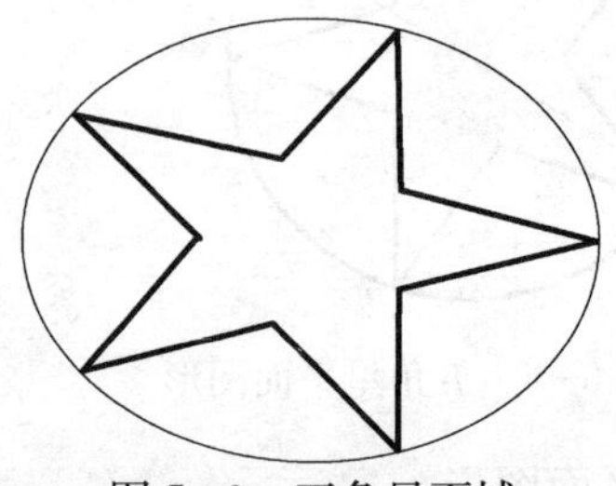

图 5-9　五角星面域

（2）再进行“绘图”→“实体”→“拉伸”。

命令：_extrude↵
当前线框密度：ISOLINES=4
选择对象：找到 1 个
选择对象：↵
指定拉伸高度或[路径(P)]：30↵
指定拉伸的倾斜角度＜0＞：45↵

此命令完成后如图 5-10 所示。

（3）选择菜单栏下“视图”→“三维视图”→“西南等轴侧”命令，启动三维视图。最后用实体样式进行显示。

命令：_shademode
当前模式：三维线框
输入选项[二维线框(2D)/三维线框(3D)/消隐(H)/平面着色(F)/体着色(G)/带边框平面着色(L)/带边框体着色(O)]＜三维线框＞：g↵

接着把当前黑色改为 253 的灰色。

此命令完成后如图 5-11 所示。

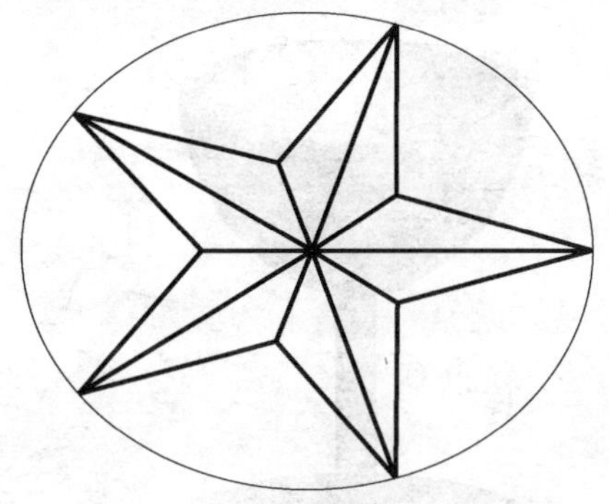

图 5-10　拉伸五角星

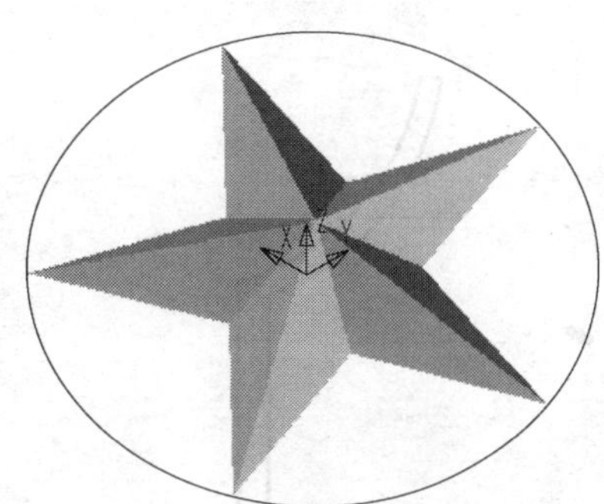

图 5-11　五角星三维实体

四、巩固练习

根据所给二维平面图形（见图 5-12），尝试用拉伸方法进行三维实体造型，如图 5-13 所示。

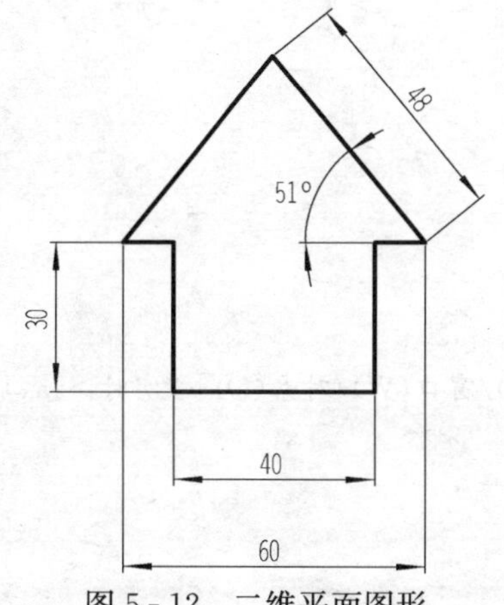

图 5-12　二维平面图形

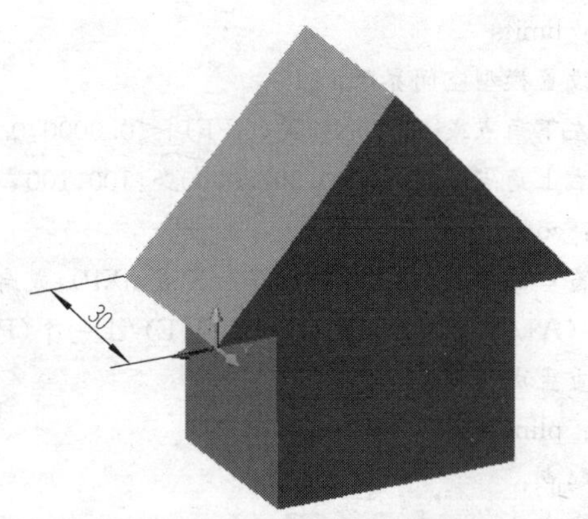

图 5-13　三维实体造型

五、本节自我心得

(1) ______________________________

(2) ______________________________

(3) ______________________________

第三节 旋转进行三维实体造型

本节将以酒杯为例，用旋转的方法，由二维平面图形生成三维实体。选用旋转的方法来进行实体造型，必须将二维平面图形绕指定的轴线旋转，这是这种方法的特点。

一、本节任务

掌握用旋转的方法，由二维平面图形生成三维实体。

二、本节重点

用旋转的方法，由二维平面图形生成三维实体。

三、任务实施

根据已知二维平面图形（见图 5-14），用旋转方法进行酒杯的三维造型，如图 5-15 所示。

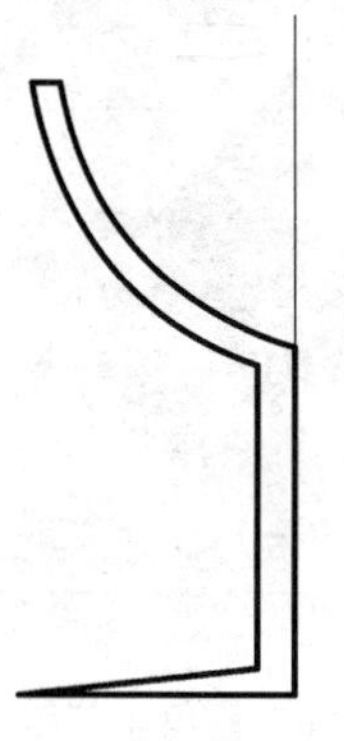

图 5-14 二维平面图形

图 5-15 酒杯三维造型

(1) 酒杯二维平面图形的绘制。

```
命令:_limits
重新设置模型空间界限:
指定左下角点或[开(ON)/关(OFF)]<0.0000,0.0000>:↵
指定右上角点<420.0000,297.0000>:100,100↵
命令:_zoom
指定窗口的角点,输入比例因子(nX或nXP),或者
[全部(A)/中心(C)/动态(D)/范围(E)/上一个(P)/比例(S)/窗口(W)/对象(O)]<实时>:a↵
正在重生成模型。
命令:_pline
指定起点:
当前线宽为 0.0000
```

指定下一个点或[圆弧(A)/半宽(H)/长度(L)/放弃(U)/宽度(W)]:@30,0↵

指定下一点或[圆弧(A)/闭合(C)/半宽(H)/长度(L)/放弃(U)/宽度(W)]:@0,40↵

指定下一点或[圆弧(A)/闭合(C)/半宽(H)/长度(L)/放弃(U)/宽度(W)]:a↵

指定圆弧的端点或

[角度(A)/圆心(CE)/闭合(CL)/方向(D)/半宽(H)/直线(L)/半径(R)/第二个点(S)/放弃(U)/宽度(W)]:s↵

指定圆弧上的第二个点:(选择圆弧上靠近中间的点)

指定圆弧的端点:(指圆弧的上端点)

指定圆弧的端点或

[角度(A)/圆心(CE)/闭合(CL)/方向(D)/半宽(H)/直线(L)/半径(R)/第二个点(S)/放弃(U)/宽度(W)]:l↵

指定下一点或[圆弧(A)/闭合(C)/半宽(H)/长度(L)/放弃(U)/宽度(W)]:@－3,0↵

指定下一点或[圆弧(A)/闭合(C)/半宽(H)/长度(L)/放弃(U)/宽度(W)]:a↵

指定圆弧的端点或

[角度(A)/圆心(CE)/闭合(CL)/方向(D)/半宽(H)/直线(L)/半径(R)/第二个点(S)/放弃(U)/宽度(W)]:s↵

指定圆弧上的第二个点:(选择圆弧上靠近中间的点)

指定圆弧的端点:(指圆弧的下端点)

指定圆弧的端点或

[角度(A)/圆心(CE)/闭合(CL)/方向(D)/半宽(H)/直线(L)/半径(R)/第二个点(S)/放弃(U)/宽度(W)]:l↵

指定下一点或[圆弧(A)/闭合(C)/半宽(H)/长度(L)/放弃(U)/宽度(W)]:@0,－35↵

指定下一点或[圆弧(A)/闭合(C)/半宽(H)/长度(L)/放弃(U)/宽度(W)]:↵

命令:_line

指定第一点:(选择酒杯中截面的右下角点)

指定下一点或[放弃(U)]:@0,80↵

指定下一点或[放弃(U)]:↵

此命令完成后如图 5-14 所示。

(2) 由二维平面图形，用旋转的方法进行三维实体造型。

命令:_revolve

当前线框密度:ISOLINES＝4

选择对象:找到 1 个(选择酒杯的截面图线)

选择对象:↵

指定旋转轴的起点或

定义轴依照[对象(O)/X 轴(X)/Y 轴(Y)]:o↵

选择对象:(选择竖直轴线)

指定旋转角度<360>:↵

此命令完成后如图 5-16 所示。

图 5-16　旋转后实体造型

(3) 选择菜单栏下“视图”→“三维视图”→“西南等轴侧”命令，启动三维视图。

命令:_shademode

当前模式:三维线框

输入选项

[二维线框(2D)/三维线框(3D)/消隐(H)/平面着色(F)/体着色(G)/带边框平面着色(L)/带边框体着色(O)]<三维线框>:g↵

接着把当前黑色改为 253 的灰色。

此命令完成后如图 5-15 所示。

四、巩固练习

根据所给二维平面图形(见图 5-17),尝试用旋转方法进行三维造型,如图 5-18 所示。

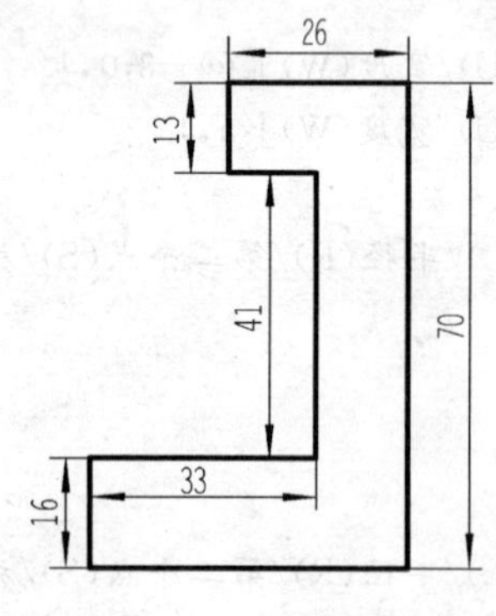

图 5-17 二维平面图形

图 5-18 三维造型

五、本节自我心得

(1) ____

(2) ____

(3) ____

模块六　典型零件的三维实体建模

零件的结构形状千变万化，按照零件结构形状的特点及其功用，可以将其大致分为轴套类、盘盖类、叉架类、箱体类零件。每类零件都具有一些共同特点，通过对典型零件三维实体造型的分析，可以从中找出规律，做到举一反三。

第一节　低　速　轴

一、本节任务

本节将以低速轴为例，进行轴套类零件三维实体造型。轴、衬套等零件都属于轴套类零件，在机械图样中使用非常广泛。掌握轴套类零件的绘制方法是绘图人员必要的技能。本节的任务就是讲述轴套类零件三维实体造型的一般方法。

二、本节重点

对于轴套类零件，它的三维实体造型特点是旋转。轴一般用于支承齿轮等传动零件并传递运动和动力，其主要结构是同轴线的回转体。我们在进行造型时，只做它的截面，然后利用旋转的实体造型方法，就得到了轴类零件的外形。轴类零件上面的键槽、退刀槽、越程槽、中心孔等小结构是次要结构，可以在零件整体外形做完以后再去考虑。

三、任务实施

根据已知轴的零件图（见图 6 - 1），进行三维实体造型。

1. 设置一绘图幅面 297×210

命令：_limits ↵(或选择菜单栏下“格式”→“图形界限”)
指定左下角点或[开(ON)/关(OFF)]<0.0000,0.0000>：↵
指定右上角点<当前值>：297,210 ↵

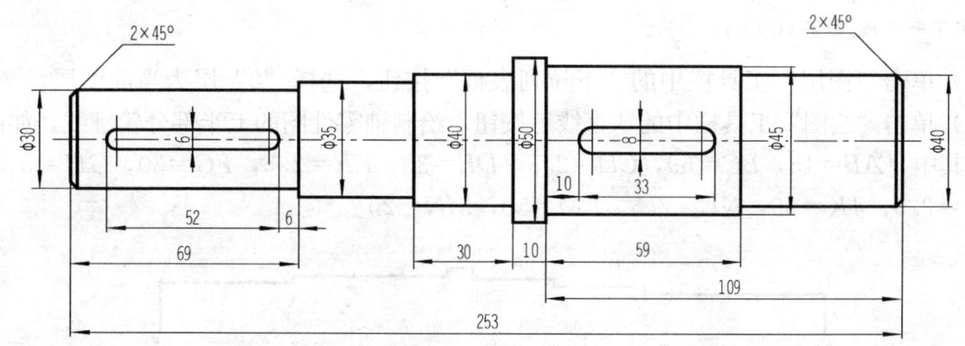

图 6 - 1　轴的零件图

2. 使设置的绘图幅面充满屏幕

命令：zoom

在出现的选项中，选择“全部（ALL）”。

3. 图层设置

单击“图层”工具栏中的“图层特性管理器”按钮，弹出“图层特性管理器”对话框，单击“新建图层”按钮，创建新图层，如图 6-2 所示。

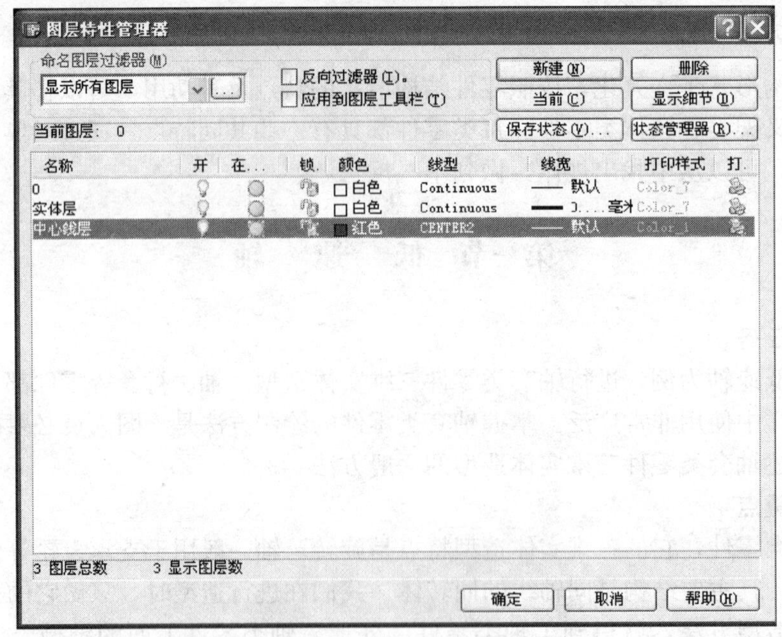

图 6-2　图层设置

4. 绘制图形

(1) 单击“图层”工具栏中的“下拉列表框”按钮，选择“中心线”层为当前图层。

(2) 单击“绘图”工具栏中的“直线”按钮，绘制一条水平中心轴线。

```
命令:_line
指定第一点或[放弃(U)]:(移动光标到屏幕合适位置并单击鼠标左键,完成起始点的确定)
指定下一点或[放弃(U)]:@280,0↵
指定下一点或[放弃(U)]:↵
```

(3) 单击“图层”工具栏中的“下拉列表框”按钮，选择“0”层为当前图层。

(4) 单击“绘图”工具栏中的“直线”按钮，绘制轴零件图的上半部分轮廓线，如图 6-3 所示。其中，$AB=15$，$BC=69$，$CD=2.5$，$DE=35$，$EF=2.5$，$FG=30$，$GH=5$，$HI=10$，$IJ=2.5$，$JK=59$，$KL=2.5$，$LM=50$，$MN=20$。

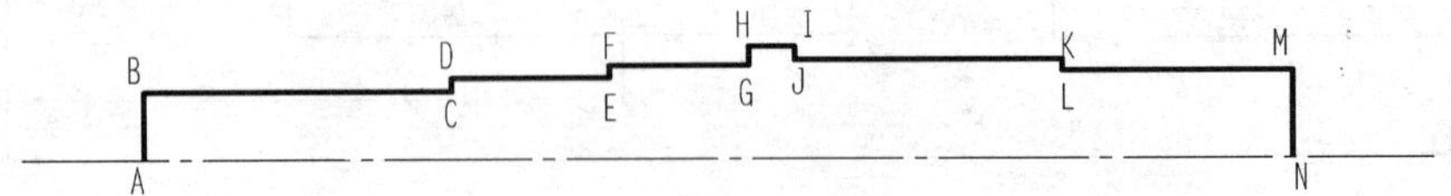

图 6-3　绘制轴的半部分轮廓线

(5) 单击“绘图”工具栏中的“直线”按钮，把刚绘制完的轮廓起点 A 和终点 N 闭合起来，并单击“绘图”工具栏中的“面域”按钮，选择从 $A \to N \to A$ 的所有“粗实线”元素为对象，创建1个面域。注意，中心线不要选在里面，如图6-4所示。

图6-4　创建面域

命令:_line

指定第一点或[放弃(U)]:(移动光标到中心线左边合适位置并单击鼠标左键,完成起始点A的确定)

指定下一点或[放弃(U)]:@0,15↵

指定下一点或[放弃(U)]:@69,0↵

指定下一点或[闭合(C)/放弃(U)]:@0,2.5↵

指定下一点或[闭合(C)/放弃(U)]:@35,0↵

指定下一点或[闭合(C)/放弃(U)]:@0,2.5↵

指定下一点或[闭合(C)/放弃(U)]:@30,0↵

指定下一点或[闭合(C)/放弃(U)]:@0,5↵

指定下一点或[闭合(C)/放弃(U)]:@10,0↵

指定下一点或[闭合(C)/放弃(U)]:@0,－2.5↵

指定下一点或[闭合(C)/放弃(U)]:@59,0↵

指定下一点或[闭合(C)/放弃(U)]:@0,－2.5↵

指定下一点或[闭合(C)/放弃(U)]:@50,0↵

指定下一点或[闭合(C)/放弃(U)]:@0,－20↵

指定下一点或[闭合(C)/放弃(U)]:c↵

指定下一点或[闭合(C)/放弃(U)]:↵

命令:region↵

选择对象:(用窗口把从A到N再到A的所有"粗实线"元素为对象)

已提取一个环

已创建一个面域。

(6)单击"绘图"工具栏中的"实体"→"旋转"按钮，选择刚做好的轴截面的面域作为对象，在"定义轴"的提示下，选择中心轴线作为定义轴对象，默认旋转角度为360°，如图6-5所示。

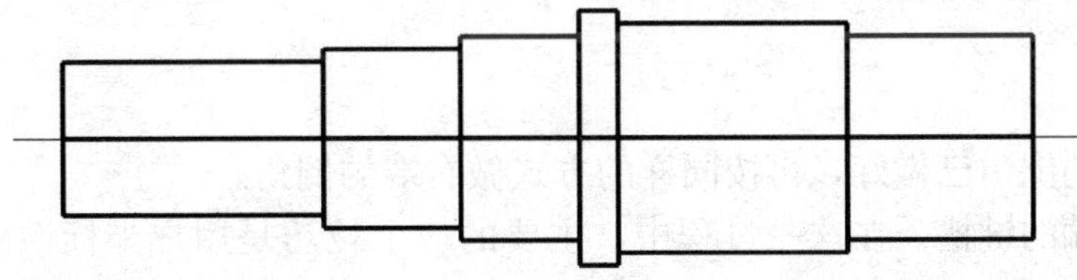

图6-5　旋转后效果

命令:_revolve

当前线框密度:ISOLINES＝4

选择对象:找到1个(选择刚做好的轴截面的面域作为对象)

选择对象:↵

指定旋转轴的起点或

定义轴依照[对象(O)/X轴(X)/Y轴(Y)]:o↵

选择对象:(选择中心轴线作为定义轴对象)

指定旋转角度＜360＞:↵

(7) 选择菜单栏下“视图”→“三维视图”→“西南等轴测”命令，启动三维视图。

(8) 选择菜单栏下“修改”→“倒角”命令，做轴左端的2×45°的倒角。轴右端的倒角做法同左端的倒角一样，如图6-6所示。

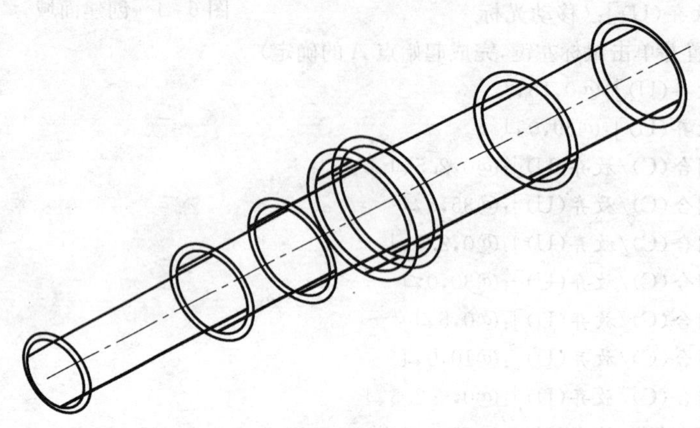

图6-6 倒角后效果

命令:_chamfer

(“修剪”模式)当前倒角距离1=0.0000,距离2=0.0000

选择第一条直线或[放弃(U)/多段线(P)/距离(D)/角度(A)/修剪(T)/方式(E)/多个(M)]: a↵

指定第一条直线的倒角长度<0.0000>:2↵

指定第一条直线的倒角角度<0>:45↵

选择第一条直线或[放弃(U)/多段线(P)/距离(D)/角度(A)/修剪(T)/方式(E)/多个(M)]:(用鼠标点击轴左端的圆线条)

基面选择...

输入曲面选择选项[下一个(N)/当前(OK)]<当前>:↵

指定基面的倒角距离:2↵

指定其他曲面的倒角距离<2.0000>:2↵

选择边或[环(L)]:(用鼠标点击轴左端的圆线条)

边必须位于基准面。

选择边或[环(L)]:↵

此时轴左端的倒角已做好，再按同样的方式做右端的倒角。

(9) 做轴左端的键槽。在这一过程中，主要的一个技巧是用户坐标系的选择，即UCS命令的使用。

命令:ucs

当前UCS名称:*世界*

输入选项

[新建(N)/移动(M)/正交(G)/上一个(P)/恢复(R)/保存(S)/删除(D)/应用(A)/?/世界(W)]<世界>:m↵

指定新原点或[Z向深度(Z)]<0,0,0>:(用鼠标点击从轴左端往右数第二个圆的圆心)

此时，坐标系的原点跳至轴左端的圆心。

命令:zoom↵

指定窗口的角点,输入比例因子(nX或nXP),或者

[全部(A)/中心(C)/动态(D)/范围(E)/上一个(P)/比例(S)/窗口(W)/对象(O)]<实时>:w↵
指定第一个角点:指定对角点:

用窗口选择左边一段轴，单独放大这一段轴，更有利于去做这段轴上的键槽。

命令:ucs
当前 UCS 名称: * 没有名称 *
输入选项
[新建(N)/移动(M)/正交(G)/上一个(P)/恢复(R)/保存(S)/删除(D)/应用(A)/? /世界(W)]<世界>:m↵
指定新原点或[Z 向深度(Z)]<0,0,0>: -9,0,10↵

此时，坐标原点跳至即将要做的键槽的右边圆心上。再用二维作图把键槽的平面图形做好，如图 6-7 所示。

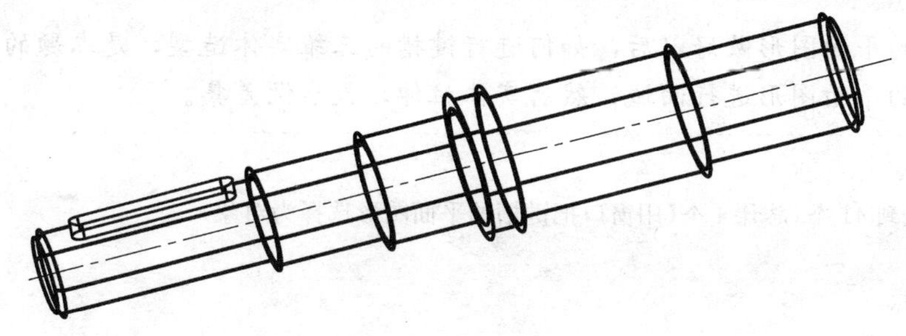

图 6-7　绘制键槽

命令:_circle
指定圆的圆心或[三点(3P)/两点(2P)/相切、相切、半径(T)]:0,0,0↵
指定圆的半径或[直径(D)]:3↵
命令:_copy
选择对象:找到 1 个(选择刚做好的键槽右边的圆)
选择对象:↵
指定基点或[位移(D)]<位移>:(用鼠标点击键槽右边圆的圆心)
指定第二个点或<使用第一个点作为位移>:@-46,0↵
指定第二个点或[退出(E)/放弃(U)]<退出>:↵

此时，键槽左边的圆已做好。

命令:_line
指定第一点:(用鼠标点击键槽的左边圆上端与轴线的交点)
指定下一点或[放弃(U)]:(用鼠标点击键槽的右边圆上端与轴线的交点)
指定下一点或[放弃(U)]:↵

此时，做出键槽上面的直线。

命令:_line
指定第一点:(用鼠标点击键槽的左边圆下端与轴线的交点)
指定下一点或[放弃(U)]:(用鼠标点击键槽的右边圆下端与轴线的交点)
指定下一点或[放弃(U)]:↵

此时，做出键槽下面的直线。然后用“打断”命令，把键槽的平面图形完全做好。

命令:_break
选择对象:(选择左边圆)
指定第二个打断点或[第一点(F)]:f↵
指定第一个打断点:(选择左边圆与轴线的下面的交点)
指定第二个打断点:(选择左边圆与轴线的上面的交点)
命令:_break
选择对象:(选择右边圆)
指定第二个打断点或[第一点(F)]:f↵
指定第一个打断点:(选择右边圆与轴线的上面的交点)
指定第二个打断点:(选择右边圆与轴线的下面的交点)

注 意

键槽的平面图形做好以后,如何进行键槽的三维实体造型,是本题的难点。先要把键槽的平面图形进行面域,然后实体拉伸,最后做差集。

命令:_region
选择对象:找到 41 个,总计 4 个(用窗口把键槽的平面图形选择为对象)
选择对象:↵
已提取 1 个环。
已创建 1 个面域。
命令:_extrude
当前线框密度:ISOLINES=4
选择对象:找到 1 个(选择面域后的键槽图形)
选择对象:↵
指定拉伸高度或[路径(P)]:5↵
指定拉伸的倾斜角度<0>:↵
命令:_subtract
选择要从中减去的实体或面域...
选择对象:找到 1 个(用鼠标点击除键槽外的轴的其他线条)
选择对象:↵
选择要减去的实体或面域...
选择对象:找到 1 个(用鼠标点击键槽的线条)
选择对象:↵

此时,轴左端的键槽的三维造型已全部做好,如图 6-8 所示。

(10)做轴右端的键槽。做法同左端的键槽一样,只是用户坐标系应移在距离直径 50 的轴的右端面 10 的位置上。

(11)用实体样式显示。

命令:_shademode
当前模式:二维线框
输入选项
[二维线框(2D)/三维线框(3D)/消隐(H)/平面着色(F)/体着色(G)/带边框平面着色(L)/带边框体着色(O)]<二维线框>:g↵

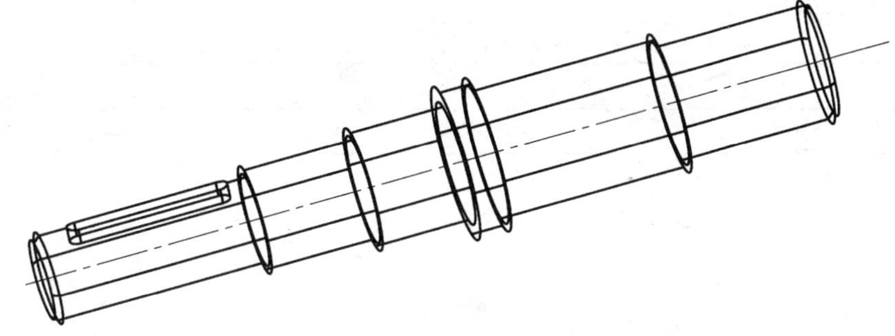

图 6-8　左端键槽三维造型

最后，用实体样式进行显示，如图 6-9 所示。

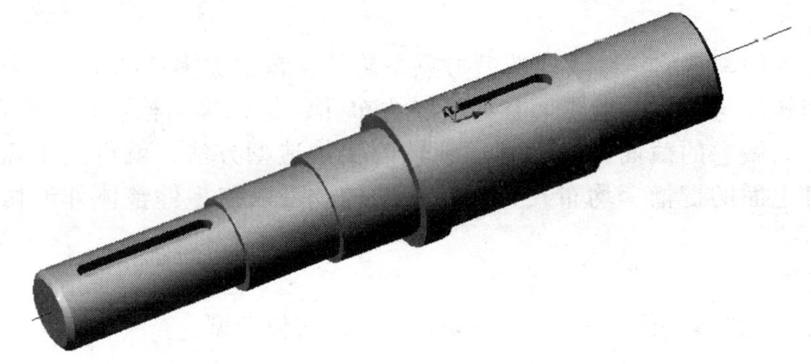

图 6-9　轴的三维造型

四、巩固练习

根据所给如图 6-10 所示的零件，进行阶梯轴的实体造型。

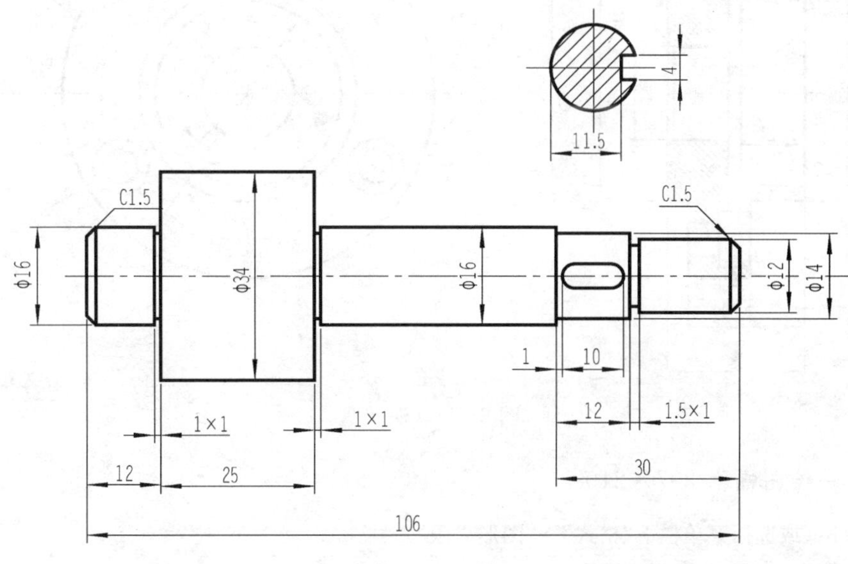

图 6-10　阶梯轴

五、本节自我心得

(1) ____________________

(2) ____________________

(3) ____________________

第二节　法　兰　盘

一、本节任务

本节将以法兰盘为例，进行盘盖类零件三维实体造型。端盖、阀盖、齿轮等都是盘盖类零件。在机械图样中使用非常也广泛。本节的任务就是讲述盘盖类零件三维实体造型的一般方法。

二、本节重点

对于盘盖类零件，它的三维实体造型特点是旋转。盘盖类零件的主要结构一般由多个同轴回转体或回转体与平盖板组成，有键槽、均布孔、轮辐等结构。根据它的结构特点，在进行造型时，只做它的截面，然后利用旋转的实体造型方法，就得到了盘盖类零件的外形。对于零件上面的键槽、均布孔、轮辐等结构，可以在零件整体外形做完以后再去考虑。

三、任务实施

根据已知法兰盘的零件图（见图 6 - 11）进行三维实体造型。

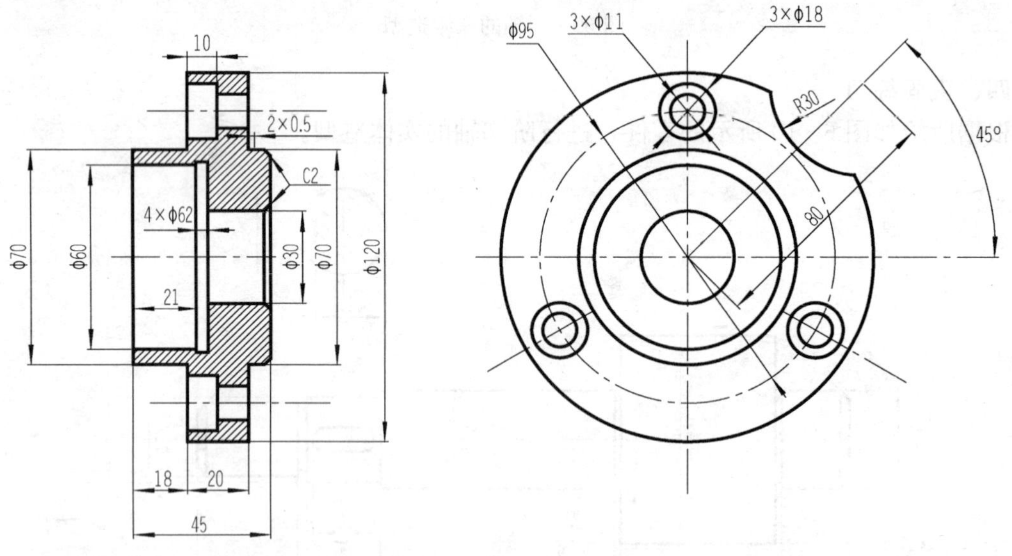

图 6 - 11　法兰盘

1. 设置一绘图幅面 297×210

命令：_limits(或选择菜单栏下“格式”→“图形界限”)
指定左下角点或[开(ON)/关(OFF)]<0.0000,0.0000>:↵
指定右上角点<当前值>:297,210↵

2. 使设置的绘图幅面充满屏幕

```
命令:_zoom
```

在出现的选项中，选择“全部（ALL)”。

3. 图层设置

单击“图层”工具栏中“图层特性管理器”按钮，弹出“图层特性管理器”对话框，单击“新建图层”按钮，根据需要创建新图层。

4. 绘制图形

(1) 单击“图层”工具栏中“下拉列表框”按钮，选择“中心线”层为当前图层。

(2) 单击“绘图”工具栏中的“直线”按钮，绘制一条水平中心轴线。

```
命令:_line
指定第一点或[放弃(U)]:(移动光标到屏幕合适位置并单击鼠标左键,完成起始点的确定)
指定下一点或[放弃(U)]:@60,0↵
指定下一点或[放弃(U)]:↵
```

(3) 单击“图层”工具栏中“下拉列表框”按钮，选择“实体层”层为当前图层。

(4) 单击“绘图”工具栏中的“直线”按钮，绘制法兰盘的上半部分轮廓线，并把刚绘制完的轮廓的起点 A 和终点 J 闭合起来，并单击“绘图”工具栏中的“面域”按钮，选择从 $A \to J \to A$ 的所有“粗实线”元素为对象，创建 1 个面域。注意，中心线不要选在里面，如图 6 - 12 所示。其中，$AB=35$，$BC=18$，$CD=25$，$DE=20$，$EF=25.5$，$FG=2$，$GH=0.5$，$HI=5$，$IJ=35$。

```
命令:_line
指定第一点:
指定下一点或[放弃(U)]:@0,35↵
指定下一点或[放弃(U)]:@18,0↵
指定下一点或[闭合(C)/放弃(U)]:@0,25↵
指定下一点或[闭合(C)/放弃(U)]:@20,0↵
指定下一点或[闭合(C)/放弃(U)]:@0,-25.5↵
指定下一点或[闭合(C)/放弃(U)]:@2,0↵
指定下一点或[闭合(C)/放弃(U)]:@0,0.5↵
指定下一点或[闭合(C)/放弃(U)]:@5,0↵
指定下一点或[闭合(C)/放弃(U)]:@0,-35↵
指定下一点或[闭合(C)/放弃(U)]:c↵
命令:_line
指定第一点:from↵
基点:(选择A点)<偏移>:@0,30↵
指定下一点或[放弃(U)]:@21,0↵
指定下一点或[放弃(U)]:@0,1↵
指定下一点或[闭合(C)/放弃(U)]:@4,0↵
指定下一点或[闭合(C)/放弃(U)]:@0,-16↵
指定下一点或[闭合(C)/放弃(U)]:@18,0↵
指定下一点或[闭合(C)/放弃(U)]:@5<45↵
```

指定下一点或[闭合(C)/放弃(U)]:↵

命令:_break

选择对象:

指定第二个打断点或[第一点(F)]:f↵

指定第一个打断点:(选择倒角多余的一小截线段的端点)

指定第二个打断点:(选择倒角多余的一小截线段的终点)

下面做右端 $\phi70$ 盘的倒角 $C2$。

命令:_chamfer

("修剪"模式)当前倒角距离 1=0.0000,距离 2=0.0000

选择第一条直线或[放弃(U)/多段线(P)/距离(D)/角度(A)/修剪(T)/方式(E)/多个(M)]:d↵

指定第一个倒角距离<0.0000>:2↵

指定第二个倒角距离<2.0000>:2↵

选择第一条直线或[放弃(U)/多段线(P)/距离(D)/角度(A)/修剪(T)/方式(E)/多个(M)]:

选择第二条直线,或按住 Shift 键选择要应用角点的直线:

此命令完成后如图 6-12 所示。

到此时,法兰盘的完整截面已做好。

继续用打断命令修改到做实体前的断面,如图 6-13 所示。

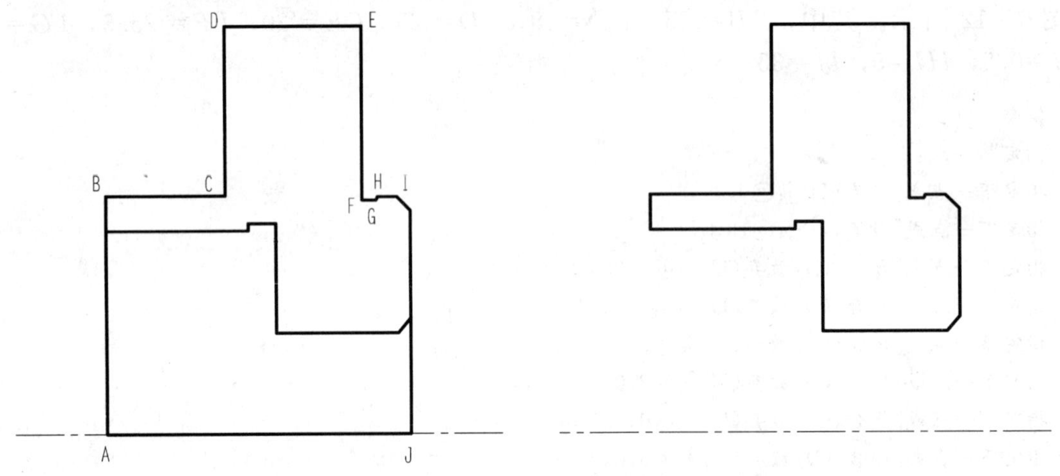

图 6-12　绘制法兰盘的上半部分轮廓线　　　图 6-13　打断后效果

命令:_region

选择对象:指定对角点:找到 16 个(选择除中心轴线之外的法兰盘的截面图线)

选择对象:↵

已提取 1 个环

已创建 1 个面域

(5) 单击"绘图"工具栏中的"实体"→"旋转"按钮,选择刚做好的轴截面的面域作为对象,在"定义轴"的提示下,选择中心轴线作为定义轴对象,默认旋转角度为 360°,如图 6-14 所示。

命令：_revolve

当前线框密度：ISOLINES=4

选择对象：找到 1 个(选择刚做好的轴截面的面域作为对象)

选择对象：↵

指定旋转轴的起点或

定义轴依照[对象(O)/X 轴(X)/Y 轴(Y)]：o↵

选择对象：↵(选择中心轴线作为定义轴对象)

指定旋转角度＜360＞：↵

此命令完成后如图 6-14 所示。

(6) 选择菜单栏下“视图”→“三维视图”→“西南等轴测”命令，启动三维视图。此命令完成后如图 6-15 所示。

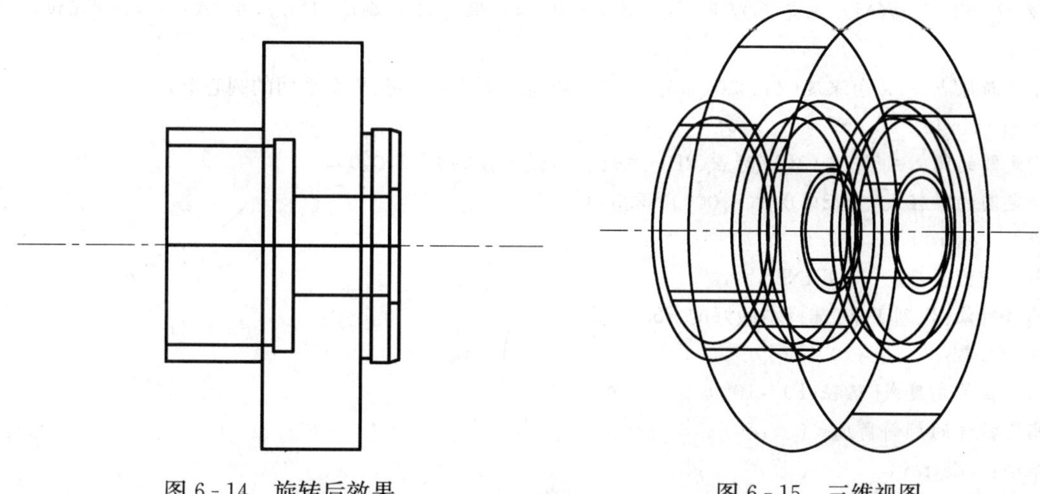

图 6-14　旋转后效果　　　图 6-15　三维视图

(7) 做法兰盘上均布的阶梯孔。先做其中一个阶梯孔，然后用环形阵列命令，做出其余三个，中间还要用差集来做孔。

命令：ucs

当前 UCS 名称：*世界*

输入选项

[新建(N)/移动(M)/正交(G)/上一个(P)/恢复(R)/保存(S)/删除(D)/应用(A)/?/世界(W)]＜世界＞：m↵

指定新原点或[Z 向深度(Z)]＜0,0,0＞：(用鼠标点击左端的圆心)

命令：ucs

当前 UCS 名称：*没有名称*

输入选项

[新建(N)/移动(M)/正交(G)/上一个(P)/恢复(R)/保存(S)/删除(D)/应用(A)/?/世界(W)]＜世界＞：n↵

指定新 UCS 的原点或[Z 轴(ZA)/三点(3)/对象(OB)/面(F)/视图(V)/X/Y/Z]＜0,0,0＞：za↵

指定新原点＜0,0,0＞：18,47.5↵

在正 Z 轴范围上指定点＜18.0000,47.5000,1.0000＞：(使正 Z 轴指向水平方向)

命令:_circle
指定圆的圆心或[三点(3P)/两点(2P)/相切、相切、半径(T)]:0,0,0↵
指定圆的半径或[直径(D)]:9↵
命令:_extrude
当前线框密度:ISOLINES=4
选择对象:找到 1 个(选择刚做好的 *R*9 的圆)
选择对象:↵
指定拉伸高度或[路径(P)]:10↵
指定拉伸的倾斜角度<0>:↵
命令:ucs↵
当前 UCS 名称:*没有名称*
输入选项
[新建(N)/移动(M)/正交(G)/上一个(P)/恢复(R)/保存(S)/删除(D)/应用(A)/?/世界(W)]<世界>:m↵
指定新原点或[Z 向深度(Z)]<0,0,0>:(把坐标原点移到阶梯孔相交平面的圆心上)
命令:_circle
指定圆的圆心或[三点(3P)/两点(2P)/相切、相切、半径(T)]:0,0,0↵
指定圆的半径或[直径(D)]<9.0000>5.5↵
命令:_extrude
当前线框密度: ISOLINES=4
选择对象:找到 1 个(选择刚做好的 *R*5.5 的圆)
选择对象:↵
指定拉伸高度或[路径(P)]:10↵
指定拉伸的倾斜角度<0>:↵
命令:_3darray↵
选择对象:找到 1 个
选择对象:找到 1 个,总计 2 个(分别选择刚拉伸的 *R*9 和 *R*5.5 的圆柱)
选择对象:↵
输入阵列类型[矩形(R)/环形(P)]<矩形>:p↵
输入阵列中的项目数目:3↵
指定要填充的角度(+=逆时针,-=顺时针)<360>:↵
旋转阵列对象?[是(Y)/否(N)]<Y>:n↵
指定阵列的中心点:0,0,0↵
指定旋转轴上的第二点:(再任意选择水平中心轴线上的圆心)
命令:_subtract
选择要从中减去的实体或面域...
选择对象:找到 1 个(选择大外观实体)
选择对象:↵
选择要减去的实体或面域...
选择对象:找到 1 个
选择对象:找到 1 个,总计 2 个
选择对象:找到 1 个,总计 3 个
选择对象:找到 1 个,总计 4 个

选择对象：找到 1 个，总计 5 个
选择对象：找到 1 个，总计 6 个（分别选择 6 个刚拉伸的 $R9$ 和 $R5.5$ 的小圆柱）
选择对象：↵

此命令完成后如图 6-16 所示。

（8）最后用实体样式进行显示，如图 6-17 所示。

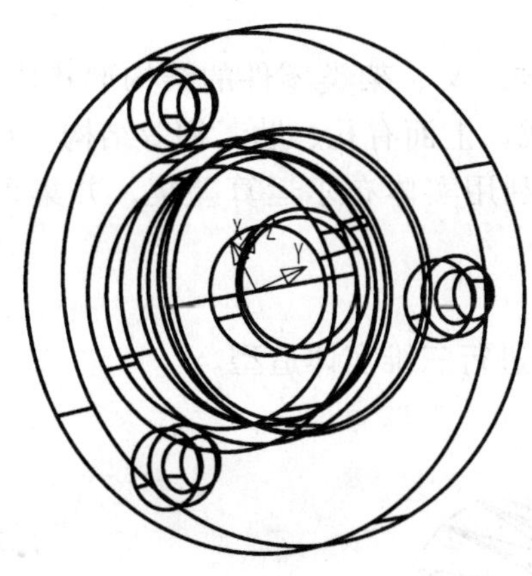

图 6-16　法兰盘三维实体

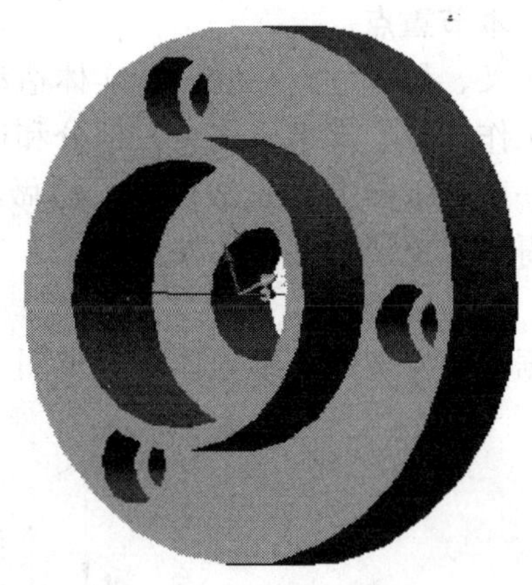

图 6-17　法兰盘三维视图

四、巩固练习

根据如图 6-18 所示的齿轮零件图，进行三维实体造型。

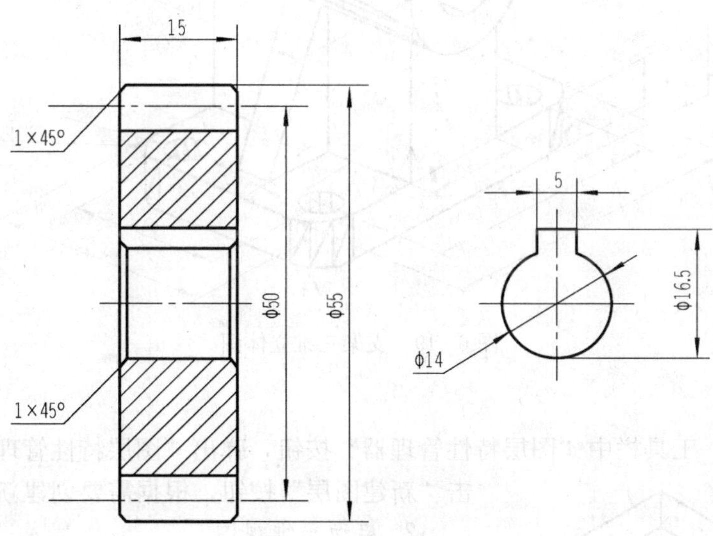

图 6-18　齿轮零件图

五、本节自我心得

(1) ______________________________

(2) ______________________________

(3) ______________________________

第三节 支　　架

一、本节任务

本节将进行支架三维实体造型。拔叉、连杆、支座、支架都属于叉、架类零件。本节的任务就是讲述支架类零件三维实体造型的一般方法。

二、本节重点

对于叉、架零件，它的三维实体造型特点是拉伸。叉、架类零件的结构形状比较复杂，一般由工作部分、支承（安装）部分和连接部分组成，上面有孔、肋、槽等结构。在进行造型时，一般从下向上，先做外形，后做细节；然后利用实体布尔运算差集、并集等造型方法，就得到了支架类零件的外形。

三、任务实施

根据已知支架的三维立体图（见图 6 - 19）直接进行三维实体造型。

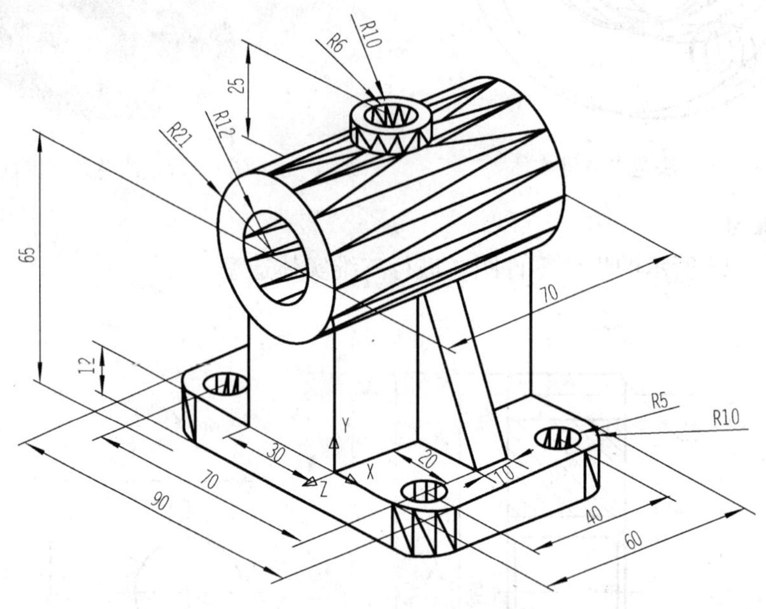

图 6 - 19　支架三维立体图

1. 图层设置

单击“图层”工具栏中“图层特性管理器”按钮，弹出“图层特性管理器”对话框，单击“新建图层”按钮，根据需要创建新图层。

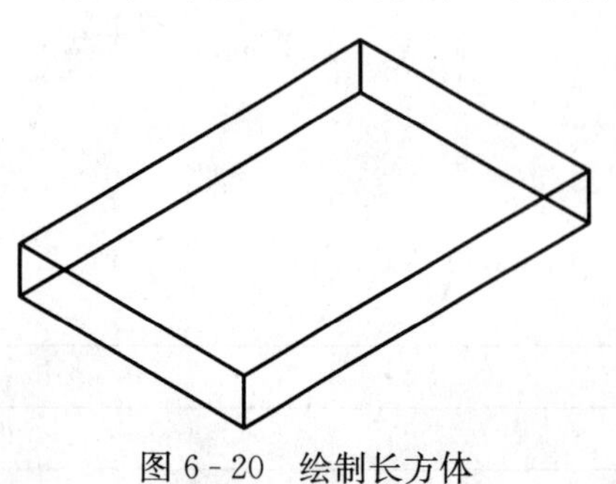

图 6 - 20　绘制长方体

2. 启动三维视图

选择菜单栏下“视图”→“三维视图”→“西南等轴测”命令，启动三维视图。

3. 绘制底板，并给底板做圆角

结果如图 6 - 20 所示。

```
命令:_box
指定长方体的角点或[中心点(CE)]<0,0,0>:↵
```

指定角点或[立方体(C)/长度(L)]:l↵

指定长度:90↵

指定宽度:60↵

指定高度:12↵

命令:_zoom

指定窗口的角点,输入比例因子(nX或nXP),或者

[全部(A)/中心(C)/动态(D)/范围(E)/上一个(P)/比例(S)/窗口(W)/对象(O)]<实时>:w↵

指定第一个角点:指定对角点:(用窗口放大所做的长方体)

命令:_fillet

当前设置:模式=修剪,半径=0.0000

选择第一个对象或[放弃(U)/多段线(P)/半径(R)/修剪(T)/多个(M)]:r↵

指定圆角半径<0.0000>:10↵

选择第一个对象或[放弃(U)/多段线(P)/半径(R)/修剪(T)/多个(M)]:(选择长方体的四条高中的一条)

输入圆角半径<10.0000>:↵

选择边或[链(C)/半径(R)]:↵

已拾取到边。

选择边或[链(C)/半径(R)]:

选择边或[链(C)/半径(R)]:

选择边或[链(C)/半径(R)]:

选择边或[链(C)/半径(R)]:

已选定4个边用于圆角。

此命令完成后如图6-21所示。

4. 底座上4个通孔的造型

命令:ucs

当前UCS名称:*世界*

输入选项

[新建(N)/移动(M)/正交(G)/上一个(P)/恢复(R)/保存(S)/删除(D)/应用(A)/?/世界(W)]<世界>:m↵

指定新原点或[Z向深度(Z)]<0,0,0>:(用光标找到底板圆角的圆心)

命令:_cylinder

当前线框密度:ISOLINES=4

指定圆柱体底面的中心点或[椭圆(E)]<0,0,0>:0,0,0↵

指定圆柱体底面的半径或[直径(D)]:5↵

指定圆柱体高度或[另一个圆心(C)]:13↵

命令:_3darray

选择对象:找到1个(选择刚做好的底板上的小圆柱)

选择对象:↵

输入阵列类型[矩形(R)/环形(P)]<矩形>:r↵

输入行数(———)<1>:2↵

输入列数(|||)<1>:2↵

输入层数(...)<1>:↵

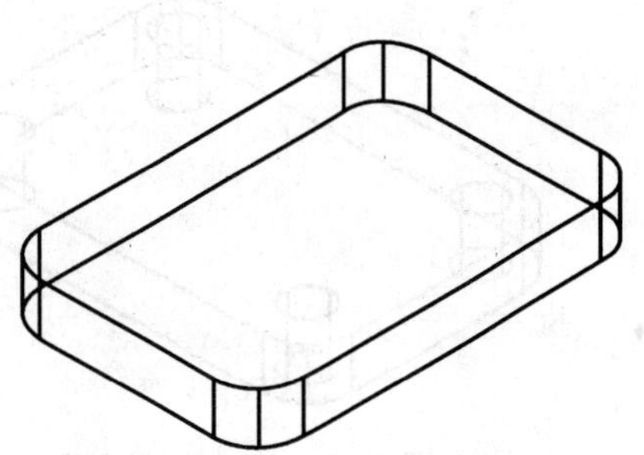

图6-21　长方体进行倒角

指定行间距(———):−40↵
指定列间距(|||):70↵

此命令完成后如图 6 - 22 所示。

命令:_subtract
选择要从中减去的实体或面域...
选择对象:找到 1 个(选择底板外形)
选择对象:↵
选择要减去的实体或面域...
选择对象:找到 1 个(依次选择 4 个小圆柱)
选择对象:找到 1 个,总计 2 个
选择对象:找到 1 个,总计 3 个
选择对象:找到 1 个,总计 4 个
选择对象:↵

5. 绘制底板上的长方体

命令:ucs↵
当前 UCS 名称:*没有名称*
输入选项
[新建(N)/移动(M)/正交(G)/上一个(P)/恢复(R)/保存(S)/删除(D)/应用(A)/? /世界(W)]<世界>:m↵
指定新原点或[Z 向深度(Z)]<0,0,0>:20,10,12↵
命令:_box
指定长方体的角点或[中心点(CE)]<0,0,0>:↵
指定角点或[立方体(C)/长度(L)]:l↵
指定长度:30↵
指定宽度:−60↵
指定高度:40↵

此命令完成后如图 6 - 23 所示。

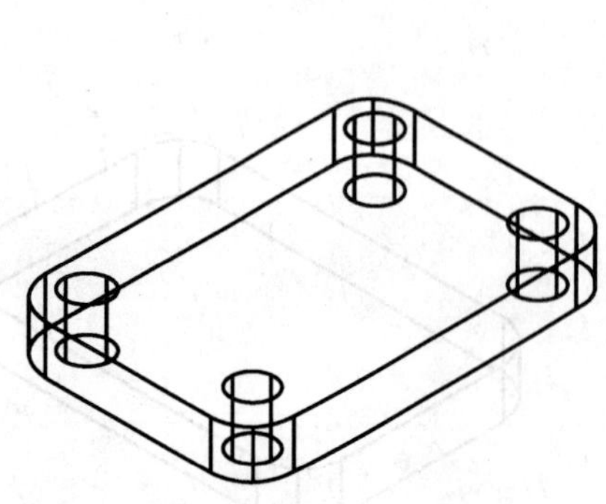

图 6 - 22 绘制底板通孔

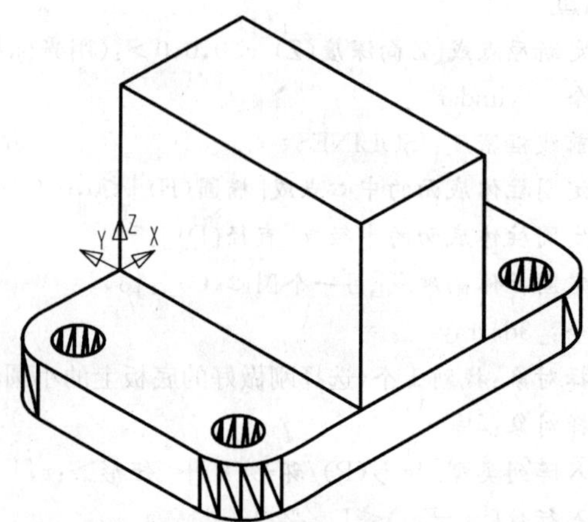

图 6 - 23 绘制底板上方的长方体

6. 绘制圆柱

命令：ucs↵

当前 UCS 名称：*没有名称*

输入选项

[新建(N)/移动(M)/正交(G)/上一个(P)/恢复(R)/保存(S)/删除(D)/应用(A)/？/世界(W)]<世界>：n↵

指定新 UCS 的原点或[Z 轴(ZA)/三点(3)/对象(OB)/面(F)/视图(V)/X/Y/Z]<0,0,0>：za↵

指定新原点<0,0,0>：15,5,53↵

在正 Z 轴范围上指定点<15.0000,5.0000,54.0000>：(让正 Z 轴朝水平方向)

命令：_circle

指定圆的圆心或[三点(3P)/两点(2P)/相切、相切、半径(T)]：0,0,0↵

指定圆的半径或[直径(D)]：21↵

命令：_extrude

当前线框密度：ISOLINES=4

选择对象：找到 1 个(选择刚做好的大圆)

选择对象：↵

指定拉伸高度或[路径(P)]：70↵

指定拉伸的倾斜角度<0>：↵

此命令完成后如图 6-24 所示。

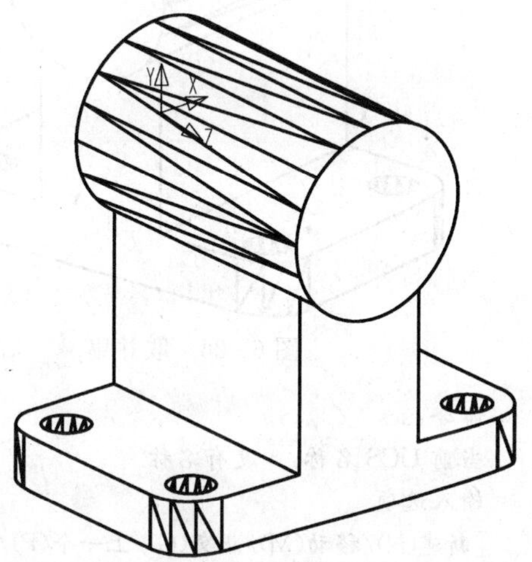

图 6-24　绘制圆柱

7. 绘制凸台

命令：ucs

当前 UCS 名称：*没有名称*

输入选项

[新建(N)/移动(M)/正交(G)/上一个(P)/恢复(R)/保存(S)/删除(D)/应用(A)/？/世界(W)]<世界>：n↵

指定新 UCS 的原点或[Z 轴(ZA)/三点(3)/对象(OB)/面(F)/视图(V)/X/Y/Z]<0,0,0>：za↵

指定新原点<0,0,0>：0,0,35↵

在正 Z 轴范围上指定点<0.0000,0.0000,36.0000>：(让正 Z 轴竖直向上)

命令：_cylinder

当前线框密度：ISOLINES=4

指定圆柱体底面的中心点或[椭圆(E)]<0,0,0>：↵

指定圆柱体底面的半径或[直径(D)]：10↵

指定圆柱体高度或[另一个圆心(C)]：25↵

此命令完成后如图 6-25 所示。

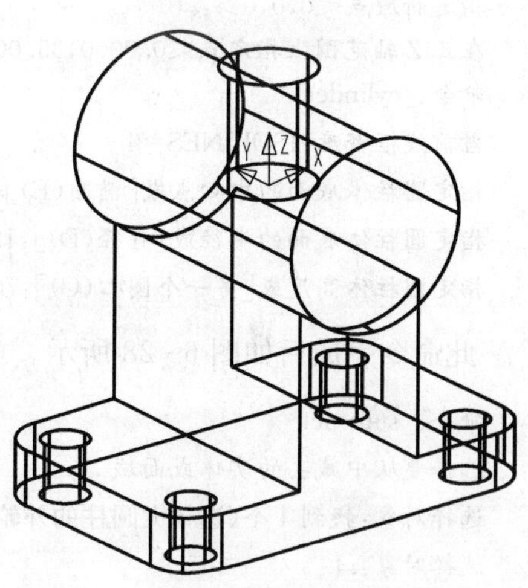

图 6-25　绘制凸台

命令：_union

选择对象：找到 1 个

选择对象：找到 1 个，总计 2 个(选择圆柱和小凸台)

选择对象：↵

此命令完成后如图 6 - 26 所示。

8. 给圆柱和凸台开孔

命令:_cylinder
当前线框密度:ISOLINES=4
指定圆柱体底面的中心点或[椭圆(E)]<0,0,0>:↵
指定圆柱体底面的半径或[直径(D)]:6↵
指定圆柱体高度或[另一个圆心(C)]:25↵

此命令完成后如图 6 - 27 所示。

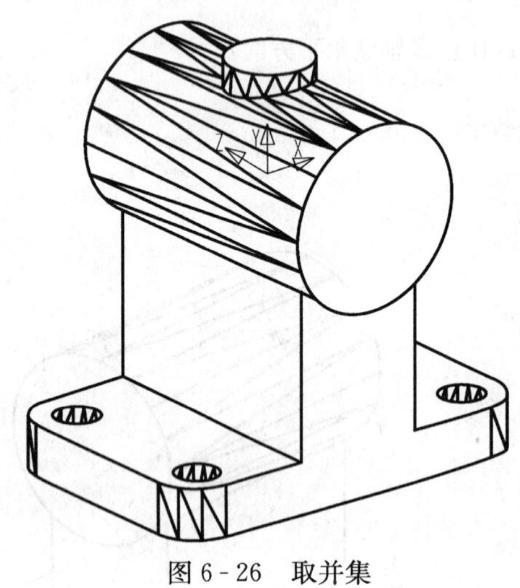

图 6 - 26 取并集

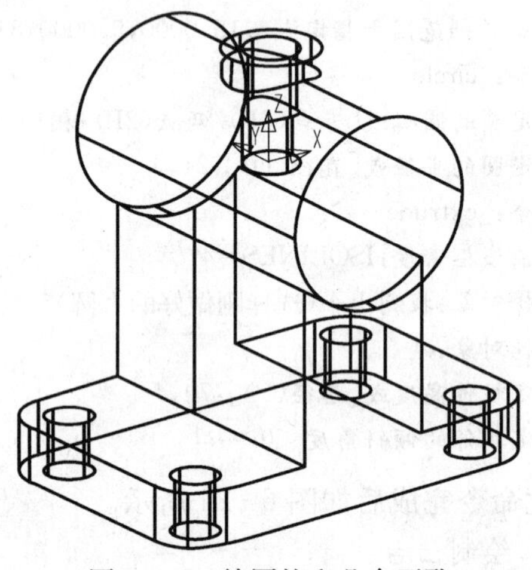

图 6 - 27 给圆柱和凸台开孔

命令:ucs
当前 UCS 名称:*没有名称*
输入选项
[新建(N)/移动(M)/正交(G)/上一个(P)/恢复(R)/保存(S)/删除(D)/应用(A)/?/世界(W)]<世界>:n↵
指定新 UCS 的原点或[Z 轴(ZA)/三点(3)/对象(OB)/面(F)/视图(V)/X/Y/Z]<0,0,0>:za↵
指定新原点<0,0,0>:↵
在正 Z 轴范围上指定点<0.0000,35.0000,1.0000>:(让正 Z 轴朝水平方向)
命令:_cylinder
当前线框密度:ISOLINES=4
指定圆柱体底面的中心点或[椭圆(E)]<0,0,0>:↵
指定圆柱体底面的半径或[直径(D)]:12↵
指定圆柱体高度或[另一个圆心(C)]:70↵

此命令完成后如图 6 - 28 所示。

命令:_subtract
选择要从中减去的实体或面域...
选择对象:找到 1 个(选择大圆柱的外轮廓)
选择对象:↵
选择要减去的实体或面域...
选择对象:找到 1 个

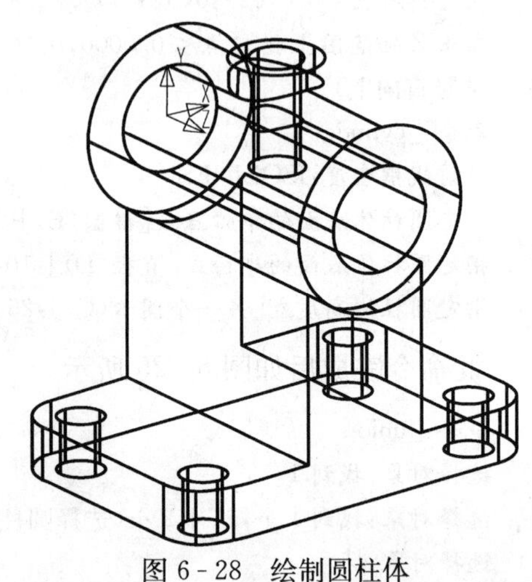

图 6 - 28 绘制圆柱体

选择对象：找到 1 个，总计 2 个(分别选择大圆柱的内孔和凸台的内孔)
选择对象：↵

9. 做肋板

命令：ucs ↵
当前 UCS 名称：＊没有名称＊
输入选项
[新建(N)/移动(M)/正交(G)/上一个(P)/恢复(R)/保存(S)/删除(D)/应用(A)/？/世界(W)]<世界>：m↵
指定新原点或[Z 向深度(Z)]<0,0,0>：－15，－53,30 ↵
命令：_pline
指定起点：0,0,0 ↵
当前线宽为 0.0000
指定下一个点或[圆弧(A)/半宽(H)/长度(L)/放弃(U)/宽度(W)]：@0,45 ↵
指定下一点或[圆弧(A)/闭合(C)/半宽(H)/长度(L)/放弃(U)/宽度(W)]：@－20，45 ↵
指定下一点或[圆弧(A)/闭合(C)/半宽(H)/长度(L)/放弃(U)/宽度(W)]：c ↵
指定下一点或[圆弧(A)/闭合(C)/半宽(H)/长度(L)/放弃(U)/宽度(W)]：↵

此命令完成后如图 6－29 所示。

命令：_extrude
当前线框密度：ISOLINES＝4
选择对象：找到 1 个(选择肋板的截面)
选择对象：↵
指定拉伸高度或[路径(P)]：10 ↵
指定拉伸的倾斜角度<0>：↵

此命令完成后如图 6－30 所示。

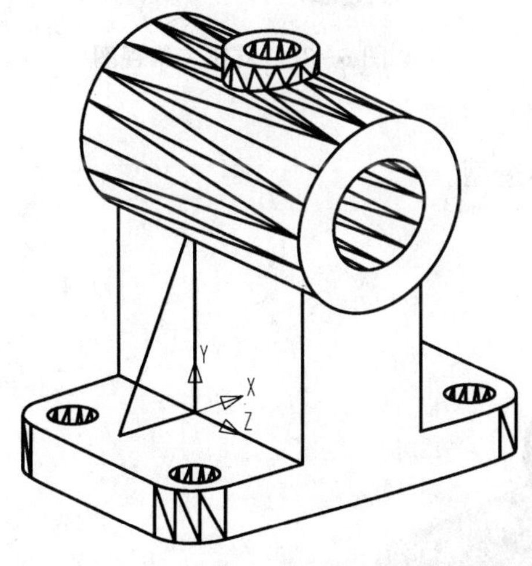

图 6－29　绘制肋板

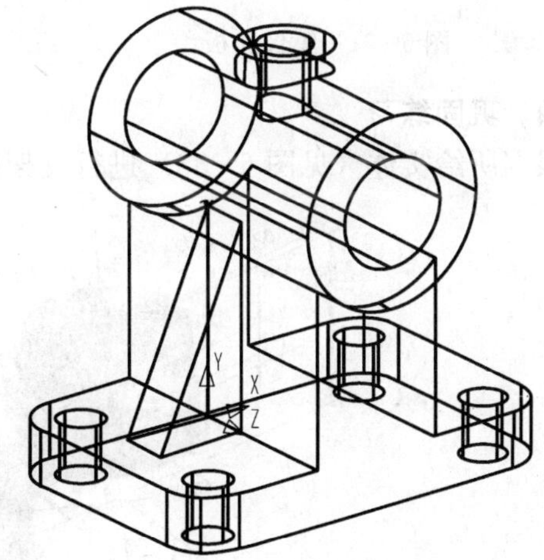

图 6－30　完成肋板

利用三维镜像命令，做对称的另一个肋板。

命令：_mirror3d
选择对象：找到 1 个(选择已做好的左端的肋板实体)
选择对象：↵

指定镜像线的第一个点:(用鼠标点击大圆柱的一个圆心)
指定在镜像线的第二点:(用鼠标点击大圆柱的另一个圆心)
是否删除源对象?[是(Y)/否(N)]<否>:↵

此命令完成后如图 6-31 所示。

命令:_union
选择对象:找到 1 个
选择对象:找到 1 个,总计 2 个
选择对象:找到 1 个,总计 3 个(分别选择主体即两个肋板)
选择对象:↵

最后用实体样式进行显示,如图 6-32 所示。

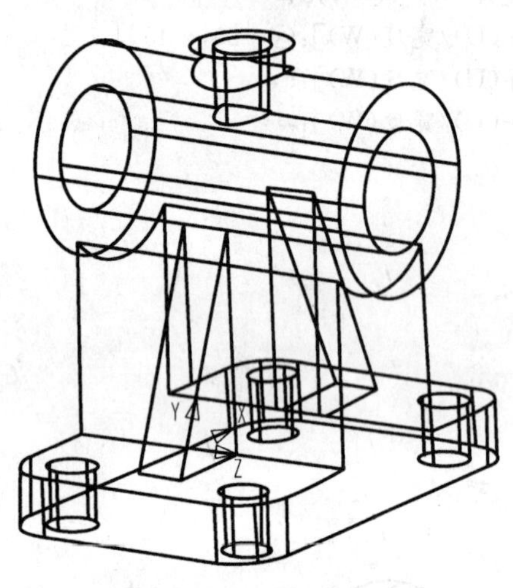

图 6-31 镜像肋板

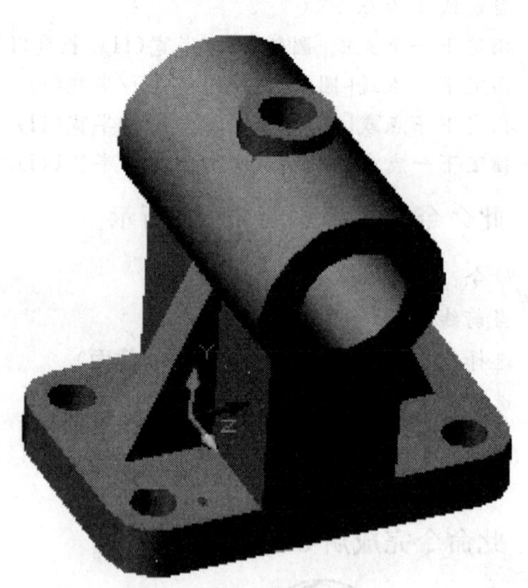

图 6-32 支座三维视图

四、巩固练习

根据所给实体(见图 6-33)进行支架的实体造型。

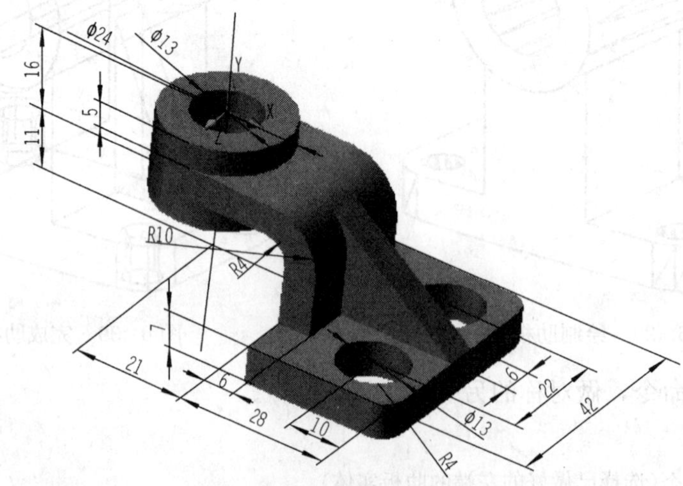

图 6-33 支架

五、本节自我心得

(1) ____________________

(2) ____________________

(3) ____________________

第四节　减 速 器 箱 体

一、本节任务

本节将进行箱体类零件三维实体造型。阀体、泵体、减速器箱体都属于箱体类零件。本节的任务就是讲述箱体类零件三维实体造型的一般方法。

二、本节重点

对于箱体类零件，它的三维实体造型特点是拉伸。箱体类零件的结构形状比较复杂，主要起支承、包容其他零件的作用，箱体上有内腔及各种形状，大小不一的孔、凸台、肋板、安装连接板等结构。在进行造型时，一般从下向上，从外向里，先做外形，后做细节；然后利用三维镜像、三维旋转、三维阵列、实体布尔运算差集、并集等造型方法，就得到了箱体类零件的外形。

三、任务实施

根据所给减速箱箱体的实体模型，如图 6－34 所示，尝试做减速箱箱体。

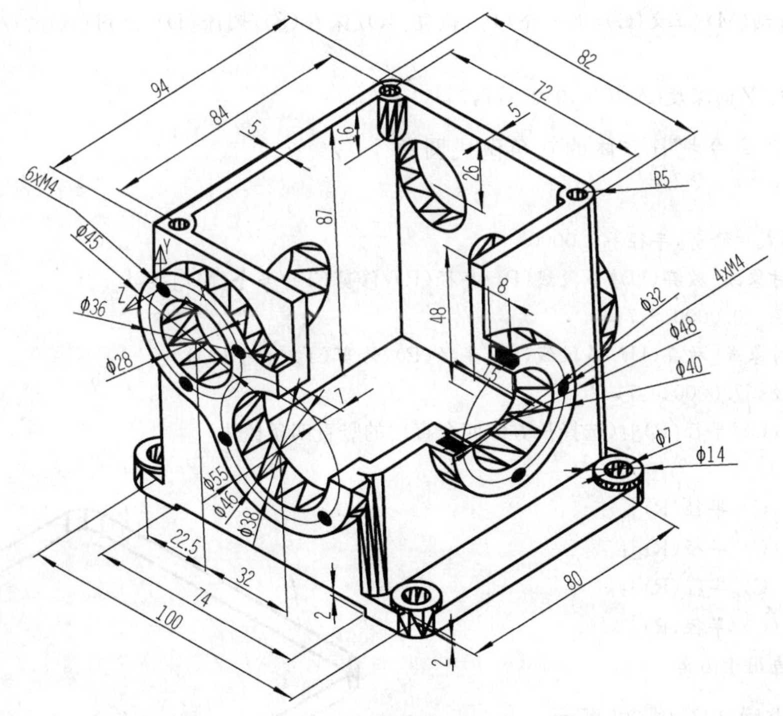

图 6－34　减速箱箱体

1. 设置三维绘图环境

选择菜单栏下“视图”→“三维视图”→“西南等轴测”命令，启动三维视图。

2. 做底板

命令:_box

指定长方体的角点或[中心点(CE)]＜0,0,0＞:↵

指定角点或[立方体(C)/长度(L)]:l↵

指定长度:114↵

指定宽度:94↵

指定高度:7↵

此命令完成后如图 6 - 35 所示。

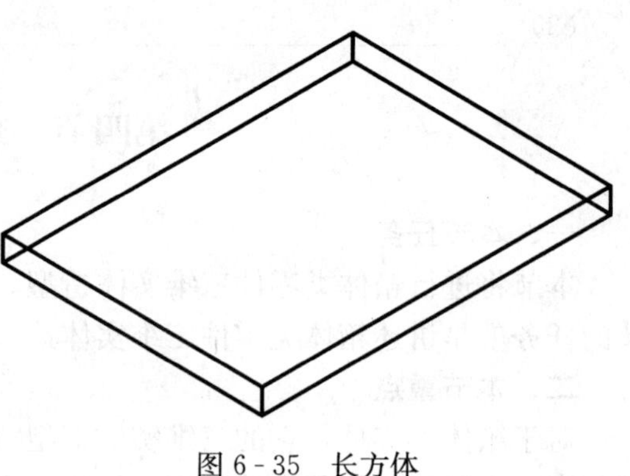

图 6 - 35 长方体

3. 局部放大底板的左下角

命令:_zoom

指定窗口的角点,输入比例因子(nX 或 nXP),或者

[全部(A)/中心(C)/动态(D)/范围(E)/上一个(P)/比例(S)/窗口(W)/对象(O)]＜实时＞:w↵

指定第一个角点:指定对角点:

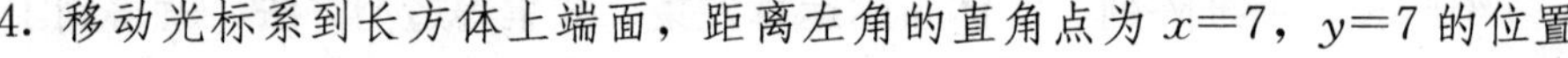

4. 移动光标系到长方体上端面，距离左角的直角点为 $x=7$，$y=7$ 的位置

命令:ucs

当前 UCS 名称:*世界*

输入选项

[新建(N)/移动(M)/正交(G)/上一个(P)/恢复(R)/保存(S)/删除(D)/应用(A)/?/世界(W)]＜世界＞:m↵

指定新原点或[Z 向深度(Z)]＜0,0,0＞:7,7↵

5. 利用圆角命令把长方体的直角做成圆角

命令:_fillet

当前设置:模式=修剪,半径=0.0000

选择第一个对象或[放弃(U)/多段线(P)/半径(R)/修剪(T)/多个(M)]:r↵

指定圆角半径＜0.0000＞:7↵

选择第一个对象或[放弃(U)/多段线(P)/半径(R)/修剪(T)/多个(M)]:

输入圆角半径＜7.0000＞:7↵

选择边或[链(C)/半径(R)]:(选择长方体四个直角的竖直四条棱边)

已拾取到边。

选择边或[链(C)/半径(R)]:

选择边或[链(C)/半径(R)]:

选择边或[链(C)/半径(R)]:

选择边或[链(C)/半径(R)]:↵

已选定 4 个边用于圆角。

此命令完成后如图 6 - 36 所示。

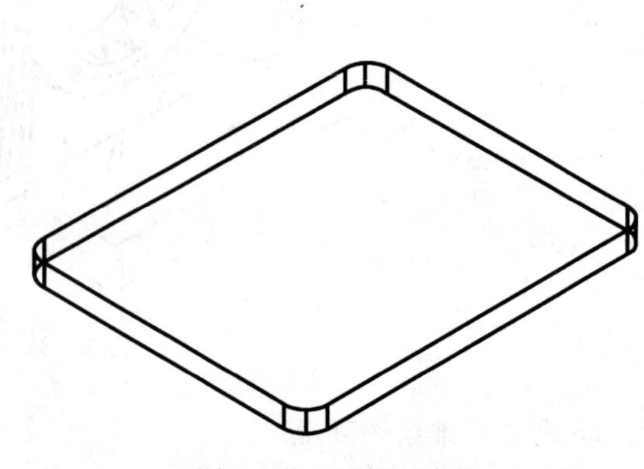

图 6 - 36 圆角后效果

6. 做底板上端面凸起的小凸台

命令:_cylinder

当前线框密度: ISOLINES=4

指定圆柱体底面的中心点或[椭圆(E)]<0,0,0>:↵

指定圆柱体底面的半径或[直径(D)]:7↵

指定圆柱体高度或[另一个圆心(C)]:2↵

此命令完成后如图 6-37 所示。

7. 移动光标系到刚做好的小凸台上端面的圆心

命令:ucs

当前 UCS 名称:*没有名称*

输入选项

[新建(N)/移动(M)/正交(G)/上一个(P)/恢复(R)/保存(S)/删除(D)/应用(A)/? /世界(W)]<世界>:m↵

指定新原点或[Z 向深度(Z)]<0,0,0>:↵

8. 做在小凸台上的圆柱

命令:_cylinder

当前线框密度:ISOLINES=4

指定圆柱体底面的中心点或[椭圆(E)]<0,0,0>:↵

指定圆柱体底面的半径或[直径(D)]:3.5↵

指定圆柱体高度或[另一个圆心(C)]:-9↵

此命令完成后如图 6-38 所示。

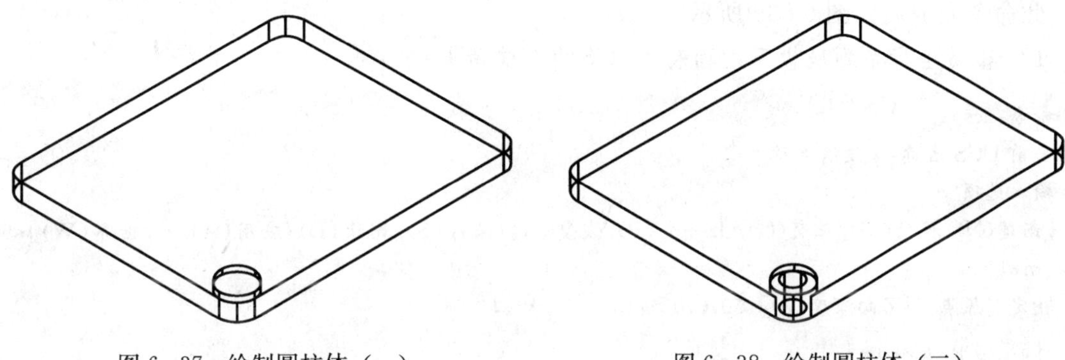

图 6-37　绘制圆柱体(一)　　图 6-38　绘制圆柱体(二)

9. 利用三维阵列命令做其余三个凸台及其上的圆柱

命令:_3darray

选择对象:找到 1 个

选择对象:找到 1 个,总计 2 个

选择对象:↵

输入阵列类型[矩形(R)/环形(P)]<矩形>:r↵

输入行数(---)<1>:2↵

输入列数(|||)<1>:2↵

输入层数(...)<1>:↵

指定行间距(---):80↵

指定列间距(|||):100↵

10. 做并集，把底板和四个小凸台合为一体

命令:_union
选择对象:找到 1 个(选择底板)
选择对象:找到 1 个,总计 2 个(选择 $\phi 14$ 的圆柱)
选择对象:找到 1 个,总计 3 个(选择 $\phi 14$ 的圆柱)
选择对象:找到 1 个,总计 4 个(选择 $\phi 14$ 的圆柱)
选择对象:找到 1 个,总计 5 个(选择 $\phi 14$ 的圆柱)
选择对象:↵

11. 用差集，把合为一体的底板减去 4 个 $R3.5$ 的小圆柱，这样就在凸台上做成了圆孔

命令:_subtract
选择要从中减去的实体或面域...
选择对象:找到 1 个(选择底板)
选择对象:↵
选择要减去的实体或面域...
选择对象:找到 1 个(选择 $\phi 7$ 的圆柱)
选择对象:找到 1 个,总计 2 个(选择 $\phi 7$ 的圆柱)
选择对象:找到 1 个,总计 3 个(选择 $\phi 7$ 的圆柱)
选择对象:找到 1 个,总计 4 个(选择 $\phi 7$ 的圆柱)
选择对象:↵

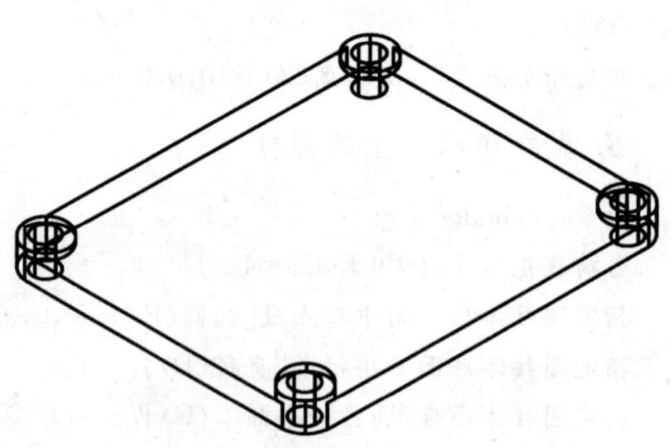

图 6-39　完成后效果

此命令完成后如图 6-39 所示。

12. 移动坐标系到底板下端面长方体槽的左前角点

命令:ucs
当前 UCS 名称:*没有名称*
输入选项
[新建(N)/移动(M)/正交(G)/上一个(P)/恢复(R)/保存(S)/删除(D)/应用(A)/? /世界(W)]<世界>:m↵
指定新原点或[Z 向深度(Z)]<0,0,0>:13,-7,-9↵

13. 做长方体槽

命令:_box
指定长方体的角点或[中心点(CE)]<0,0,0>:↵
指定角点或[立方体(C)/长度(L)]:l↵
指定长度:74↵
指定宽度:94↵
指定高度:2↵
命令:_subtract
选择要从中减去的实体或面域...
选择对象:找到 1 个
选择对象:↵
选择要减去的实体或面域...
选择对象:找到 1 个

选择对象:↵

此命令完成后如图 6-40 所示。

14. 移动坐标系到底板上端面，并做出大的长方体，最后和底板做并集，合为一体

命令:ucs

当前 UCS 名称:*没有名称*

输入选项

[新建(N)/移动(M)/正交(G)/上一个(P)/恢复(R)/保存(S)/删除(D)/应用(A)/? /世界(W)]＜世界＞:m↵

指定新原点或[Z 向深度(Z)]＜0,0,0＞:－4,0,7↵

命令:_box

指定长方体的角点或[中心点(CE)]＜0,0,0＞:↵

指定角点或[立方体(C)/长度(L)]:l↵

指定长度:82↵

指定宽度:94↵

指定高度:91↵

命令:_union

选择对象:找到 1 个(选择长方体)

选择对象:找到 1 个(选择底板)

选择对象:↵

此命令完成后如图 6-41 所示。

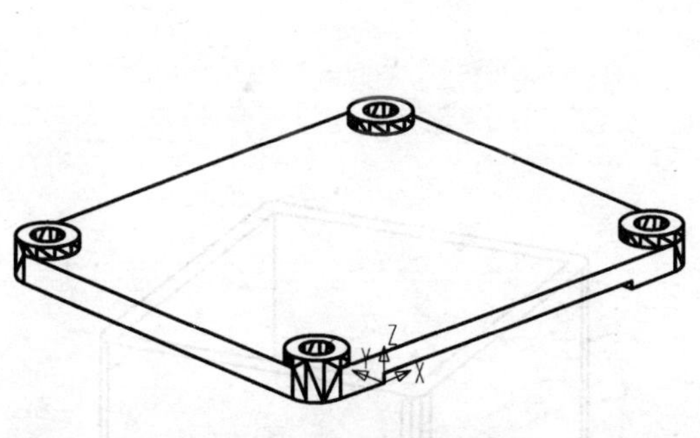

图 6-40　完成后的底板

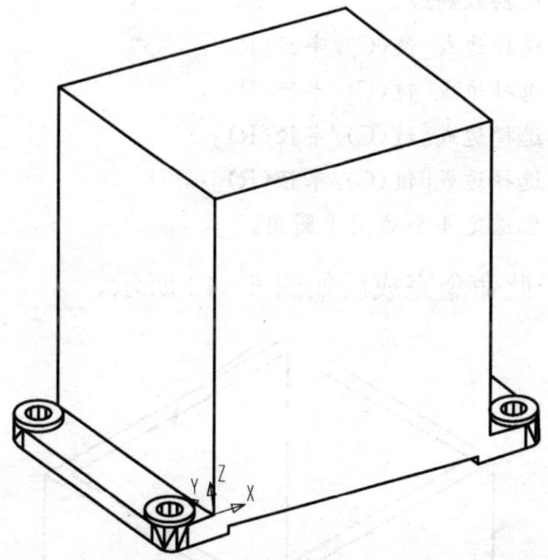

图 6-41　完成并集后效果

15. 给刚做好的大长方体开槽，做成薄壁型箱体，并把直角边倒成圆角

命令:ucs

当前 UCS 名称:*没有名称*

输入选项

[新建(N)/移动(M)/正交(G)/上一个(P)/恢复(R)/保存(S)/删除(D)/应用(A)/? /世界(W)]＜世界＞:m↵

指定新原点或[Z 向深度(Z)]＜0,0,0＞:5,5,2↵

命令:_box

指定长方体的角点或[中心点(CE)]<0,0,0>:↵

指定角点或[立方体(C)/长度(L)]:l↵

指定长度:72↵

指定宽度:84↵

指定高度:91↵

命令:_subtract

选择要从中减去的实体或面域...

选择对象:找到 1 个

选择对象:↵

选择要减去的实体或面域...

选择对象:找到 1 个

选择对象:↵

此命令完成后如图 6-42 所示。

命令:_fillet

当前设置:模式=修剪,半径=7.0000

选择第一个对象或[放弃(U)/多段线(P)/半径(R)/修剪(T)/多个(M)]:r↵

指定圆角半径<7.0000>:5↵

选择第一个对象或[放弃(U)/多段线(P)/半径(R)/修剪(T)/多个(M)]:

输入圆角半径<5.0000>:↵

选择边或[链(C)/半径(R)]:

已拾取到边。

选择边或[链(C)/半径(R)]:

选择边或[链(C)/半径(R)]:

选择边或[链(C)/半径(R)]:

选择边或[链(C)/半径(R)]:↵

已选定 4 个边用于圆角。

此命令完成后如图 6-43 所示。

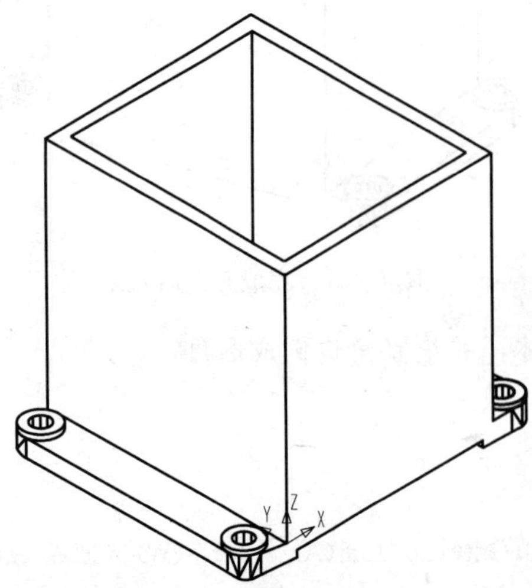

图 6-42　完成差集后效果

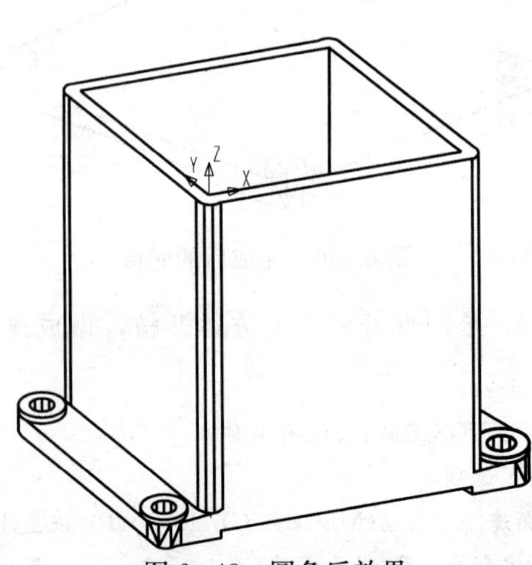

图 6-43　圆角后效果

16. 做箱体上端面直角处的四个圆柱+半圆球的结构，并开孔

命令:ucs↵
当前 UCS 名称:*没有名称*
输入选项
[新建(N)/移动(M)/正交(G)/上一个(P)/恢复(R)/保存(S)/删除(D)/应用(A)/? /世界(W)]＜世界＞:m↵
指定新原点或[Z 向深度(Z)]＜0,0,0＞:0,0,89↵
命令:_cylinder
当前线框密度:ISOLINES=4
指定圆柱体底面的中心点或[椭圆(E)]＜0,0,0＞:↵
指定圆柱体底面的半径或[直径(D)]:5↵
指定圆柱体高度或[另一个圆心(C)]:−11↵
命令:_sphere
当前线框密度:ISOLINES=4
指定球体球心＜0,0,0＞:from↵
基点:0,0,0↵
＜偏移＞:@0,0,−11↵
指定球体半径或[直径(D)]:5↵
命令:_union↵
选择对象:找到 1 个
选择对象:找到 1 个,总计 2 个
选择对象:↵

此命令完成后如图 6-44 所示。

命令:_cylinder
当前线框密度:ISOLINES=4
指定圆柱体底面的中心点或[椭圆(E)]＜0,0,0＞:↵
指定圆柱体底面的半径或[直径(D)]:2.5↵
指定圆柱体高度或[另一个圆心(C)]:−10↵

此命令完成后如图 6-45 所示。

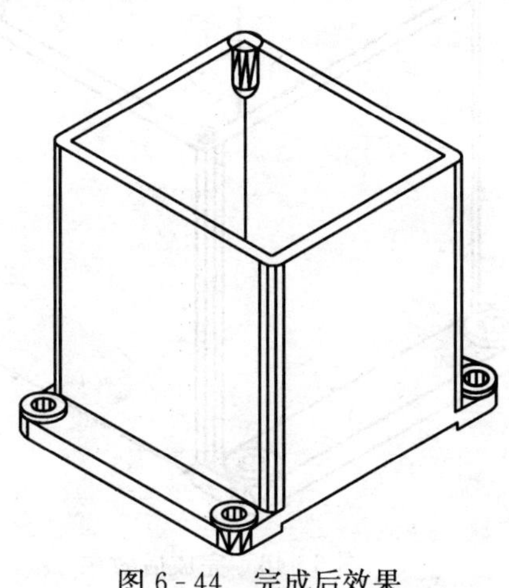
图 6-44　完成后效果

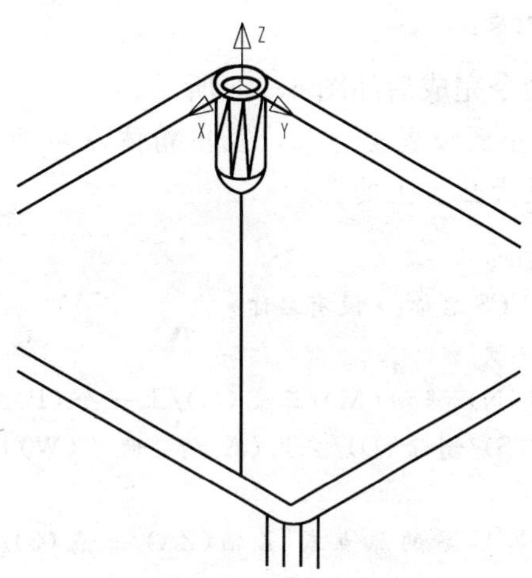

图 6-45　完成后效果

命令:_3darray
选择对象:_zoom
指定窗口的角点,输入比例因子(nX 或 nXP),或者
[全部(A)/中心(C)/动态(D)/范围(E)/上一个(P)/比例(S)/窗口(W)/对象(O)]<实时>:w↵
指定第一个角点:指定对角点:
选择对象:找到 1 个
选择对象:找到 1 个,总计 2 个
选择对象:↵
输入阵列类型[矩形(R)/环形(P)]<矩形>:r↵
输入行数(———)<1>:2↵
输入列数(|||)<1>:2↵
输入层数(...)<1>:↵
指定行间距(———):84↵
指定列间距(|||):72↵
命令:_union
选择对象:找到 1 个
选择对象:找到 1 个,总计 2 个
选择对象:找到 1 个,总计 3 个
选择对象:找到 1 个,总计 4 个
选择对象:找到 1 个,总计 5 个
选择对象:↵
命令:_subtract
选择要从中减去的实体或面域...
选择对象:找到 1 个
选择对象:↵
选择要减去的实体或面域...
选择对象:找到 1 个
选择对象:找到 1 个,总计 2 个
选择对象:找到 1 个,总计 3 个
选择对象:找到 1 个,总计 4 个
选择对象:↵

此命令完成后如图 6-46 所示。

17. 重新设置坐标系,画出箱体左右两侧的大凸台及大凸台上的孔

命令:ucs
当前 UCS 名称:*没有名称*
输入选项
[新建(N)/移动(M)/正交(G)/上一个(P)/恢复(R)/保存(S)/删除(D)/应用(A)/?/世界(W)]<世界>:n↵
指定新 UCS 的原点或[Z 轴(ZA)/三点(3)/对象(OB)/面(F)/视图(V)/X/Y/Z]<0,0,0>:−5,42,−48↵

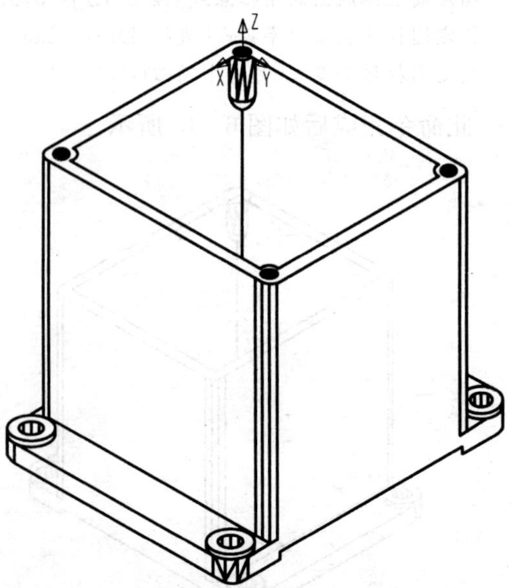

图 6-46 完成后效果

命令：ucs↵

当前 UCS 名称：*没有名称*

输入选项

[新建(N)/移动(M)/正交(G)/上一个(P)/恢复(R)/保存(S)/删除(D)/应用(A)/?/世界(W)]＜世界＞：n↵

指定新 UCS 的原点或[Z 轴(ZA)/三点(3)/对象(OB)/面(F)/视图(V)/X/Y/Z]＜0,0,0＞：za↵

指定新原点＜0,0,0＞：↵

在正 Z 轴范围上指定点＜0.0000,0.0000,1.0000＞：＜极轴开＞

此命令完成后如图 6-47 所示。

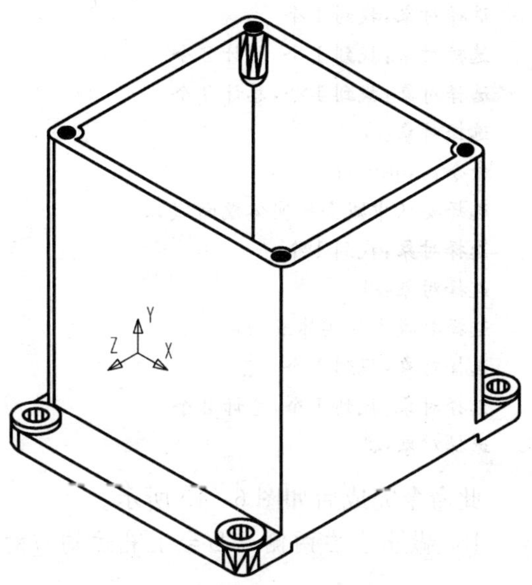

图 6-47　变换后坐标

命令：_cylinder

当前线框密度：ISOLINES=4

指定圆柱体底面的中心点或[椭圆(E)]＜0,0,0＞：↵

指定圆柱体底面的半径或[直径(D)]：24↵

指定圆柱体高度或[另一个圆心(C)]：10↵

坐标系跳出至凸圆柱外表面。

命令：ucs↵

当前 UCS 名称：*没有名称*

输入选项

[新建(N)/移动(M)/正交(G)/上一个(P)/恢复(R)/保存(S)/删除(D)/应用(A)/?/世界(W)]＜世界＞：m↵

指定新原点或[Z 向深度(Z)]＜0,0,0＞：↵

命令：_cylinder↵

当前线框密度：ISOLINES=4

当前线框密度：ISOLINES=4

指定圆柱体底面的中心点或[椭圆(E)]＜0,0,0＞：↵

指定圆柱体底面的半径或[直径(D)]：16↵

指定圆柱体高度或[另一个圆心(C)]：-15↵

此命令完成后如图 6-48 所示。

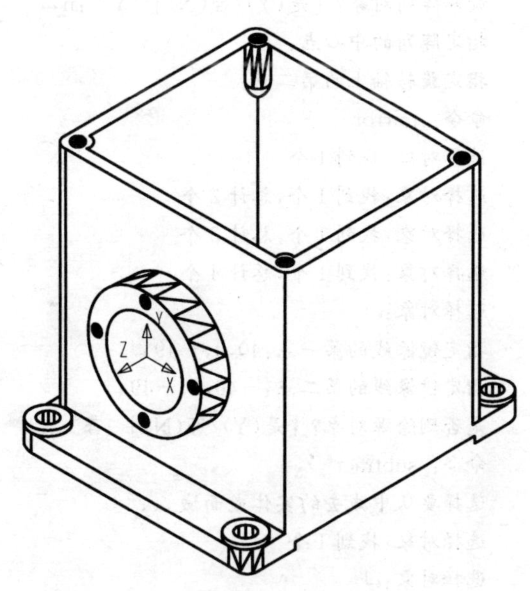

图 6-48　绘制圆柱体

命令：_mirror3d

选择对象：找到 1 个

选择对象：找到 1 个，总计 2 个

选择对象：↵

指定镜像线的第一点：40,0,49↵

指定镜像线的第二点：-40,0,-49↵

是否删除源对象？[是(Y)/否(N)]＜否＞：↵

命令：_union

选择对象:找到 1 个
选择对象:找到 1 个,总计 2 个
选择对象:找到 1 个,总计 3 个
选择对象:↵
命令:_subtract
选择要从中减去的实体或面域...
选择对象:找到 1 个
选择对象:↵
选择要减去的实体或面域..
选择对象:找到 1 个
选择对象:找到 1 个,总计 2 个
选择对象:↵

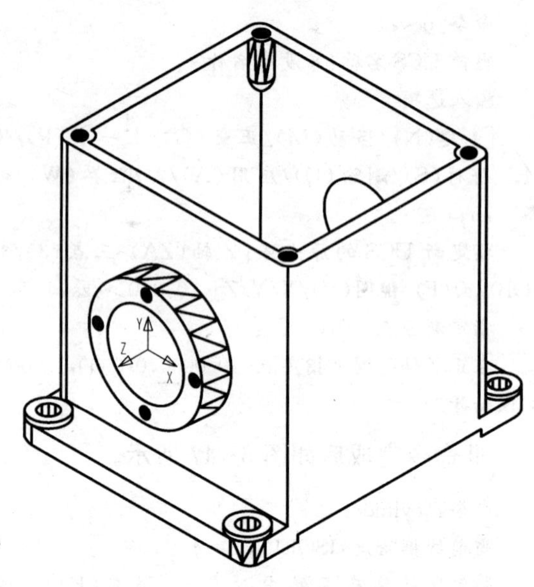

图 6-49　完成后效果

此命令完成后如图 6-49 所示。

18. 做出左右两侧大凸台上孔边均布的小孔

命令:_cylinder
当前线框密度:ISOLINES=4
指定圆柱体底面的中心点或[椭圆(E)]<0,0,0>:0,19,0↵
指定圆柱体底面的半径或[直径(D)]:2↵
指定圆柱体高度或[另一个圆心(C)]:−8↵
命令:_3darray
选择对象:找到 1 个
选择对象:↵
输入阵列类型[矩形(R)/环形(P)]<矩形>:p↵
输入阵列中的项目数目:4↵
指定要填充的角度(+=逆时针,−=顺时针)<360>:↵
旋转阵列对象?[是(Y)/否(N)]<Y>:n↵
指定阵列的中心点:
指定旋转轴上的第二点:
命令:_mirror
选择对象:找到 1 个
选择对象:找到 1 个,总计 2 个
选择对象:找到 1 个,总计 3 个
选择对象:找到 1 个,总计 4 个
选择对象:↵
指定镜像线的第一点:40,0,−49↵
指定镜像线的第二点:−40,0,−49↵
是否删除源对象?[是(Y)/否(N)]<否>:↵
命令:_subtract
选择要从中减去的实体或面域...
选择对象:找到 1 个
选择对象:↵
选择要减去的实体或面域...

选择对象：找到 1 个
选择对象：找到 1 个，总计 2 个
选择对象：找到 1 个，总计 3 个
选择对象：找到 1 个，总计 4 个
选择对象：找到 1 个，总计 5 个
选择对象：找到 1 个，总计 6 个
选择对象：找到 1 个，总计 7 个
选择对象：找到 1 个，总计 8 个
选择对象：↵

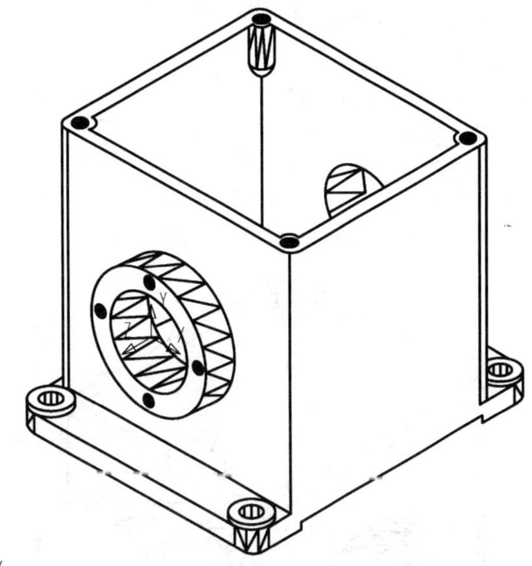

图 6-50　完成后效果

此命令完成后如图 6-50 所示。

19. 绘制正前方圆柱体

命令：ucs↵
当前 UCS 名称：*没有名称*
输入选项
指定 UCS 的原点或[面(F)/命名(NA)/对象(OB)/上一个(P)/视图(V)/世界(W)/X/Y/Z/Z 轴(ZA)]〈世界〉：za↵
指定新原点〈0,0,0〉：(鼠标点击图 6-51 所示的坐标系所在的原点)↵
在正 Z 轴范围上指定点〈42.0000,48.0000,−14.0000〉：

此时，坐标系跳至箱体上端面的小孔圆心。

命令：ucs↵
当前 UCS 名称：*没有名称*
输入选项
[新建(N)/移动(M)/正交(G)/上一个(P)/恢复(R)/保存(S)/删除(D)/应用(A)/? /世界(W)]<世界>：m↵
指定新原点或[Z 向深度(Z)]<0,0,0>：17.5,−26,5↵
命令：_cylinder
当前线框密度：ISOLINES=4
指定圆柱体底面的中心点或[椭圆(E)]<0,0,0>：↵
指定圆柱体底面的半径或[直径(D)]：22.5↵
指定圆柱体高度或[另一个圆心(C)]：7↵

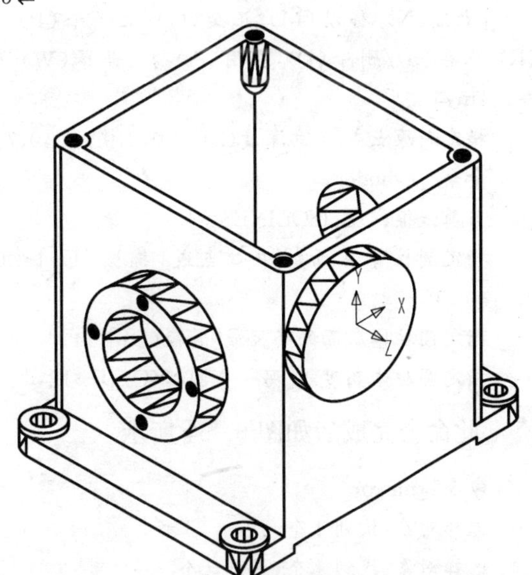

图 6-51　绘制圆柱体(一)

此命令完成后如图 6-51 所示。

命令：_cylinder
当前线框密度：ISOLINES=4
指定圆柱体底面的中心点或[椭圆(E)]<0,0,0>：from↵
基点：0,0,0↵
<偏移>：@32,−22,0↵
指定圆柱体底面的半径或[直径(D)]：27.5↵
指定圆柱体高度或[另一个圆心(C)]：7↵

此命令完成后如图 6-52 所示。

命令：_union
选择对象：找到 1 个
选择对象：找到 1 个，总计 2 个
选择对象：↵

此命令完成后如图 6-53 所示。

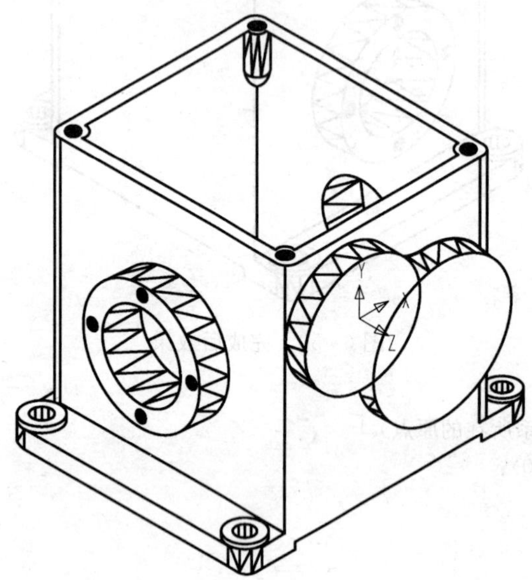

图 6-52 绘制圆柱体（二）

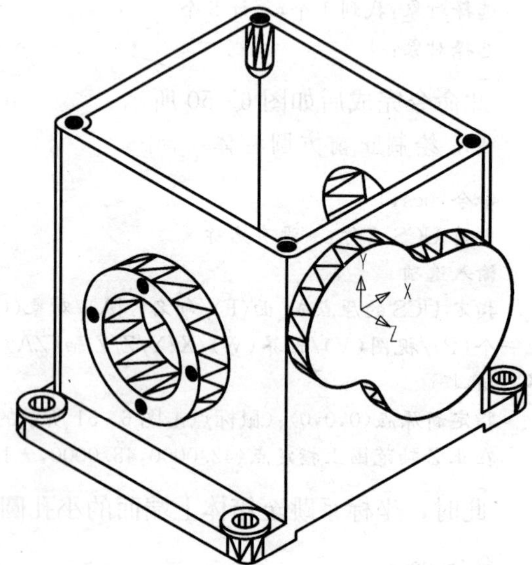

图 6-53 并集后效果

命令：ucs ↵
当前 UCS 名称：*没有名称*
输入选项
[新建(N)/移动(M)/正交(G)/上一个(P)/恢复(R)/保存(S)/删除(D)/应用(A)/? /世界(W)]＜世界＞：m ↵
指定新原点或[Z 向深度(Z)]＜0,0,0＞：0,0,7 ↵
命令：_cylinder ↵
当前线框密度：ISOLINES=4
指定圆柱体底面的中心点或[椭圆(E)]＜0,0,0＞：↵
指定圆柱体底面的半径或[直径(D)]：14 ↵
指定圆柱体高度或[另一个圆心(C)]：-12 ↵

此命令完成后如图 6-54 所示。

命令：_mirror
选择对象：找到 1 个
选择对象：找到 1 个，总计 2 个
选择对象：找到 1 个，总计 3 个

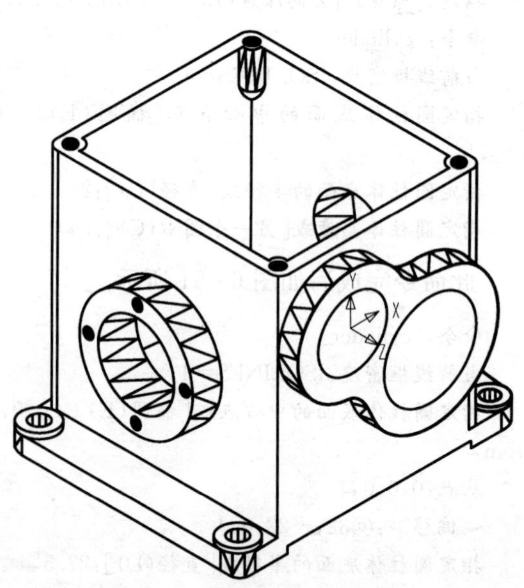

图 6-54 绘制圆柱体(三)

选择对象:↵
指定镜像线的第一点:40,0,－47↵
指定镜像线的第二点:－40,0,－47↵
是否删除源对象?[是(Y)/否(N)]＜否＞:↵
命令:_union
选择对象:找到1个
选择对象:找到1个,总计2个
选择对象:找到1个,总计3个
选择对象:↵
命令:_subtract
选择要从中减去的实体或面域...
选择对象:找到1个
选择对象:↵
选择要减去的实体或面域...
选择对象:找到1个
选择对象:找到1个,总计2个
选择对象:找到1个,总计3个
选择对象:找到1个,总计4个
选择对象:↵

此命令完成后如图6-55所示。

命令:_cylinder
当前线框密度:ISOLINES=4
指定圆柱体底面的中心点或[椭圆(E)]＜0,0,0＞:↵
指定圆柱体底面的半径或[直径(D)]:18↵
指定圆柱体高度或[另一个圆心(C)]:－5↵
命令:_rotate3d
当前正向角度:ANGDIR=逆时针 ANGBASE=0
选择对象:找到1个
选择对象:↵
指定轴上的第一个点或定义轴依据
[对象(O)/最近的(L)/视图(V)/X轴(X)/Y轴(Y)/Z轴(Z)/两点(2)]:指定轴上的第二点:
指定旋转角度或[参照(R)]:－45↵
命令:_3darray
选择对象:找到1个
选择对象:↵
输入阵列类型[矩形(R)/环形(P)]＜矩形＞:p↵
输入阵列中的项目数目:3↵
指定要填充的角度(+=逆时针,－=顺时针)＜360＞:↵
旋转阵列对象?[是(Y)/否(N)]＜Y＞:n↵
指定阵列的中心点:0,0,0↵

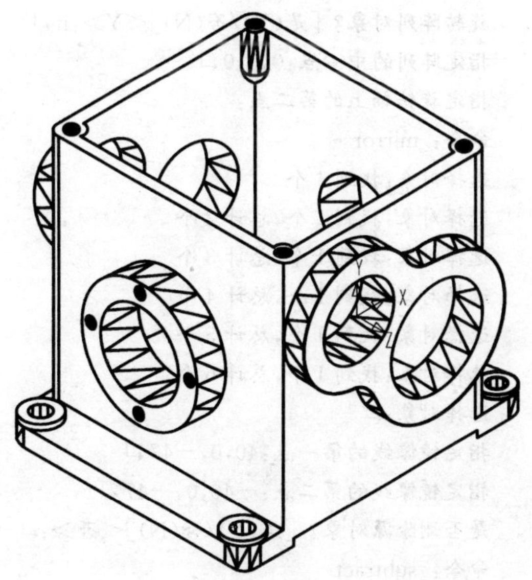

图6-55　完成后效果

指定旋转轴上的第二点：
命令：ucs
当前 UCS 名称：*没有名称*
输入选项
[新建(N)/移动(M)/正交(G)/上一个(P)/恢复(R)/保存(S)/删除(D)/应用(A)/?/世界(W)]<世界>：m↵
指定新原点或[Z 向深度(Z)]<0,0,0>：↵
命令：_cylinder
当前线框密度：ISOLINES=4
指定圆柱体底面的中心点或[椭圆(E)]<0,0,0>：from↵
基点：0,0,0↵
<偏移>：@0,23,0↵
指定圆柱体底面的半径或[直径(D)]：2↵
指定圆柱体高度或[另一个圆心(C)]：－5↵
命令：_rotate3d
当前正向角度：ANGDIR=逆时针 ANGBASE=0
选择对象：找到 1 个
选择对象：↵
指定轴上的第一个点或定义轴依据
[对象(O)/最近的(L)/视图(V)/X 轴(X)/Y 轴(Y)/Z 轴(Z)/两点(2)]：z↵
指定 Z 轴上的点<0,0,0>：↵
指定旋转角度或[参照(R)]：－225↵
命令：_3darray
选择对象：找到 1 个
选择对象：↵
输入阵列类型[矩形(R)/环形(P)]<矩形>：p↵
输入阵列中的项目数目：3↵
指定要填充的角度(+=逆时针，－=顺时针)<360>：↵
旋转阵列对象？[是(Y)/否(N)]<Y>：n↵
指定阵列的中心点：0,0,0↵
指定旋转轴上的第二点：
命令：_mirror
选择对象：找到 1 个
选择对象：找到 1 个，总计 2 个
选择对象：找到 1 个，总计 3 个
选择对象：找到 1 个，总计 4 个
选择对象：找到 1 个，总计 5 个
选择对象：找到 1 个，总计 6 个
选择对象：↵
指定镜像线的第一点：40,0,－47↵
指定镜像线的第二点：－40,0,－47↵
是否删除源对象？[是(Y)/否(N)]<否>：↵
命令：_subtract
选择要从中减去的实体或面域...

选择对象:找到 1 个
选择对象:↵
选择要减去的实体或面域...
选择对象:找到 1 个
选择对象:找到 1 个,总计 2 个
选择对象:找到 1 个,总计 3 个
选择对象:找到 1 个,总计 4 个
选择对象:找到 1 个,总计 5 个
选择对象:找到 1 个,总计 6 个
选择对象:找到 1 个,总计 7 个
选择对象:找到 1 个,总计 8 个
选择对象:找到 1 个,总计 9 个
选择对象:找到 1 个,总计 10 个
选择对象:找到 1 个,总计 11 个
选择对象:找到 1 个,总计 12 个
选择对象:↵

此命令完成后如图 6-56 所示。

命令:_fillet
当前设置:模式=修剪,半径=10.0000
选择第一个对象或[放弃(U)/多段线(P)/半径(R)/修剪(T)/多个(M)]:
输入圆角半径<10.0000>:↵
选择边或[链(C)/半径(R)]:
选择边或[链(C)/半径(R)]:
选择边或[链(C)/半径(R)]:
选择边或[链(C)/半径(R)]:
已选定 4 个边用于圆角。

此命令完成后如图 6-57 所示。

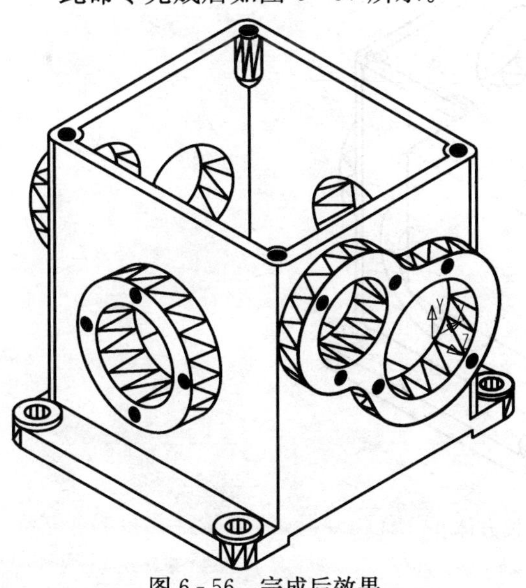
图 6-56　完成后效果

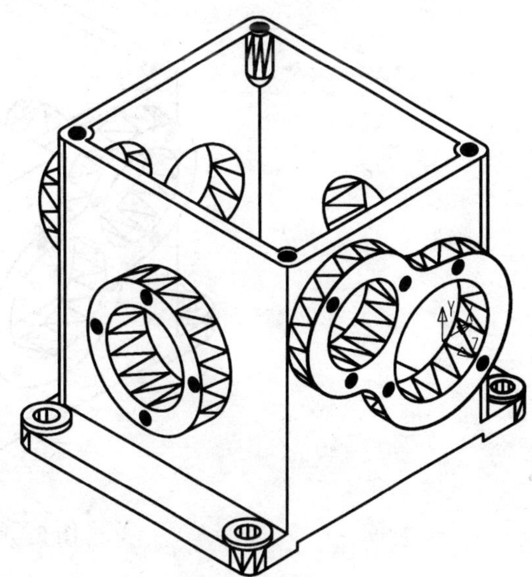
图 6-57　完成后效果

20. 做箱体剖切后的图形

命令:ucs

当前 UCS 名称: *没有名称*

输入选项

[新建(N)/移动(M)/正交(G)/上一个(P)/恢复(R)/保存(S)/删除(D)/应用(A)/? /世界(W)]<世界>:n↵

指定新 UCS 的原点或[Z 轴(ZA)/三点(3)/对象(OB)/面(F)/视图(V)/X/Y/Z]<0,0,0>:za↵

指定新原点<0,0,0>:↵

在正 Z 轴范围上指定点<0.0000,0.0000,1.0000>:

命令:_pline

指定起点:0,0,0

当前线宽为 0.0000

指定下一个点或[圆弧(A)/半宽(H)/长度(L)/放弃(U)/宽度(W)]:@50,0↵

指定下一点或[圆弧(A)/闭合(C)/半宽(H)/长度(L)/放弃(U)/宽度(W)]:@0,54↵

指定下一点或[圆弧(A)/闭合(C)/半宽(H)/长度(L)/放弃(U)/宽度(W)]:@－50,0↵

指定下一点或[圆弧(A)/闭合(C)/半宽(H)/长度(L)/放弃(U)/宽度(W)]:0,0↵

指定下一点或[圆弧(A)/闭合(C)/半宽(H)/长度(L)/放弃(U)/宽度(W)]:↵

命令:_extrude

当前线框密度:ISOLINES=4

选择对象:找到 1 个(选择刚做好的多段线轮廓)

选择对象:↵

指定拉伸高度或[路径(P)]:50↵

指定拉伸的倾斜角度<0>:↵

此命令完成后如图 6-58 所示。

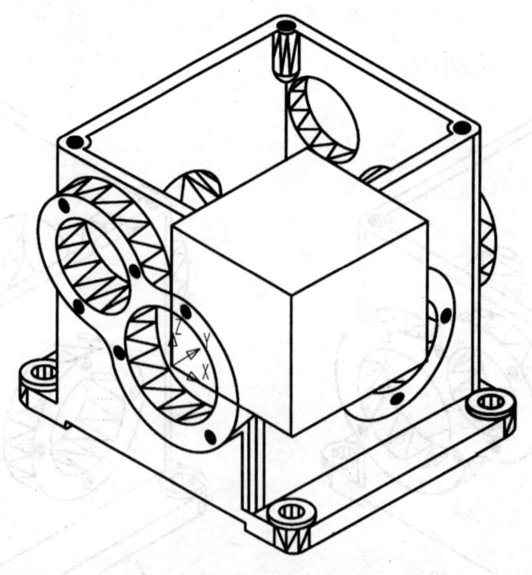

图 6-58　绘制长方体

命令：_subtract
选择要从中减去的实体或面域...
选择对象：找到 1 个
选择对象：↵
选择要减去的实体或面域...
选择对象：找到 1 个
选择对象：↵

此命令完成后如图 6-59 所示。

图 6-59　完成后效果

四、巩固练习

根据所给实体，如图 6-60 所示，尝试进行实体造型。

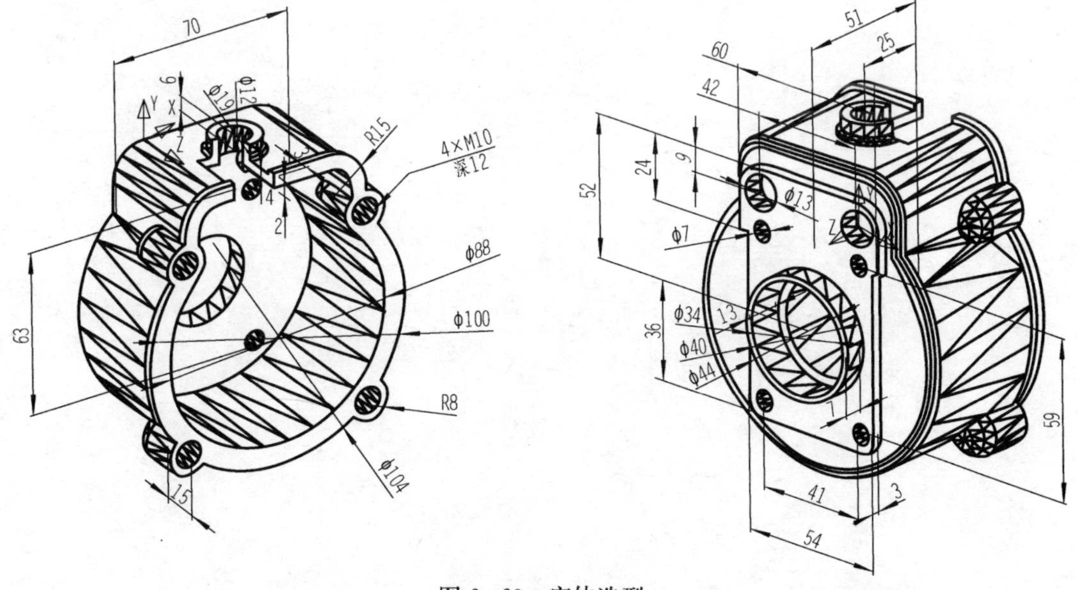

图 6-60　实体造型

五、本节自我心得

（1）＿＿＿＿＿＿＿＿＿＿＿＿＿＿＿＿

（2）＿＿＿＿＿＿＿＿＿＿＿＿＿＿＿＿

（3）＿＿＿＿＿＿＿＿＿＿＿＿＿＿＿＿

参 考 文 献

[1] 钱可强，邱坤．机械制图．2 版．北京：化学工业出版社，2008.
[2] 何铭新，钱可强．机械制图．5 版．北京：高等教育出版社，2004.
[3] 余桂英，郭纪林．AutoCAD 2008 中文版使用教程．大连：大连理工大学出版社，2008.
[4] 李吉祥，黄仕君，何世勇，等．AutoCAD 2008 应用教程．北京：北京师范大学出版社，2010.
[5] 杨雨松．AutoCAD 2008 中文版实用教程．北京：化学工业出版社，2009.